食品快速检测技术

主　编　林美金　文　震　董丽梅

北京理工大学出版社
BEIJING INSTITUTE OF TECHNOLOGY PRESS

内容简介

食品快速检测是食品安全监管和质量管理的重要一环，随着食品工艺的不断发展和食品领域的技术进步，食品快速检测技术也在不断创新。本教材的编写紧密结合食品行业和食品安全快速检测技术的发展现状，力求体现以就业为主导，以职业技能培养为核心的宗旨；在结构上，本教材重在体现“以工作过程为导向，以职业技能为核心，突出职业能力培养”的特色。

本教材可作为各高等职业院校食品类及相关专业的教学用书，也可用作其他专业的教学参考书或食品生产企业职工的培训用书，同时可供食品质量安全检测部门、各类食品生产企业等相关从业人员参考学习。

图书在版编目（CIP）数据

食品快速检测技术 / 林美金，文震，董丽梅主编.
北京：北京理工大学出版社，2025. 1.
ISBN 978-7-5763-4634-3

Ⅰ. TS207.3

中国国家版本馆 CIP 数据核字第 2025HC1218 号

责任编辑：芈　岚　　**文案编辑：**芈　岚
责任校对：周瑞红　　**责任印制：**施胜娟

出版发行 / 北京理工大学出版社有限责任公司
社　　址 / 北京市丰台区四合庄路 6 号
邮　　编 / 100070
电　　话 / （010）68914026（教材售后服务热线）
（010）63726648（课件资源服务热线）
网　　址 / http://www.bitpress.com.cn

版 印 次 / 2025 年 1 月第 1 版第 1 次印刷
印　　刷 / 北京广达印刷有限公司
开　　本 / 787 mm×1092 mm　1/16
印　　张 / 17.5
字　　数 / 400 千字
定　　价 / 98.00 元

《食品快速检测技术》编委会成员

主　编　林美金（广东生态工程职业学院）

文　震（广东生态工程职业学院）

董丽梅（广东生态工程职业学院）

副主编　林洁玲（广东生态工程职业学院）

高　涵（辽宁农业职业技术学院）

崔　璨（广东生态工程职业学院）

蒋丽婷（广东省华微检测股份有限公司）

刘　彤（广东生态工程职业学院）

孙浩洋（广东生态工程职业学院）

编　委　梁　莎（益阳医学高等专科学校）

陈海建（广东生态工程职业学院）

杨丽军（芜湖职业技术学院）

张　棋（三门峡职业技术学院）

包文婷（广东生态工程职业学院）

宋　易（贵州轻工职业技术学院）

主　审　苏新国

前　言

在党的二十大胜利召开的历史新起点上，习近平新时代中国特色社会主义思想高屋建瓴、举旗定向，为新时代新征程党和国家事业发展、实现第二个百年奋斗目标指明了前进方向、确立了行动指南。党的二十大对全面建设社会主义现代化国家、全面推进中华民族伟大复兴作出重要部署，提出“构建全国统一大市场”，明确将食品安全纳入国家安全、公共安全统筹部署，要求“强化食品药品安全监管”。此外，二十大报告指出，“树立大食物观，发展设施农业，构建多元化食物供给体系”，再一次强调了全域全线食品安全的重要性。食品安全直接关系民生福祉、产业发展、公共安全和社会稳定，是习近平新时代中国特色社会主义思想在民生领域的具体实践，要充分认识食品的经济属性、民生属性和公共属性。

食品快速检测技术的开发与应用，是食品安全保障的重要支撑，是实施国家食品安全战略、提升基层居民食品安全技术保障的重要举措。政策层面，早在 2018 年，《中华人民共和国食品安全法》就赋予了食品快速检测的法律地位。2019 年，国家市场监督管理总局起草《关于规范使用食品快速检测的意见》（征求意见稿），在政策上规范了食品快速检测工作。技术层面，自 2017 年国家食品药品监督管理总局组织制定《食品快速检测方法评价技术规范》至今，食品快速检测方法的标准及技术已得到全面完善和实践。目前，食品快速检测技术不仅广泛应用于农产品种植及海产品捕捞、转运、加工、生产的食品安全全链条管理过程中，还大幅提升了食品质量监管的科学性、准确性和时效性。食品安全大于天，快速检测保食安。食品快速安全检测确保人民群众“舌尖上的安全”，是实现党的二十大报告提出的“强化食品药品安全监管”要求的有力保障。

本教材由广东生态工程职业学院的林美金、文震、董丽梅担任主编；辽宁农业职业技术学院高涵，广东省华微检测股份有限公司蒋丽婷，广东生态工程职业学院林洁玲、崔璨、刘彤担任副主编；益阳医学高等专科学校梁莎，广东生态工程职业学院孙浩洋、陈海建，芜湖职业技术学院杨丽军、三门峡职业技术学院张棋参加了本教材的编写工作。广东生态工程职业学院的包文婷和贵州轻工职业技术学院宋易负责本教材的校对工作。林美金负责全教材整体设计及编写思路、编写内容、编写方法的规划，同时负责项目一和项目五的编写；文震负责对全书进行修改和统稿；董丽梅负责项目十一的编写及资源库的制作；蒋丽婷负责项目十的编写，高涵负责项目六的编写；林洁玲负责项目九的编写；崔璨负责项目二的编写；梁莎负责项目四的编写；刘彤、陈海建负责项目五（其中刘彤负责任务一、任务二、任务三、任务四的编写；陈海建负责任务五、任务六的编写）；孙浩洋负责项目七的编写；杨丽君负责项目三的编写；张棋负责项目八的编写；广东农工商职业技术学院苏新国负责审阅全稿。

本书在编写过程中参考了大量文献资料、网络资源及快速检测相关国家标准，同时得到了相关教师、行业专家、企业技术人员的指导和帮助，在此一并表示衷心的感谢。

由于编写时间紧迫，编者水平有限，书中难免存在疏漏和不妥之处，恳请读者及同行多提宝贵意见，以便进一步修改和完善。

编　者

目　录

项目一　食品快速检测技术简介

学习目标

1. 了解食品快速检测的定义和发展背景；
2. 了解食品快速检测分类及检测原理；
3. 了解食品快速检测设备；
4. 掌握样品采集的方法与检测结果报告的撰写。

能力目标

1. 能熟练进行样品的采集与制备；
2. 能熟练查找食品快速检测的相关标准及对应的检测设备。

专业目标

1. 通过食品安全教育，引导学生树立正确的价值观、强化法治意识和提高职业素养；
2. 培养学生的社会责任感，弘扬诚信精神，促进学生的全面发展。

食品快速检测技术是食品安全保障的重要支撑。我国农产品、食品生产企业数量众多，规模小而分散，且法治和自律意识不强；加上我国人口多，消费人群和渠道也多，造成了食品安全问题的频发。除了环保因素和生产条件的客观因素外，我国食品安全问题大多是由对农药、兽药、添加剂的违用、滥用等违法行为所致。要从根本上解决我国的食品安全问题，就必须对食品的生产、加工、流通和销售等各环节实施全程管理和监控，而实验室检测方法和仪器很难及时、快速且全面地从各环节监控食品安全状况，这就需要运用先进的、能够满足这一要求的快速、方便、准确、灵敏的食品安全分析检测技术。近年来，这类技术发展很快，尤其以现代生物技术为基础的食品快速检测技术发展最为迅速。

任务一　了解食品快速检测技术

案例导入

“吃”是老百姓的头等大事，吃得安全、优质、营养、健康已经成为人民群众对美好生活的新期待。食品安全是重大的民生问题，为了保障人民群众“舌尖上的安全”，政府相关监管部门持续加大食品监督抽检力度，防控食品安全风险隐患。但是，我国食品和农产品生产经营者数量多、规模小、分散程度高，要对其从种植养殖、生产加工到运输和销售等各环节实施全程管理和监控，从根本上解决食品安全问题，常规的实验室检测方法显得力不从心。

问题启发

在食品加工的全过程中有哪些需要避开的雷区？有什么样的手段和设备能够快速检测出这些危害，守好食品安全的底线？

一、食品快速检测技术的历史沿革

食品快速检测技术经历了从20世纪80年代最早的简单试纸到当今的便携式仪器，从简单的几个项目的快速检测到现在上百个项目的快速检测，从初期的食物中毒突发现场处理到今天全民食品安全预防的跨越式发展。

食品快速检测技术经历了五个阶段的变革：快速检测试剂（包括试剂盒和试纸）；快速检测箱（包括试剂盒、试纸及辅助工具）；快速检测仪器（读数仪器和辅助仪器）；快速检测箱（包括试剂盒、试纸及辅助工具、读数仪器和辅助仪器）；快速检测车。

二、食品快速检测技术的概念

食品快速检测并没有经典的定义，只是一种约定俗成的概念，即包括样品制备在内，能够在短时间内出具检测结果的行为。通常认为，理化检验方法一般能够在两个小时内出结果的即可视为快速方法；与常规方法相比，能够缩短1/2或1/3的时间出具具有判断性意义结果的微生物检验方法即可视为快速方法；现场快速检测方法一般在30 min就能够出结果，如果能够在十几分钟内甚至几分钟内出具结果的即为较好的方法。

三、食品快速检测技术研究进展及应用

现场快速检测方法与国家标准方法及仪器法相比具有操作简单、快速的优点，但由于大多数快速检测方法在样品前处理、操作规范性方面还有许多待完善之处，目前还只能作为快速筛选的手段而不能作为最终诊断的依据。兼具快速和准确这两大优点是快速检测方法追求的目标。随着高新技术的不断应用，目前的食品安全现场快速检测主要呈现以下四大趋势：

（1）检测灵敏度越来越高，残留物的分析水平已精确到1 μg；

（2）检测速度不断加快；

（3）选择性不断提高；

（4）检测仪器向小型化、便携化方向发展，使实时、现场、动态、快速检测逐渐成为现实。

针对我国的特殊国情，目前我国基层单位很多快速检测技术的应用还只处于定性或半定量水平，易用型的小型化仪器的应用是目前和今后快速检测技术的发展趋势。

（一）免疫分析技术、生物化学技术和生物传感器快速检测技术

农药残留快速检测方法中主要采用的技术是免疫分析技术、生物化学技术和生物传感器技术。免疫分析技术在农药快速检测的应用研究中十分活跃，如测定几十种农药的酶免疫检测试剂盒，其检测灵敏度高，检测快速（10 min 出结果）、成本低，使用方便、安全可靠，操作人员不需特殊培训，样品不需净化；若配备小型光度计，在 1 h 内即可同时完成 20 多个样品的检测，其可信度可达 95%以上。胆碱酯酶抑制的生物化学技术可以用于检测有机磷和氨基甲酸酯类农药，如速测卡法、速测片法和农药残留光度计法，这三种方法也是目前国内应用较多的方法。农药速测卡特别适用于对农贸市场上的蔬菜进行初筛。近年来，研制出的生物传感器在检测有机磷和氨基甲酸酯类农药残留时具有灵敏度高、选择性好和检出限低（$\times10^{-6}$数量级）等特点。这些传感器检测速度快，几分钟内可同时检测几个样品，检测准确度高，经复活剂处理后可反复使用。

（二）酶联免疫快速检测技术

兽药残留是食品安全中的重要问题之一，这是由于目前在食用动物的饲养和疾病防治中大量使用抗生素和甾体激素等药物的现象十分普遍。兽药残留包括抗生素和盐酸克伦特罗（瘦肉精）等的残留，其中抗生素包括 6 大类 50 余种。用于抗生素残留的快速检测方法主要有酶联免疫吸附检测法（ELISA）、放射免疫检测法、免疫传感器和生物芯片等方法。目前 ELISA 试剂盒已得到广泛应用，国家市场监督管理总局推荐将之作为动物激素和抗生素残留的首选筛选试剂。ELISA 试剂盒用于盐酸克伦特罗（CLB）的检测，具备灵敏度高、操作方便、检测迅速且价格便宜等优点，缺点是仍不能实现现场检测并且假阳性率较高。

（三）原子荧光光谱法快速检测技术

原子荧光光谱仪是我国科学工作者发明的一种高效、灵敏、快速的有害元素污染物分析仪器。原子荧光光谱法已被列入国家标准方法，目前已经用于食品中砷、铅、汞、铬、镉 5 大有害元素的检测。直接测汞仪可测定固体和液体中汞含量而不需要进行样品前处理，检测每一个样品可在 5~6 min 内完成，检出限为 0.05 ng 级。

（四）比色法快速检测技术

我国农产品中化学有害物质和食品中添加剂的快速检测大多采用比色法，即通过试纸上或试管中被检测样品的溶液颜色变化实现样品定性或定量检测。

对于食品快速检测技术而言，残留分析包括样品前处理和检测两大基本主题。传统样品前处理技术主要有索氏提取、液液分配和柱色谱等方法，现代技术涉及固相萃取（SPE）、固相微萃取（SPME）、基体分散固相萃取（MSPD）、分子印迹技术（MIT）、免疫亲和色谱（IAC）、凝胶渗透色谱（GPC）、加速溶剂萃取（ASE）、超临界流体萃取（SFE）和微波辅助萃取（MAE）等，这些现代技术均得到了广泛应用。快速检测技术通常采用化学和生物两方面的分析技术。化学方面主要指化学检测试剂盒（试纸、卡）和电化学传感器等；生物方面包括免疫学方法、分子生物学技术、生物传感器技术和生物芯片等。

任务二　食品快速检测基础知识

案例导入

作为航空食品供应链的第一道防线，原材料的安全至关重要。为此，宁波机场航空服务有限公司在原先原材料验收管理工作的基础上，进一步落实食品安全快速检测工作。除了常规的原材料规格、数量、品相验收外，还对生菜、菠菜、橙子的农药残留，猪肉的莱克多巴胺，鱼肉中的工业碱等物质开展了检测工作。仅需等待 15 min 检测结果便能显示，结果合格后，原材料才被放行入库。

问题启发

食品快速检测相对于传统和经典的化学检测有哪些特点？

一、食品快速检测的分类

食品快速检测分为现场快速检测和实验室快速检测。实验室快速检测着重于利用一切可以利用的仪器设备对检测样品快速定性与定量检测；现场快速检测着重于利用一切可以利用的手段对检测样品快速定性与半定量检测。现场的食品快速检测方法要求如下：

① 简化试验准备，使用的试剂较少，配制好的试剂保存期长；

② 样品前处理简单，对操作人员要求低；

③ 分析方法简单、准确和快速。

（一）按照检测技术手段分类

目前，国内外食品安全中常用的快速检测技术有化学比色分析检测技术、酶抑制技术、分子生物学分析快速检测技术、免疫分析技术以及纳米技术等。

（二）按照检测项目分类

按照检测项目分为农药残留、兽药残留、微生物、重金属、毒素、添加剂及化学品、包装材料等的检测。

二、食品现场快速测定的原理

（一）化学比色分析检测技术

化学比色分析检测方法主要分为试纸色谱比色测定、试纸比色测定、试管比色测定和滴定比色测定 4 种方法。

（1）试纸色谱比色测定。根据固定相基质的形式可以分为纸色谱、薄层色谱和柱色谱。其中纸色谱是指以滤纸作为固定相的色谱，其原理是利用被分离物质的物理、化学及生物特性的不同，使它们在某种固定相中移动速度不同而进行分离和分析的方法。试纸色谱比色测定目前用于快速测定苏丹红、瘦肉精等有害物质。

（2）试纸比色测定。根据待测成分与经过特殊制备的试纸作用所显的颜色与标准比色卡对照，对待测成分定性或半定量检测。例如，用试纸显色定性作为限量指示测定农药等；用试纸显色的深浅来半定量测定食用油的酸价、过氧化值等。

（3）试管比色测定。将待测成分与标准试管所显示的颜色比较，对待测成分定性或半定量检测。例如，用试管显色作为限量指示测定鼠药、未熟豆浆等；用试管显色的深浅半定量测定亚硝酸盐、甲醇、二氧化硫等。试管比色测定可以目视，也可以用便携式光度计。

（4）滴定比色测定。用刻度或小口滴瓶分别滴定标准溶液和待测溶液，通过计算对待测成分进行定量检测，如酸碱、络合、氧化还原性物质等。

（二）酶抑制检测技术

基于有机磷类农药对乙酰胆碱酶的抑制作用，通过酶的活性来判断食品中农药残留量。该种技术测定样品的种类有限，主要针对有机磷和氨基甲酸酯类农药。欧美将酶法作为普查农药残留和田间实地检测的基本手段，但酶法的假阳性、假阴性率也较高。

（三）分子生物学分析检测技术

聚合酶链式反应（PCR）是近年来分子生物学领域中迅速发展并被广泛运用的一种技术。PCR 技术主要用于检测细菌，其基本原理是运用细菌遗传物质中各菌属菌种高度保守的核酸序列设计出相关引物，对提取到的细菌核酸片段进行扩增，用凝胶电泳和紫外核酸检测仪观察扩增结果。从样品前处理到 PCR 扩增并得出试验结果可在 24 h 内完成。目前，免疫捕获 PCR 法、荧光定量 PCR 法、细菌直接计数法、ATP 生物发光法、微型自动荧光酶标法以及基因芯片技术等分子生物学分析检测技术已经应用到食品快速检测中。

（四）免疫学分析检测技术

免疫学分析检测技术通过抗原和抗体的特异性结合反应，再配合免疫放大技术来鉴别细菌。免疫学分析检测技术的优点是样品在进行选择性增菌后，不需分离，即可采用免疫技术进行筛选。由于抗原–抗体反应的特异性，所以该方法的种类特别多，目前用于食品快速检测的技术主要有免疫磁珠分离法、免疫检测试剂条、免疫乳胶试剂、免疫酶技术、免疫深沉法或免疫色谱法等。免疫法有较高灵敏度，增菌后可在较短的时间内达到检出度，抗原和抗体的结合反应可在很短的时间内完成。

（五）纳米技术

普通的ELISA技术采用的酶标板是一个固相载体，具有固/液相反应接触面积小、连接的抗体易脱落、反应速度慢且不彻底等缺点。目前研究成功的磁分离-酶联免疫吸附技术（MS-ELISA）是一种以磁性纳米材料代替传统ELISA中的酶标板，将ELISA的显色系统与磁分离技术相结合而形成的一种新型检测方法。这种技术主要利用纳米材料的高比表面积、易于形成胶体溶液等特性，使抗原-抗体分子接触面积变大，反应较为彻底；此外，磁分离使缓冲液的交换操作更为简便快速，灵敏度也得到了提高。目前该技术已广泛应用于食品的快速检测中。

三、食品快速检测常用的仪器与设备

（一）我国食品快速检测仪器的类型

科学仪器和测试技术是保证食品安全的技术支撑，食品快速检测技术主要包括8大类仪器与方法：检测农药残留的仪器；检测兽药、渔药残留的仪器；检测有毒有害元素及其价态分析的仪器；致病菌检验和细菌鉴定的仪器；转基因农产品检测仪器；检测农产品品质和营养成分的仪器；样品前处理的仪器与设备；实验室必备的中小型仪器与设备。

1. 检测农药残留的仪器

检测农药残留的仪器包括以下几大类：有机氯农药残留检测的仪器、有机磷农药残留检测的仪器、氨基甲酸酯农药残留检测的仪器、拟除虫菊酯类农药残留检测的仪器，除草剂农药残留检测的仪器和农药多残留检测的仪器。

农药残留检测主要仪器是配有各种检测器的气相色谱仪（GC），辅以高效液相色谱仪（HPLC），并用GC-MS定性和确证。当今，农药多残留检测得到发达国家高度重视，我国也公布了8个农药多残留检测的国标，所用的样品前处理技术方法各异，但所用的仪器均为气相色谱-质谱联用仪（GC-MS）或液质联用质谱仪（LC-MS）。

2. 检测兽药、渔药残留的仪器

兽药大致可分为15类，检测的方法和仪器有同有异。现有兽药、渔药残留的检测仪器可归纳如下：

（1）兽药残留检测仪器比农残检测档次要求更高，一般用HPLC或GC-MS检测，再进一步用高效液相色谱质谱联用技术（HPLC-MS）定性和确证。

（2）渔药残留的快速检测仪器主要包括水产品药物残留检测仪，这类仪器能够高效地检测水产品中的渔药残留。

3. 检测有毒有害元素及其价态分析的仪器

检测有毒有害元素及其价态分析的仪器最经典的是原子吸收光谱仪（AAS）。具有我国自主知识产权的原子荧光光谱仪（AFS）很有特色，可检测砷、铅、汞、锡、硒、锗、锑等元素，其检测灵敏度高，检出限低，可多元素同时检测，且价格低。电感耦合等离子

质谱（ICP-MS）具有高灵敏度，检出限可达 10^{-6}级，已引起重视，但价格昂贵。

元素价态不同，毒性差异很大，因此，在检测和分析这些元素时，需要使用精确且灵敏度高的仪器。国外在检测元素价态时，常采用高效液相色谱-原子吸收光谱（HPLC-AAS）、气相色谱-原子吸收光谱（GC-AAS）、高效液相色谱-电感耦合等离子体质谱（HPLC-ICP-MS）以及毛细管电泳-电感耦合等离子体质谱（CE-ICP-MS）等联用技术。这些技术能够提供准确的元素价态和浓度信息，但相应的仪器价格确实较为昂贵。我国已批量生产 LC-AFS 联用仪，该检测仪器灵敏度和检出限均能满足农产品、食品快速检测的要求，且价格低。食品快速检测中的有毒有害元素检测，基本上可用国产仪器进行，且国产仪器尤其适合元素价态分析和县、地（市）级食品安全质检站的工作。

4. 致病菌检验和细菌鉴定的仪器

细菌鉴定和检验的方法有 3 大类：传统法、数值化法、化学及分子生物学法，并由此派生出许多方法及仪器。我国以往多用传统的培养法，近几年已大量引进国外新方法和仪器，较广应用的方法和仪器如下：

（1）根据碳源的代谢利用率进行鉴定，如 API、ATB、全自动微生物检测系统（VITEK）等。

（2）利用抗原和抗体间专一性结合、免疫反应来检验致病菌，即 ELISA 法，如免疫荧光分析仪（VIDAS）。

（3）运用基因检测技术检测病原菌，如杜邦的 BAX 系统、RP 系统可用于溯源。

（4）根据特征性的脂肪酸图谱进行细菌鉴定，如安捷伦（Agilent）开发的系统。

（5）基于表面等离子谐振（SPR）生物传感器开发的致病菌检测系统，如 Biacore 系统。

（6）以生物芯片为平台，使用致病菌检测试剂盒检测致病菌的系统，如我国博奥生物已开发出生物芯片检测系统，可检测 12 种食源性致病菌。

5. 检测转基因农产品的仪器

检测农产品中是否有外源基因，分为基因水平的检测和基因转录水平的检测，使用仪器按检测程序分为以下 3 个部分：

（1）用于 DNA 样品制备的仪器与设备：试剂盒、振荡器、离心机等。

（2）用于基因扩增的仪器与设备：混合液、保真 DNA 聚合酶、PCR 扩增仪等。

（3）分离、分析、鉴定的仪器与设备：电泳系统、酶标仪、定量 PCR 仪等。

6. 检测农产品品质和营养成分的仪器

检测农产品品质和营养成分的仪器主要有以下几种：凯氏定氮仪或杜马斯定氮/蛋白质测定仪，脂肪测定仪，纤维素测定仪，牛乳、果汁检测仪，糖分（糖度）检测仪，近红外农产品品质分析仪，食品安全快速分析仪系列（测定亚硝酸盐、甲醛、吊白块、二氧化硫、过氧化值和农药残留等），氨基酸分析仪。

7. 样品前处理的仪器

食品质量安全检测是在极复杂的基质中（样品中），检测微克和纳克级残留物和污染物。传统的样品前处理技术已成为瓶颈，甚至无能为力，所以一系列新技术有取代传统技术的趋势，这些新技术的应用有以下几种：

（1）固体萃取仪。

（2）固相微萃取仪。

（3）基质固相分散萃取仪（MSPDE），其优点是不必进行匀浆、沉淀、离心、pH 调节等传统操作。

（4）超临界流体萃取仪，其优点是不使用有机溶剂，简便、高效、快速、选择性强。

（5）凝胶渗析萃取仪，其优点是纯化容量大，回收率也较高，易与其他分析仪器联机。

此外，微波消解萃取仪、微孔液膜萃取、纳米富集材料等新技术以及顶空、吹扫捕集、全自动加温加压快速溶剂萃取仪等，都将在食品、农产品安全检测中发挥作用。

8. 实验室必备的中小型仪器与设备

以往我国建设实验室时，仅注意大型仪器与设备而忽视必备的中小型常用配套仪器与设备，结果是“只有一个发达的头脑，而没有灵巧的四肢”。这种现象已经引起关注。这些中小型仪器与设备，应根据不同检测任务和功能要求，针对性地配备。我国有许多企业生产的中小型仪器与设备已能基本满足实际要求，未来应侧重提高产品性能，包括外观。

以上所述的方法和仪器虽都得到了国内外食品快速检测技术标准的确认，但均存在着样品前处理复杂、耗时、低通量等缺陷，难以实现快速、简捷、高通量以及现场检测的需求，所以快速筛查检测技术与仪器的改进一直都是国内外高度重视的对象。

（二）常用的食品快速检测仪器

目前食品安全速测技术已越来越广泛地应用到日常卫生监督执法、突发公共卫生事件现场处置和重大活动卫生保障中。国家卫健委对省、市、县级卫生监督机构现场快速检测设备的配置提出了明确、具体的要求，现场快速检测已成为卫生执法的重要手段。针对不同目的，有一系列方法与仪器，从基于不同原理的试纸条、卡、测试盒，到基于色/质联用仪的多残留分析技术与仪器。

（1）食品快速检测箱，如掺杂使假检测箱、快速检测采样箱、急性食物中毒快速检测箱、农药残留快速检测箱等。

（2）食品快速检测仪，如多功能食品快速检测仪、农药残留快速检测仪、微生物快速检测仪、其他食品快速检测仪等。

（3）食品快速检测试剂、试剂盒，如生物毒素速测试剂盒、微生物速测试剂盒、有毒有害物质速测试剂盒、掺假速测试剂盒、农兽药残留速测试剂盒等。

（4）食品快速检测辅助设备，如微型天平、微型离心机、电导率仪、食品中心温度计、微型电吹风等。

四、样品采集与检测报告

（一）样品采集

食品安全现场快速检测采样时必须注意样品的生产日期、批号、代表性和均匀性，采样数量应能满足样品检测项目的需求，一式 3 份，供检验、复检、备检或仲裁用。

食品安全现场快速检测样品通常分为客观样品和主观样品两大类。

（1）客观样品。在经常性和预防性食品安全卫生监督管理过程中，为掌握食品安全卫生质量，对食品生产、流通环节进行定期或不定期抽样检测。通常包括下面几方面：

① 在食品生产流通过程中，原料、辅料、半成品及成品抽样检验的样品，包括生产企业自检和监督管理部门的监测。

② 食品添加剂的行政许可抽检样品。

③ 新食品资源或新资源食品的样品等。

（2）主观样品。针对可能不合格的某些食品，如有污染、导致食物中毒或消费者提供情况的可疑食品和食品原料，在不同场所进行选择采样，通常包括以下几种情况：

① 可能不合格食品及食品原料。

② 可能污染源，包括容器、用具、餐具、包装材料、运输工具等。

③ 发生食物中毒的剩余食品，患者呕吐物、排泄物、血液等。

④ 已受污染或怀疑受到污染的食品或食品原料。

⑤ 掺假掺杂的食品。

⑥ 超期食品及消费者揭发不符合卫生要求的食品。

（二）采样原则

采样时通常考虑样品的代表性、典型性、时效性及样品检测的程序性。

（1）样品采集的代表性。这在采样中非常重要。食品的生产批号、原料情况（来源、种类、地区、季节等）、加工工艺、储运条件以及生产、销售人员的责任心和安全卫生意识均对食品质量有很重要的影响。所以，采样时必须考虑这些因素，使采集的样品能够真正反映被采样食品的整体水平。

（2）样品采集的典型性。要有针对性地采集能够达到监测目的的典型样品，通常包括下面几种情况：

① 为加强重大活动的食品安全保障，应采集对食品安全有关键控制作用的样品。

② 污染或疑似污染的食品，应采集接近污染源的食品或易被污染部分，同时还应采集确实被污染的同种食品以做对照试验。

③ 引起中毒或怀疑引起中毒的样品种类较多，有呕吐物、排泄物、血液、肠胃内容物、剩余食物、药品和其他相关物质，尽量针对性地选择含毒量最多的样品。

④ 掺假或怀疑掺假的食品，针对性地采集有问题的典型样品，而不能用均匀的样品代表。

（三）采样工具和容器

1. 常用工具

采样常用工具有钳子、螺丝刀、小刀、剪子、罐头或瓶盖开启器、手电筒、蜡笔、镊子、笔、胶带、记录纸等。

2. 专用工具

根据样品性质不同，需选用不同的采样工具：长柄勺，用于散装液体样品采集；玻璃或金属管采样器，适用于深型桶装液体食品样品的采样；金属探管或金属探子，适用于采集袋装的颗粒或粉末状样品；取证设备等。

3. 采样容器

采样时根据采集样品的性质注意采样容器的选择。

（1）容器密封性好，内壁光滑，清洁干燥，不含待测物质及干扰物质。

（2）盛液体或半液体样品的容器，用具塞玻璃瓶、具塞广口玻璃瓶、塑料瓶等。

（3）盛固体或半固体样品的容器，用不锈钢、铝、陶瓷、塑料制的容器。

（4）大宗食品采样备四方搪瓷盘，现场分样用。

（5）容器的盖或塞子必须不影响样品的气味、风味、pH 值及食物成分。

（6）酒类、油性样品忌用橡胶瓶塞；酸性食品忌用金属容器；测农药的样品忌用塑料容器。

（四）采样技术

（1）常规采样。首先做好现场采样记录、样品编号、留样工作。

① 现场采样记录主要包括被采样单位、样品名称、采样地点、样品产地、商标、数量、生产日期、批号或编号、样品状态，被采样的产品数量、包装类型及规格，感官所见（包装破损、变形、受污染、发霉、变质、生虫等），采样方式、采样目的、采样现场环境条件（包括温度、相对湿度及一般卫生状况），采样机构（盖章）、采样人（签名）、采样日期等。

② 采集的样品必须贴上标签，明确标记样品名称、来源、数量、采样地点、采样人及采样日期等内容，现场编号一定要与检测样品及留样编号一致。

③ 留样要注意保持样品原来的状态，易变质的样品要冷藏，特殊样品需在现场做相应的处理。

（2）无菌采样。现场检测的无菌采样用具、容器要进行灭菌处理；操作人员采样前先用 75%酒精棉球消毒手，再消毒采样开口处的周围。

（3）不同样品采集。由于样品形态、包装等差异，采样方法也不同。

① 散装食品：液体、半液体以一池或一缸为单位，采样前，先检查样品的感官性状，均匀后再采样、如果池或缸太大，难以混匀，可根据池或缸的高度等距离分为上，中、下 3 层，在四角和中间不同部分的 3 层中各取同样量的样品混合后，供检验用。流动液体采样，定时定量从输出口取样，后混合供检验用。固体样品可按堆型和面积大小采用分区设点或按高度分层采样。分区设点，每区面积小于或等于 50 m^2，设中心、四角 5 个点；两区界线上的两个点为两区共有点，如两个区设 8 个点，三个区设 11 个点，依此类推，边缘点距边缘 50 cm 处。如果分层采样，要先上后下逐层采样，各样点数量一样，感官检查后，如性状基本一致，可混合成一个样品；如不一致，则分装。

② 大包装食品：一般情况下大包装液体样品容器不透明，很难看到容器内物质的实际情况，可用采样管直通容器底部取出样品，检查是否均匀，有无杂质、异味等，然后搅拌均匀，供检验用。颗粒或粉末状食品，如粮食、白砂糖等堆积较高，一般分上、中、下 3 层，用金属探子从各层分别取样，每层从不同方位采样数量一样，选取等量袋数，每袋取样次数一样，感官性状相同的混合在一起，不同的分别盛放。无论哪种采样，如样品数

量较多，都应混合均匀，用四分区法平均样品。

③ 小包装食品（小于或等于 500 g/包）：每一生产批次或同一批号的产品，随机抽取原包装食品。

④ 其他食品：肉类，同质的肉类按照上、中、下的采样原则，不同质的先分类后分别取样，也可以根据要求重点采集某一部位。鱼类，同质鱼堆在四角和中间分别采样，尽量从上、中、下 3 层抽取有代表性的样品。一般鱼类都采集完整的个体，大鱼（0.5 kg 左右）3 条作为一份样品，小鱼 0.5 kg 为一份。食具：大食具 2 只、中食具 5 只、小食具 10 只，作为一份样品。

(4) 食物中毒样品。采集剩余食物、呕吐物、排泄物及洗胃液，炊具、容器，患者血液或尿液，带菌者检查的样品，尸体解剖标本，原料、半成品及成品。注意，食物中毒样品的采集数量比普通采样数量多一些，便于反复试验；各种样品的采集要注意无菌操作，防止污染；及时、准确，有代表性，手续完备，检验目的明确，重点突出。

(五) 快速检测样品的制备和前处理

样品的制备和前处理，两者没有本质上的区别，都是指样品分析测定之前的一系列准备工作，包括样品的整理、清洗、匀化、缩分、粉碎、匀浆、提取、净化、浓缩、衍生化等，有时为方便将样品整理、清洗、匀化、缩分等步骤称为样品制备，而将粉碎、匀浆、消化、提取、净化、浓缩等步骤称为样品前处理。

1. 快速检测样品的制备一般方法

(1) 粮食、烟叶、茶叶等干燥产品。将样品全部磨碎，也可以四分法缩分，取部分样品磨碎后全部通过 20 目筛，再用四分法缩分。

(2) 肉食品类。切细，绞肉机反复绞 3 次，混匀后缩分。

(3) 水产、禽类。将样品各取半只，去除非食用部分，食用部分切细，绞肉机反复绞 3 次，混合均匀后缩分。

(4) 罐头食品。开启罐盖，若是带汁罐头（可供食用液汁），应将固体物与液汁分别称重，罐内固体物应去骨、去刺、去壳后称重，然后按固体与液汁比，取部分有代表性的数量，置捣碎机内捣成均匀的混合物。

(5) 蛋和蛋制品。鲜蛋去壳，蛋白和蛋黄充分混合。其他蛋制品，如粉状物则充分混匀即可。皮蛋等再制蛋，去壳后，置捣碎机内捣成均匀的混合物。

(6) 水果、蔬菜类。如有泥沙，先用水清洗，然后除去表面附着的水分，取食用部分，沿纵轴剖开，切成四等份，取相对的两块，切碎、混匀，取部分置于捣碎机内捣碎成均匀的混合物。

(7) 花生仁、桃仁。样品用切片器切碎，充分混匀，四分法缩分。

(8) 中药材。根据不同品种，选择合适的粉碎方法，经粉碎后混匀，四分法缩分。

2. 快速检测样品的前处理

(1) 粉碎。粉碎是用绞肉机、磨粉机、粮谷粉碎机等将块状的或颗粒较大的动植物样品细化的过程。粉碎的目的是增大样品表面积，有利于待测组分的提取。

(2) 提取。提取是使待测组分与样品分离的过程。提取的方法较多，有静置法、匀浆法、振荡法等。

（3）净化。经过提取的待测组分，提取物中通常含有与该组分结构相似的杂质，将待测组分与杂质分离的过程，称为净化。该步骤是样品前处理的技术难点，也是关系到检测结果的真实性及检测方法可靠性的重要步骤。净化的主要方法有固相萃取法、液-液分配法、化学处理法、扫集共蒸馏法、低温冷冻净化法、前置色谱柱净化法等。

（4）浓缩。由于净化过程所引入的溶剂可能会降低待测组分的浓度或不适宜直接进样，需要去除部分或全部溶剂及进行溶剂转换，此过程为浓缩或富集，主要通过旋转蒸发器蒸干或惰性气体（如氮气）吹干除去溶剂。

（六）快速检测样品的保存

1. 保持样品原状

样品应尽量从原包装中采集，不要从已开启的包装内采集。从散装或大包装内采集的样品如果是干燥的，一定要保存在干燥清洁的容器内，不要同有异味的样品一同保存。

装载样品的容器可选择玻璃的或塑料的，可以是瓶式、试管式或袋式。容器必须完整无损，密封不漏出液体。供病原学检验样品的容器，用前要彻底清洁干净，必要时经清洁液浸泡，冲洗干净以后加热或高压灭菌并烘干。如选用塑料容器，能耐高压的经高压灭菌，不能耐高压的经环氧乙烷熏蒸或经 2 h 紫外线（20 cm）直射灭菌后使用。应根据检验样品的性状及检验目的选择不同容器。一个容器装入量不可过多，尤其液态样品，不可超过容器容量的 80%，以防冻结时容器破裂。装入样品后必须加盖，然后用胶布或封箱胶带固封。如是液态样品，在胶布或封箱胶带外还须用融化的石蜡加封，以防液体外泄。如果选用塑料袋，则应用两层袋，分别用线结扎袋口，防止液体流出或流入水污染样品。

2. 样品保存

易腐食品如在温度较高的情况下采样，一定要冷藏保存，防止在送到检验室前发生变质。

3. 特殊样品现场处理

如制作霉菌检验的样品，要保持湿润，可放在 1% 的甲醛溶液中保存，也可储存在 5% 的乙醇溶液或稀乙酸溶液里；如制作昆虫检验的样品，必须在每个样品容器内放入浸透乙醚或氯仿的棉球熏蒸，将昆虫杀死，再送检验室，以防昆虫爬出和繁殖，但在采样记录上应说明活昆虫是使用哪一种熏蒸剂杀死的；如制作病毒检验的样品，数小时内可以送到检验室的，可只进行冷藏处理，超过数小时的应作冻结处理。冻结方法：先将样品放入液氮中冻结，然后在装入有冰块或干冰的冷瓶（箱）内运送，亦可将装入样品的容器放入隔热保温瓶内，再放入冰块（100 g 冰块加 35 g NaCl），立即将隔热保温瓶塞紧。特别应该注意的是装样品的容器应贴上标签，标签要防止因冻结而脱落。

（七）结果报告

1. 现场快速检测计量和计数单位

（1）质量单位：kg、g、mg、μg。

（2）体积单位：L、mL、μL。

（3）时间单位：h、min、s。

（4）长度单位：m、cm、mm。

（5）电导单位：S、mS、μS。

（6）浓度单位：mg/100 g、mg/100 mL、g/100 g、g/100 mL、g/kg、mg/kg、mg/L、μg/kg，μg/L。

2. 现场快速检测结果表述

食品安全现场快速检测的方法主要是定性检测、限量检测和半定量检测。

（1）定性检测：阳性表示检出了有毒有害物质；阴性表示未检出有毒有害物质。

（2）限量检测：合格表示检测结果在标准规定值范围内；不合格表示检测结果超出或达不到标准规定值。

（3）半定量检测：与限量检测方法的表述形式相同，或者与标准规定数值比较得出具体数值表示检测结果。

3. 食品现场快速检测结果报告

食品现场快速检测报告中不但要包括检测结果及处理意见，还要提供样品的相关信息，主要包括样品名称、样品来源、样品数量、编号或批号、采样或送样单位、采样或送样人、样品状态及包装、标示保质期、检测项目、检测依据等；除此之外，还有检测报告单编号、检验日期、检验者、核对者及签发人等内容。实际工作中，要根据现场的具体情况选择需要的样品信息，同时每份报告可以报告一份样品的检测结果，也可以同时报告数份样品的检测结果。根据样品数量的多少，可以选择不同的报告形式。

实训任务　样品采集

一、原理与适用范围

样品的采集简称采样，又称检样、取样、抽样等，是指为了进行检测而从大量物料中抽取一定数量具有代表性的样品。为进行正确的采样，我们需要遵循以下原则：

（1）代表性原则。采集的样品能真正反映被采样品的总体水平，也就是通过对具有代表性样品的检测能客观推测食品的质量。

（2）典型性原则。采集能充分说明是否达到检测目的的典型样品，包括污染或怀疑污染的食品、掺假或怀疑掺假的食品、中毒或怀疑中毒的食品等。

（3）适时性原则。因为不少被检物质是随时间发生变化的，为了保证得到正确的结论应尽快检测。

（4）适量性原则。样品采集数量应满足检测要求，同时不应造成浪费。

（5）不污染原则。所采集样品应尽可能保持食品原有的品质及包装形态，不得掺入防腐剂、不得被其他物质或致病源所污染。

（6）无菌原则。对于需要进行微生物项目检测的样品，采样必须符合无菌操作的要求，为防止交叉污染，一件采样器具只能盛装一个样品，并注意样品的冷藏运输与保存。

(7) 程序原则。采样、送检、留样和出具报告均按规定的程序进行，各阶段均应有完整的手续，也应交接清楚。

(8) 同一原则。采集样品时，检测样品、保留样品、复检样品应为同一份样品，即同一单位、同一品牌、同一规格、同一生产日期、同一批号。

本实训的目的是使同学们掌握四分采样法、刮涂法、涂抹法这 3 种常用的采样方法。

二、任务准备

(一) 试剂

稀硝酸、重铬酸钾、蒸馏水。

(二) 仪器及其他用品

称量纸、载玻片、盖玻片、擦镜纸、试管、三角瓶（500 mL）、玻璃漏斗、铁架台、培养皿、玻璃棒、烧杯、试管架、剪刀、酒精灯、石棉网、棉花、线绳、牛皮纸或报纸、纱布、电子天平、显微镜、电炉、灭菌锅、干燥箱、杜氏小管等。

三、操作步骤

(一) 采样容器和器具准备

(1) 采样容器的选择。防止污染，防止器壁对待测成分的吸收或吸附，防止发生化学反应。

(2) 采样容器的清洗。新玻璃容器经稀硝酸浸泡、清洗备用，测有机氯的玻璃瓶经重铬酸钾洗液浸泡、清洗备用。

(3) 微生物检测的容器准备。

① 冲洗。玻璃或聚乙（丙）烯塑料容器洗净，用硝酸（1∶1）浸泡，再用自来水、蒸馏水冲洗干净。

② 灭菌。玻璃器具可以选择干热或高压蒸汽灭菌，干热灭菌在 160 ℃~180 ℃，2 h 才可以杀死芽孢杆菌，高压蒸汽灭菌在 121 ℃、15 min 即可杀死芽孢杆菌，经高压蒸汽灭菌的容器需在烤箱中烤干；玻璃吸管、长柄勺、棉拭子、盛有生理盐水的试管或锥形瓶等分别用纸包好，灭菌；镊子、剪子、小刀等用前可在酒精灯上灼烧消毒。

(二) 四分采样法采样

将样品倒在干净的平面容器上，堆成正方形，然后从样品左右两边铲起，从上方到下方，再换一个方向同样操作，反复混合 5 次，将样品堆成原来的正方形，按对角线分成四个区，取出两个对角样品，剩下的样品如此操作至接近所需样品量为止。

（三）刮涂法采样

在酒精灯火焰下燃烧灭菌的小刀（放凉），把表面干燥的污物刮下，装入干燥的灭菌容器中送检。

（四）涂抹法采样

用灭菌棉拭子蘸灭菌生理盐水，擦抹物体表面的一定面积后，放入盛有灭菌生理盐水的试管中。

四、任务总结与评价

（一）检测方案制定及准备

通过相关知识学习，小组完成检测方案制定（见表 1-1），并依据方案完成工作准备。

表 1-1　检测方案

<table>
<tr><td>组长</td><td colspan="2"></td><td>组员</td><td></td></tr>
<tr><td>学习项目</td><td colspan="2"></td><td>学习时间</td><td></td></tr>
<tr><td>依据标准</td><td colspan="4"></td></tr>
<tr><td rowspan="3">准备内容</td><td>仪器设备
（规格、数量）</td><td colspan="3"></td></tr>
<tr><td>试剂耗材
（规格、浓度、数量）</td><td colspan="3"></td></tr>
<tr><td>样品</td><td colspan="3"></td></tr>
<tr><td rowspan="5">任务分工</td><td>姓名</td><td colspan="3">具体工作</td></tr>
<tr><td></td><td colspan="3"></td></tr>
<tr><td></td><td colspan="3"></td></tr>
<tr><td></td><td colspan="3"></td></tr>
<tr><td></td><td colspan="3"></td></tr>
<tr><td>具体步骤</td><td colspan="4"></td></tr>
</table>

（二）检查与评价

学生完成本项目的学习，通过学生自评、小组互评来检查自己对本任务学习的掌握情况。指导教师在整个教学过程中，关注每个小组的检测过程及小组成员的操作情况，并对

小组成员动手能力进行评价。学生对所学的各项任务进行抽签决定考核的内容，并将具体的检查与评价填入表1-2。

表1-2　食品样品的采集任务总结与评价表

项目	评价标准	分值/分	学生自评	小组互评	教师评价
方案制定	查阅资料/标准，确定检测依据	5			
	协同合作制定方案并合理分工	5			
	相互沟通完成方案诊改	5			
准备工作	正确清洗及检查仪器	5			
	合理领取药品	5			
	正确取样	5			
	根据样品类型选择正确的方法进行试样制备	5			
试样制备与提取	严格遵守无菌操作原则	5			
	无交叉污染发生	5			
	四分采样法采样	10			
	刮涂法	10			
	涂抹法	10			
	数据记录正确、完整、整齐	5			
	合理做出判定、规范填写报告	5			
结束工作	废液、废渣处理正确	5			
	仪器、试剂归置妥当，器皿清洗干净	5			
	分工合理、文明操作、按时完成	5			
合计		100			

思考题

1. 为什么在选择食品样品采集方法时需要考虑食品类型、目标分析物和采样环境？不同的采样方法可能对分析结果产生怎样的影响？

2. 在食品样品采集过程中，无菌操作为何至关重要？如何确保采样过程中不引入微生物污染？

3. 试述食品安全问题多发的原因。

4. 试述常用食品快速检测技术及其应用。

5. 讨论食品安全现场快速检测的分类方法及其优缺点。

6. 试述采集食物中的有毒样品时，遵循的原则及采样方法。

7. 检测报告中必须包括的检样信息有哪些？

项目二　食品常规理化指标快速检测技术

学习目标

1. 掌握影响食品质量安全的常规理化指标快速检测技术；
2. 培养学生查找相关文献、标准并据此制定检测方案的能力；
3. 培养学生的动手能力及团队协作能力。

能力目标

1. 具有制定常规理化指标检验方案的能力；
2. 懂得食品中常规理化指标的测定原理；
3. 具有检测常规理化指标的独立操作能力、正确处理检验数据的能力。

专业目标

1. 培养学生形成食品快速检测的工作思路；
2. 具有严谨求实、拓展创新、团结协作的能力；
3. 增强学生试验操作的安全意识。

食品安全是关系公众身体健康和生命安全的重要问题。近年来，由于食品污染事件不断发生，为了更好地保障自身权益，食品快速检测技术越来越受到广大消费者的关注。食品快速检测技术的应用，可以快速、准确地检测食品中的有害物质，从而有效地保护公众健康。

任务一　食品水分含量的快速检测

案例导入

食品是人类生存的基础，而水分含量是影响食品质量、安全和保质期的重要因素。因此，准确测定食品中的水分含量对于食品工业的质量控制和科学研究至关重要。近年来，类似于注水猪肉的食品安全问题备受关注。假如你是市场监督管理部门的一名食品检验员，请思考如何开展食品中水分含量的快速检测操作。

问题启发

在食品行业，如何实现产品中水分的快速、准确测定？具体来讲，常用的快速水分测定方法有哪些？这些方法的原理及适用范围是怎样的？

一、水在食品中的作用

（一）食品中水分的存在形式

水是维持动植物和人类生存必不可少的物质之一。它不但是生物体内化学反应的介质，而且是生物化学反应的反应物。水还是动物体内各器官、肌肉、骨骼的润滑剂，没有水就没有生命。

食品中水分的存在形式，可以按照其物理、化学性质分为结合水和自由水两大类。结合水分为结晶水和束缚水，在测定过程中此类水分较难从物料中溢出。自由水包括润湿水分、渗透水分和毛细管水，这类水分易与物料分离。食品中自由水的含量与其品质有着密切关系，在一般水分测定中，主要是测定自由水的含量。不同食品的水分含量差别很大，常见食品的水分含量如表 2-1 所示。

表 2-1 各种食品中水分含量的范围

种类	鲜果	蔬菜	鱼类	蛋类	乳类	猪肉	面粉	饼干	面包
水分含量/%	70~93	85~97	67~81	73~75	87~89	43~59	12~14	2.5~4.5	28~30

（二）测定食品中水分含量的意义

食物中水分含量的测定是食品分析的重要项目之一，水分测定对计算生产中的物料平衡、实行工艺控制与监督等方面，都具有很重要的意义。

控制食品水分含量，对保持食品的感官性质，维持食品中其他组分的平衡关系，保证食品的稳定性，都发挥着重要的作用。例如，乳粉的水分含量控制在 2.5%~3.0%以内，可抑制微生物生长繁殖，延长保质期。新鲜面包的水分含量若低于 28%，则其外观形态干瘪，失去光泽。水果糖的水分含量一般控制在 3.0%左右，若过低则会出现反砂甚至反潮现象。

另外，各种生产原料中水分含量的高低，对于它们的品质和保存、进行成本核算、提高工厂的经济效益等均具有重大意义。

二、水分测定方法

食品中水分含量的测定方法通常分为两大类：直接法和间接法。

直接法是利用水分本身的物理、化学性质来测定水分的方法，如干燥法、蒸馏法和卡尔·费休法。间接法是利用食品的相对密度、折射率、介电常数等物理性质来测定水分含量的方法。水分测定仪的出现则能够实现食品中水分检测的及时、快速和便捷。

实训任务　玉米粉中水分的快速检测——水分测定仪法

一、原理与适用范围

水分测定仪采用干燥失重法原理，通过加热系统快速加热样品，使样品中的水分在短时间内完全蒸发，从而能在很短的时间内检测出样品的含水率。在干燥过程中，快速水分测定仪持续测量并即时显示样品丢失的水分，干燥程序完成后，最终测定的水分值被锁定显示。检测一般样品通常只需 3 min 左右。水分测定仪采用的原理与国家标准烘箱法相同，检测结果具有可替代性。该仪器采用一键式操作，不仅操作简单，而且避免了由人为因素导致的测量结果误差。

水分测定仪可应用于一切需要快速测定水分的行业，如医药、粮食、烟草、化工、茶叶、食品、纺织、农林等。该仪器可与计算机连通，并通过计算机把测试水分的数据结果打印出来。

二、任务准备

（一）试剂

玉米粉。

（二）仪器设备

卤素水分测定仪（VM-E10）、电子天平。

三、操作步骤

（一）校准

将 VM-E10 快速卤素水分测定仪置于合适的位置，开机预热 30 min，调节至水平（水平气泡居中），并对仪器进行称重校准和温度校准。

（二）去零

将样品空盘放置在三角支架上，预热 1 min，按“去皮键”进行置零。

（三）添加样品

称取玉米粉 5 g 左右，用药勺将玉米粉快速均匀地平铺于样品盘上，等待屏幕数值稳定。

（四）水分测定

数值稳定后，按“开始测定”键，几分钟后即可在屏幕上看到玉米粉水分的测定结果。

四、任务总结与评价

（一）检测方案制定及准备

通过相关知识学习，小组完成检测方案制定（见表 2-2），并依据方案完成工作准备。

表 2-2　检测方案

<table>
<tr><td>组长</td><td colspan="2"></td><td>组员</td><td></td></tr>
<tr><td>学习项目</td><td colspan="2"></td><td>学习时间</td><td></td></tr>
<tr><td>依据标准</td><td colspan="4"></td></tr>
<tr><td rowspan="3">准备内容</td><td>仪器设备
（规格、数量）</td><td colspan="3"></td></tr>
<tr><td>试剂耗材
（规格、浓度、数量）</td><td colspan="3"></td></tr>
<tr><td>样品</td><td colspan="3"></td></tr>
<tr><td rowspan="5">任务分工</td><td>姓名</td><td colspan="3">具体工作</td></tr>
<tr><td></td><td colspan="3"></td></tr>
<tr><td></td><td colspan="3"></td></tr>
<tr><td></td><td colspan="3"></td></tr>
<tr><td></td><td colspan="3"></td></tr>
<tr><td>具体步骤</td><td colspan="4"></td></tr>
</table>

（二）检查与评价

学生完成本项目的学习，通过学生自评、小组互评来检查自己对本任务学习的掌握情况。指导教师在整个教学过程中，关注每个小组的检测过程及小组成员的操作情况并对小组成员的动手能力进行评价。学生对所学的各项任务进行抽签决定考核的内容，并将具体的检查与评价填入表 2-3。

表 2-3　玉米粉水分快速检测任务总结与评价表

<table>
<tr><td>项目</td><td>评价标准</td><td>分值/分</td><td>学生自评</td><td>小组互评</td><td>教师评价</td></tr>
<tr><td rowspan="3">方案制定</td><td>查阅资料/标准，确定检测依据</td><td>5</td><td></td><td></td><td></td></tr>
<tr><td>协同合作制定方案并合理分工</td><td>5</td><td></td><td></td><td></td></tr>
<tr><td>相互沟通完成方案诊改</td><td>5</td><td></td><td></td><td></td></tr>
</table>

续表

项目	评价标准	分值/分	学生自评	小组互评	教师评价
准备工作	正确清洗及检查仪器	5			
	合理领取样品	5			
	正确取样	5			
	根据样品的类型选择正确的方法进行试样制备	5			
试样制备与测定	样品称量操作正确	15			
	仪器校准、清零操作规范	10			
	仪器测定操作规范	10			
	数据记录正确、完整、整齐	5			
	结果计算正确、规范填写报告	10			
结束工作	废液、废渣处理正确	5			
	仪器、试剂归置妥当，器皿清洗干净	5			
	分工合理、文明操作、按时完成	5			
合计		100			

思考题

1. 用水分测定仪测定食品中水分时，如何进行不同状态样品的称重操作？
2. 简述玉米粉、肉类、香料、乳粉等食品水分测定的方法及操作要点。

任务二　食品酸度的快速检测

案例导入

食品中的酸类物质包括有机酸、无机酸、酸式盐以及某些酸性有机化合物（如单宁、蛋白质分解产物等）。这些酸有的是食品中本身固有的，如果蔬中含有苹果酸、柠檬酸、酒石酸、醋酸、草酸，鱼肉类中含有乳酸等；有的是外加的，如一些饮料中加入了柠檬酸；有的是因发酵而产生的，如酸奶中的乳酸。酸在食品中的主要作用是显味、防腐和稳定颜色，对食品风味的影响很大。2021 年，黑龙江省鸡西市鸡东县某家庭聚餐，食用“酸汤子”引发中毒造成 8 人死亡。根据黑龙江省卫健委给出的报告，“酸汤子”含有大量的米酵菌酸，这是导致患者中毒死亡的根源。

问题启发

如何实现食品酸度的快速检测？具体来讲，常用的酸度快速检测方法有哪些？

一、酸度测定的意义

(1) 食品中存在的酸类物质影响食品的色、香、味、稳定性和质量。例如，水果加工过程中降低介质的pH值可以抑制水果的酶促褐变，从而保持水果的本色。

(2) 判断果蔬的成熟度。不同种类的水果和蔬菜，酸的含量因成熟度、生长条件而异，一般成熟度越高，酸的含量越低。如柑橘、菠萝、杧果、番茄等随着成熟度的增加，其糖酸比增大，口感变好。

(3) 判断食品的新鲜程度以及是否腐败。醋酸含量在0.1%以上，说明食品已腐化；牛乳及其制品、番茄制品、啤酒等的乳酸含量变高时，说明这些食品已由乳酸菌引起腐化；水果制品中含有游离的半乳糖醛酸时，说明已受到污染开始霉烂。新鲜的油脂常常是中性的，随着脂肪酶水解作用的进行，油脂中游离脂肪酸的含量不断增加，其新鲜程度也随之下降。油脂中游离脂肪酸含量是品质好坏和精炼程度的重要指标之一。

(4) 食品中的酸类物质具有一定的防腐作用。当pH值<2.5时，一般除霉菌外，大部分微生物的生长都受到抑制；将醋酸的浓度控制在6%，可有效地抑制腐败菌的生长。

(5) 酸度反映了食品的质量指标。食品生产过程中通过酸度的控制和测定来保证食品的品质。酸的测定对微生物发酵过程具有一定的指导意义。如酒和酒精的生产对麦芽汁、发酵液、酒曲等的酸度都有一定的要求。发酵制品中酒、啤酒、酱油、食醋等的含酸量是一个重要的质量指标。

二、酸度的分类

食品酸度可分为总酸度、有效酸度和挥发酸度。

总酸度又称可滴定酸度，是指食品中所有酸性物质的总量，包括离解的和未离解的酸的总和，常用标准碱溶液进行滴定，并以样品中主要代表酸的质量分数来表示。

有效酸度是指样品中呈游离状态的氢离子的浓度（氢离子的活度），常用pH值表示，用酸度计进行测定。

挥发酸度是指易挥发的有机酸，如醋酸、甲酸及丁酸等，可通过蒸馏法分离，再用标准碱溶液进行滴定。

三、食品中总酸度的测定

食品中酸度的常规检测方法包括酚酞指示剂法、pH计法和电位滴定法。快速检测试纸法能够达到快速检测食品中酸度的目的。

实训任务　食用油酸价的快速检测——快速检测试纸法

一、原理与适用范围

以纸片作为载体做成卡片形式，通过显色剂与食品中的游离脂肪酸进行反应，其在纸片上显色的程度与游离脂肪酸或过氧化物的含量成正比，以此达到酸价或过氧化值的半定量检测。本方法适用于食用植物油及食用动物油酸价的快速测定。

二、任务准备

（一）试剂

酸价试纸（测试范围为 0~5.0 mg KOH/g）。

（二）仪器设备

计时器、干燥玻璃器皿。

三、操作步骤

（1）直接取植物油（动物油需加热使其熔化）样品适量（约 5 mL）于清洁、干燥玻璃器皿中，将油样温度调整至 25 ℃±5 ℃，将试纸端插入油样中并开始计时，试纸插入油样1~2 s 立即取出，将试纸块面朝上平放。

（2）酸价测试纸的最佳反应时间为 5 min，在 3~8 min 内比色有效。

（3）过氧化值测试纸的反应时间视环境温度而定，在表 2-4 中规定的时间内比色有效。

表 2-4　过氧化值测试纸的反应时间

环境温度/℃	0~4	5~9	10~19	20~29	30~36
反应时间/s	120~150	90~120	75~105	60~90	45~75

（4）结果判定。试纸颜色与色卡相同或相近以色卡标示值报告结果。如试纸颜色在两色卡之间，则取两者的中间值。《食品安全国家标准 植物油》GB（2716-2018）对食用植物油酸价和过氧化值有一个统一的最高限量标准，即植物原油酸价≤4 mg/g，食用植物油酸价≤3 mg/g；植物原油和食用植物油的过氧化值都要≤0.25 g/100 g（相当于19.7 meq/kg）。

四、任务总结与评价

（一）检测方案制定及准备

通过相关知识学习，小组完成检测方案制定（见表 2-5），并依据方案完成工作准备。

表 2-5　检测方案

<table>
<tr><td>组长</td><td colspan="2"></td><td>组员</td><td></td></tr>
<tr><td>学习项目</td><td colspan="2"></td><td>学习时间</td><td></td></tr>
<tr><td>依据标准</td><td colspan="4"></td></tr>
<tr><td rowspan="3">准备内容</td><td>仪器设备
（规格、数量）</td><td colspan="3"></td></tr>
<tr><td>试剂耗材
（规格、浓度、数量）</td><td colspan="3"></td></tr>
<tr><td>样品</td><td colspan="3"></td></tr>
<tr><td rowspan="5">任务分工</td><td>姓名</td><td colspan="3">具体工作</td></tr>
<tr><td></td><td colspan="3"></td></tr>
<tr><td></td><td colspan="3"></td></tr>
<tr><td></td><td colspan="3"></td></tr>
<tr><td></td><td colspan="3"></td></tr>
<tr><td>具体步骤</td><td colspan="4"></td></tr>
</table>

（二）检查与评价

学生完成本项目的学习，通过学生自评、小组互评来检查自己对本任务学习的掌握情况。指导教师在整个教学过程中，关注每个小组的检测过程及小组成员的操作情况，并对小组成员动手能力进行评价。学生对所学的各项任务进行抽签决定考核的内容，并将具体的检查与评价填入表 2-6。

表 2-6　食用油酸价的快速检测任务总结与评价表

项目	评价标准	分值/分	学生自评	小组互评	教师评价
方案制定	查阅资料/标准，确定检测依据	5			
	协同合作制定方案并合理分工	5			
	相互沟通完成方案诊改	5			

续表

项目	评价标准	分值/分	学生自评	小组互评	教师评价
准备工作	正确清洗及检查仪器	5			
	合理领取样品	5			
	正确取样	5			
	根据样品的类型选择正确的方法进行试样制备	5			
试样制备与测定	样品体积测定操作正确	10			
	比色操作规范	10			
	测定时间控制合理	10			
	数据记录正确、完整、整齐	10			
	结果计算正确、规范填写报告	10			
结束工作	废液、废渣处理正确	5			
	仪器及试剂归置妥当，器皿清洗干净	5			
	分工合理、文明操作、按时完成	5			
合计		100			

思考题

1. 在快速检测试纸法中，为什么必须严格掌握环境温度与反应时间才能得到正确的检测结果？

2. 快速检测试纸法是否适用于固态食品的酸价测定？

任务三　食品中脂肪含量的快速检测

案例导入

2018 年 5 月 14 日，世界卫生组织发表了一篇名为《在全球食品供应中停用工业生产的反式脂肪酸》的文章。文章指出，每年有 50 多万人因摄入反式脂肪而死于心血管疾病，在全球 80 亿人口中，有超过 50 亿人的食物中含有工业生产的有害反式脂肪酸，停用反式脂肪酸对维护健康和挽留生命极为重要。

问题启发

在家庭日常生活中，如何实现不同种类食品中脂肪含量的快速检测？

一、食品中脂肪的种类及形态

食品中脂肪的存在形式有游离态的，如动物性脂肪和植物性脂肪；也有结合态的，如天然存在的磷脂、糖脂、脂蛋白及某些加工食品（如焙烤食品、麦乳精等）中的脂肪，它们与蛋白质或碳水化合物等形成结合态。对于大多数食品来说，其所含脂肪主要是游离态的脂肪，结合态的脂肪含量较少。

二、测定食品中脂肪含量的意义

脂肪是食品中重要的产能营养成分之一，还可为人体提供必需脂肪酸——亚油酸和脂溶性维生素，是脂溶性维生素的含有者和传递者。脂肪与蛋白质结合生成的脂蛋白，在调节人体生理机能和完成体内生化反应方面起着十分重要的作用。

评价食品的品质。在食品生产加工过程中，原料、半成品、成品的脂类含量直接影响产品的外观、风味、口感、组织结构、品质等。如生产蔬菜罐头时，添加适量的脂肪可改善其风味。对于面包类的焙烤食品，脂肪含量特别是卵磷脂等组分的含量，对于面包心的柔软度、面包的体积及结构都有直接影响。

食品中的脂肪含量是一项重要的控制指标。测定食品中的脂肪含量，不仅可以用来评价食品的品质，衡量食品的营养价值，对实现生产过程的质量管理、实行工艺监督、研究食品的储藏方式是否恰当等方面也有着重要的意义。不同食品中脂肪含量不同，如生乳的脂肪含量≥3.1 g/100 g，火腿肠的脂肪含量为6%~16%。

三、脂类的测定

（一）索氏提取法

此法是经典方法，适用于水果、蔬菜及蔬菜制品、粮食及粮食制品、肉及肉制品、蛋及蛋制品、水产及其制品、焙烤食品、糖果等食品中游离态脂肪含量的测定。将已经过预处理且干燥分散的样品用无水乙醚或石油醚等溶剂进行提取，使样品中的脂肪进入溶剂当中，然后从提取液中回收溶剂，最后所得到的残留物即为脂肪（或粗脂肪）。因所得到的残留物中主要含游离脂肪，还含有色素、树脂、蜡、挥发油等物质，所以用索氏提取法测得的为粗脂肪。

（二）酸水解法

面粉及其焙烤制品（面条、面包之类）等食品，其所含脂肪包埋于组织内部。由于乙醚不能充分渗入样品颗粒内部，或由于脂类与蛋白质或碳水化合物形成结合脂，特别是对于一些容易吸潮、结块、难以烘干的食品，用索氏提取法不能将其中的脂类完全提取出来，这种情况下，适合采用酸水解法。酸水解法适用于水果、蔬菜及蔬菜制品、粮食及粮食制品、肉及肉制品、蛋及蛋制品、水产品及其制品、焙烤食品、糖果等食品中游离态脂肪及结合态脂肪总量的测定。

实训任务　乳制品中脂肪含量的快速测定——试剂盒法

一、原理与适用范围

食品中的结合态脂肪必须用强酸使其游离出来，游离出的脂肪易溶于有机溶剂。试样经盐酸水解后用无水乙醚或石油醚提取，除去溶剂即得游离态和结合态脂肪的总含量。

二、任务准备

（一）试剂

脂肪检测试剂盒、乳制品。

（二）仪器设备

分析天平、恒温水浴锅、调温电炉、电热鼓风干燥箱。

三、操作步骤

样品处理→酸水解→脂肪提取→回收溶剂→烘干→称量。

（1）样品处理。精确称取乳制品样品约 2.0 g 于 50 mL 大试管中，加 8 mL 水，混匀后再加 10 mL 盐酸。

（2）水解。将试管放入 70～80 ℃水浴中，每隔 5～10 min 搅拌一次，至脂肪游离完全为止，需 40～50 min。

（3）提取。取出试管，加入 10 mL 乙醇，混合，冷却后将混合物移入 100 mL 具塞量筒中，用 25 mL 乙醚分次洗涤试管，一并倒入具塞量筒中，加塞振摇 1 min，小心开塞，放出气体，再塞好，静置 12 min，小心开塞，用乙醚-石油醚等量混合液冲洗塞及筒口附着的脂肪。静置 10～20 min，待上部液体清晰，吸出上层清液于已恒重的锥形瓶内，再加 5 mL 乙醚于具塞量筒内，振摇，静置后，仍将上层乙醚吸出，放入原锥形瓶内。

（4）回收溶剂、烘干、称重。将锥形瓶于水浴上将乙醚挥发蒸干后，置于 100～105 ℃烘箱中干燥 2 h，取出放入干燥器内冷却 0.5 h 后称重。重复以上操作直至恒重。

四、任务总结与评价

（一）检测方案制定及准备

通过相关知识学习，小组完成检测方案制定（见表 2-7），并依据方案完成工作准备。

表 2-7　检测方案

组长		组员	
学习项目		学习时间	
依据标准			
准备内容	仪器设备 （规格、数量）		
	试剂耗材 （规格、浓度、数量）		
	样品		
任务分工	姓名	具体工作	
具体步骤			

（二）检查与评价

学生完成本项目的学习，通过学生自评、小组互评来检查自己对本任务学习的掌握情况。指导教师在整个教学过程中，关注每个小组的检测过程及小组成员的操作情况，并对小组成员的动手能力进行评价。学生对所学的各项任务进行抽签决定考核的内容，并将具体的检查与评价填入表 2-8。

表 2-8　乳制品中脂肪的测定任务总结与评价表

项目	评价标准	分值/分	学生自评	小组互评	教师评价
方案制定	查阅资料/标准，确定检测依据	5			
	协同合作制定方案并合理分工	5			
	相互沟通完成方案诊改	5			
准备工作	正确清洗及检查仪器	5			
	合理领取药品	5			
	正确取样	5			
	根据样品类型选择正确的方法进行试样制备	5			

续表

项目	评价标准	分值/分	学生自评	小组互评	教师评价
试样制备与测定	正确处理乳制品样品，无污染	10			
	称样准确，天平操作规范	10			
	正确使用移液管或移液枪准确量取溶液	5			
	规范操作进行样品平行测定	5			
	规范操作进行空白测定	5			
	数据记录正确、完整、整齐	5			
	合理做出判定、规范填写报告	10			
结束工作	废液、废渣处理正确	5			
	仪器、试剂归置妥当，器皿清洗干净	5			
	分工合理、文明操作、按时完成	5			
合计		100			

思考题

1. 为什么索氏提取法提取出来的脂肪叫粗脂肪？
2. 哪些食品适合用酸水解法测定其脂肪含量？为什么？
3. 索氏提取法要求被测样品必须是干燥的，提取溶剂必须无水，为什么？
4. 脂肪提取结束后，应如何去除提取溶剂？

任务四　食品中碳水化合物的快速检测

案例导入

近年来，国民健康意识觉醒，人们已经注意到了摄入过多糖的危害，懂得看食品配料表，开始注重“吃”的成分及其含量。我国从2016年起也出台了各类健康规划文件，引导与鼓励国民减少糖的摄入，从而实现控制国民体重以及预防糖尿病等相关疾病的目的。很多人开始践行“不含糖”“零糖”的饮食原则，选择食用完全没有添加糖的食品。很多食品、饮料企业为了抓住健康的热潮，其新产品开发也会对标“国标零糖”的要求，进入了“完全零糖”的时代。

问题启发

食品中碳水化合物的种类有哪些？如何实现不同种类碳水化合物含量的快速检测？

一、测定食品中糖类物质的意义

食品加工中的糖类物质可改善食品品质、组织结构，增加食品风味。糖类（碳水化合物）的含量是食品营养价值高低的重要标志，也是某些食品重要的质量指标。食品中糖类物质的测定是食品的主要分析项目之一，如黄酒、葡萄酒中总糖的含量，酒精生产发酵过程中还原糖含量的测定。

二、测定糖类物质的方法

食品中碳水化合物的测定方法很多，测定单糖和低聚糖的方法有物理法、化学法、色谱法和酶法等。物理法包括相对密度法、折光法和旋光法等。这些方法比较简便，可对一些特定的样品进行测定，或在生产过程中对其进行监控。

化学法是一种广泛采用的常规分析法，包括直接滴定法、高锰酸钾法、碘量法、铁氰酸钾法、缩合反应法等。化学法测得的多为糖的总量，不能确定糖的种类及每种糖的含量。

色谱法可以对样品中的各种糖类进行分离定量。果胶和纤维素含量的测定多采用重量法。

（一）食品中总糖含量的测定

食品中的总糖主要指具有还原性的葡萄糖、果糖、戊糖、乳糖和在测定条件下能水解为还原性的单糖的蔗糖（水解后为 1 分子葡萄糖和 1 分子果糖），麦芽糖（水解后为 2 分子葡萄糖）以及可能部分水解的淀粉（水解后为 2 分子葡萄糖）。还原糖类之所以具有还原性是由于分子中含有游离的醛基（—CHO）或酮基（═C═O）。

测定总糖的经典化学方法都是以其能被各种试剂氧化为基础的。这些方法中，以各种根据斐林氏溶液氧化作用的改进法的应用范围最广。以下主要介绍铁氰化钾法，蒽铜比色法。斐林氏容量法由于反应复杂，影响因素较多，所以不如铁氰化钾法准确，但其操作简单迅速，试剂稳定，故也被广泛采用。蒽铜比色法要求比色时糖液浓度在一定范围内，但要求检测液澄清。此外，在大多数情况下，用蒽铜比色法测定要求不包括淀粉和糊精，因此需要在测定前将淀粉、糊精去掉，这样就使操作复杂化了，限制了其广泛应用。

1. 铁氰化钾法

测定原理：样品中原有的和水解后产生的转化糖都具有还原性质，在碱性溶液中能将铁氰化钾还原，根据铁氰化钾的浓度和检验滴定量可计算出含糖量。其化学反应方程式如下：

$$C_6H_{12}O_6+6K_3[Fe(CN)_6]+6KOH \rightarrow (CHOH)_4 \cdot (COOH)_2+6K_4[Fe(CN)_6]+4H_2O$$

滴定终了时，稍过量的转化糖将指示剂次甲基蓝还原为无色的隐色体。

2. 蒽酮的比色法

测定原理：糖与硫酸反应脱水生成羟甲基呋喃甲醛，生成物再与蒽酮缩合成蓝色化合物，其颜色深浅与溶液中糖的浓度成正比，可比色定量。

（二）还原糖的测定方法

还原糖包括葡萄糖、果糖、麦芽糖，在葡萄糖分子中含有淤青的醛基，在果糖分子中含有游离的酮基，在乳糖和麦芽糖中含有游离的半缩羧基，因此都具有还原性。在测定还原糖时，一般在测定总糖时所有将糖类水解为转化糖再测定的方法都可用来测定还原糖。

1. 斐林氏容量法

测定原理：还原糖在碱性溶液中能将 Ag^{+}、Hg^{+}、Cu^{2+}、$Fe(CN)^{3-}$ 等金属离子还原，而糖本身则被氧化成各种羟酸，利用这一特性可以对还原糖进行定量测定。

2. 直接滴定法（斐林氏溶液法）

测定原理：样品经过处理除去蛋白质等杂质后，加入盐酸，在加热条件下使蔗糖水解为还原性单糖，用直接滴定法测定水解后样品中的还原糖总量。

实训任务　巧克力中总糖含量的快速测定——试剂盒法

一、原理与适用范围

将食品样品与酒精和硫酸进行混合，先加热水浴至溶解，再通过减压蒸发的方式将酒精蒸发掉，得到含有糖的残渣。然后将残渣溶于少量水中，加入酒石酸和斐林试剂，进行显色反应。费林试剂中的铬酸钠和硫酸能与还原糖反应生成红色络合物，其吸光度与还原糖的浓度成正比。通过光度计测定吸光度，就可以计算出总糖含量。

二、任务准备

（一）试剂

总糖检测试剂盒。

（二）仪器设备

调温电炉、50 mL 滴定管、恒温水浴锅、100 mL 容量瓶、250 mL 锥形瓶、高速组织捣碎机。

三、操作步骤

（一）碱性酒石酸溶液的标定

（二）样品测定

样品处理→样品水解→样品预测定→样品正式测定→数据处理。

(1) 样品处理。取巧克力样品 200 g，剪碎、切碎或捣碎，充分混匀，装入干燥的磨口样品瓶内。将称量并处理好的试样 10 g（精确至 0.001 g），加水浸泡 1~2 h，放入高速组织捣碎机中，加少量水捣碎，全部转移至 100 mL 容量瓶中，加水定容至刻度，摇匀，过滤，取续滤液备用。

（2）样品的水解。准确吸取10 mL样品滤液于250 mL锥形瓶中，加水30 mL，加入盐酸溶液5 mL，置于水浴锅中，待温度升至68 ℃~70 ℃时计算时间，共转化10 min，取出于流动水下迅速冷却，转入100 mL容量瓶中，加甲基红指示剂2滴，用30%氢氧化钠溶液中和至中性，加水至刻度，混匀，注入滴定管备用。

（3）样品溶液的预备试验。准确吸取碱性酒石酸铜甲液、乙液各5 mL，置于250 mL锥形瓶中，加水10 mL和玻璃珠2粒，于电炉上加热使其沸腾，在沸腾状态下以0.5滴/s的速度滴入样品水解溶液，至蓝色刚好消失变为浅黄色为终点，记录消耗的样品水解溶液的体积。平行测定3次。

（4）样品溶液的正式测定。准确吸取碱性酒石酸铜甲液、乙液各5 mL，置于250 mL锥形瓶中，加水10 mL和玻璃珠2粒，从滴定管中加入比预测时样品水解溶液消耗总体积少1 mL的样品水解溶液，摇匀后，于电炉上加热沸腾1 min，在沸腾状态下以0.5滴/s的速度滴入样品水解溶液，至蓝色刚好褪去为终点，记录消耗的样品水解溶液的体积。平行测定3次。

（三）数据记录

将样品测定的相关数据填至数据记录表中（见表2-9）。

表2-9　数据记录表

碱性酒石酸铜溶液的标定					样品溶液的测定				
葡萄糖的质量/g	消耗葡萄糖标准溶液的体积/mL				样品的质量/g	消耗样品水解液的体积/mL			
	1	2	3	平均值		1	2	3	平均值

（四）计算

$$总糖(以葡萄糖计) = \frac{A \times n}{m \times V} \times 100$$

式中 A——10 mL碱性酒石酸铜溶液相当于葡萄糖的质量，g；

m——试样的质量，g；

V——滴定时消耗试液的体积，mL；

n——稀释倍数。

四、任务总结与评价

（一）检测方案制定及准备

通过相关知识学习，小组完成检测方案制定（见表2-10），并依据方案完成工作准备。

表 2-10　检测方案

<table>
<tr><td>组长</td><td colspan="2"></td><td>组员</td><td></td></tr>
<tr><td>学习项目</td><td colspan="2"></td><td>学习时间</td><td></td></tr>
<tr><td>依据标准</td><td colspan="4"></td></tr>
<tr><td rowspan="3">准备内容</td><td>仪器设备
（规格、数量）</td><td colspan="3"></td></tr>
<tr><td>试剂耗材
（规格、浓度、数量）</td><td colspan="3"></td></tr>
<tr><td>样品</td><td colspan="3"></td></tr>
<tr><td rowspan="5">任务分工</td><td>姓名</td><td colspan="3">具体工作</td></tr>
<tr><td></td><td colspan="3"></td></tr>
<tr><td></td><td colspan="3"></td></tr>
<tr><td></td><td colspan="3"></td></tr>
<tr><td></td><td colspan="3"></td></tr>
<tr><td>具体步骤</td><td colspan="4"></td></tr>
</table>

（二）检查与评价

学生完成本项目的学习，通过学生自评、小组互评来检查自己对本任务学习的掌握情况。指导教师在整个教学过程中，关注每个小组的检测过程及小组成员的操作情况，并对小组成员的动手能力进行评价。学生对所学的各项任务进行抽签决定考核的内容，并将具体的检查与评价填入表 2-11。

表 2-11　巧克力中总糖含量的测定任务总结与评价表

项目	评价标准	分值/分	学生自评	小组互评	教师评价
方案制定	查阅资料/标准，确定检测依据	5			
	协同合作制定方案并合理分工	5			
	相互沟通完成方案诊改	5			
准备工作	正确清洗及检查仪器	5			
	合理领取药品	5			
	正确取样	5			
	根据样品类型选择正确的方法进行试样制备	5			

续表

项目	评价标准	分值/分	学生自评	小组互评	教师评价
试样制备与提取	正确处理巧克力样品，无污染	10			
	称样准确，天平操作规范	5			
	正确使用移液管或移液枪准确量取溶液	5			
检测分析	滴定操作正确、规范	5			
	规范操作进行样品平行测定	5			
	规范操作进行空白测定	5			
	数据记录正确、完整、整齐	5			
	合理做出判定、规范填写报告	10			
结束工作	废液、废渣处理正确	5			
	仪器、试剂归置妥当，器皿清洗干净	5			
	分工合理、文明操作、按时完成	5			
合计		100			

知识拓展：碳酸饮料中还原糖含量的快速检测——斐林滴定法

碳酸饮料（汽水）类产品是指在一定条件下充入二氧化碳气体的饮料。碳酸饮料的主要成分包括碳酸水、柠檬酸等酸性物质、白糖和香料等成分，有些含有咖啡因，人工色素等。除糖类能给人体补充能量外，充气的“碳酸饮料”中几乎不含营养素，过量饮用会对人类身体造成伤害。

一、检测原理

还原糖检测试剂盒（斐林滴定法）是直接滴定法的一种，这种试剂盒主要包含酒石酸钠钾、硫酸铜、亚甲蓝、亚铁氰化钾、葡萄糖标准等成分，主要用于含淀粉食品、酒精饮料、碳酸饮料、肉制品、蜜饯等食品中还原糖的定量检测。试样经过去蛋白质处理后，以亚甲蓝为指示剂，在加热条件下滴定标定过的斐林试剂（A 液与 B 液等量混合生成的可溶性蓝色的酒石酸钾钠铜络合物，也称作碱性酒石酸铜溶液）。样品中的还原糖将酒石酸钾钠铜中的二价铜还原成红色的氧化亚铜沉淀，氧化亚铜沉淀又与亚铁氰化钾反应生成可溶性的无色络合物。当二价铜全部被还原，稍过量的还原糖把亚甲蓝还原，溶液由蓝色变为无色时，即为滴定终点，根据样品液的消耗体积计算还原糖含量。

二、仪器与试剂

还原糖检测试剂盒、分析天平、酸式滴定管、水浴锅和酒精灯等。

三、操作步骤

碳酸饮料中还原糖含量的快速检测——斐林滴定法工作任务单如表 2-12 所示。

表 2-12　碳酸饮料中还原糖含量的快速检测——斐林滴定法工作任务单

<table>
<tr><td rowspan="2">任务</td><td colspan="2">具体实施</td><td rowspan="2">心得</td></tr>
<tr><td>实施、步骤</td><td>试验记录</td></tr>
<tr><td>准备工作</td><td>预先标定好斐林试剂，并预设好条件</td><td></td><td></td></tr>
<tr><td>样品制备</td><td>称取混匀后的试样 100 g（精确到 0.01 g），置于蒸发皿上，在水浴上轻轻搅拌后除去二氧化碳，移入 250 mL 容量瓶中，加水至刻度，混匀后备用</td><td></td><td></td></tr>
<tr><td rowspan="4">试样测定</td><td>25 mL 的酸式滴定管中加入试样溶液约 20 mL</td><td rowspan="4"></td><td rowspan="4"></td></tr>
<tr><td>向 150 mL 锥形瓶中，先依次加入斐林试剂 A 和 B 液各 5 mL，再向其中加入 10 mL 水和 2~4 颗玻璃珠</td></tr>
<tr><td>加热锥形瓶，控制时间在 2 min 内沸腾，保持沸腾并以 0.5 滴/s 的速度滴加试样溶液，直到溶液蓝色刚好褪去为终点</td></tr>
<tr><td>记录消耗试样溶液的总体积，平行操作 3 次，取平均值</td></tr>
<tr><td>结果计算</td><td>试样中还原糖的含量按以下公式计算：
$X = m1 \times 100/(m \times F \times V/250 \times 1\ 000)$
$m1$=斐林试剂（A 液、B 液各半），相当于某种还原糖的质量（mg）；
m=试样质量（g）；
F=样品系数，含淀粉食品为 0.8，其他为 1；
V=测定时平均消耗试样溶液体积（mL）</td><td></td><td></td></tr>
<tr><td>结束工作</td><td colspan="2">整理好试剂盒，熄灭酒精灯，倾倒试验废液，清理试验台面</td><td></td></tr>
<tr><td>工作总结</td><td colspan="3"></td></tr>
</table>

四、任务总结与评价

（一）检测方案制定及准备

通过相关知识学习，小组完成检测方案制定（见表2-13），并依据方案完成工作准备。

表 2-13 检测方案

<table>
<tr><td>组长</td><td colspan="2"></td><td>组员</td><td></td></tr>
<tr><td>学习项目</td><td colspan="2"></td><td>学习时间</td><td></td></tr>
<tr><td>依据标准</td><td colspan="4"></td></tr>
<tr><td rowspan="3">准备内容</td><td>仪器设备
（规格、数量）</td><td colspan="3"></td></tr>
<tr><td>试剂耗材
（规格、浓度、数量）</td><td colspan="3"></td></tr>
<tr><td>样品</td><td colspan="3"></td></tr>
<tr><td rowspan="5">任务分工</td><td>姓名</td><td colspan="3">具体工作</td></tr>
<tr><td></td><td colspan="3"></td></tr>
<tr><td></td><td colspan="3"></td></tr>
<tr><td></td><td colspan="3"></td></tr>
<tr><td></td><td colspan="3"></td></tr>
<tr><td>具体步骤</td><td colspan="4"></td></tr>
</table>

（二）检查与评价

学生完成本项目的学习，通过学生自评、小组互评来检查自己对本任务学习的掌握情况。指导教师在整个教学过程中，关注每个小组的检测过程及小组成员的操作情况，并对小组成员的动手能力进行评价。学生对所学的各项任务进行抽签决定考核的内容，并将具体的检查与评价填入表2-14。

表 2-14 碳酸饮料中还原糖含量的快速检测——斐林滴定法任务总结与评价表

项目	评价标准	分值/分	学生自评	小组互评	教师评价
方案制定	查阅资料/标准，确定检测依据	5			
	协同合作制定方案并合理分工	5			
	相互沟通完成方案诊改	5			

续表

项目	评价标准	分值/分	学生自评	小组互评	教师评价
准备工作	正确清洗及检查仪器	5			
	合理领取药品	5			
	正确取样	5			
	根据样品类型选择正确的方法进行试样制备	5			
试样制备与提取	正确处理新鲜样品，无污染	10			
	称样准确，天平操作规范	5			
	正确使用移液管或移液枪准确量取溶液	5			
检测分析	滴定操作正确、规范	5			
	规范操作进行样品平行测定	5			
	规范操作进行空白测定	5			
	数据记录正确、完整、整齐	5			
	合理做出判定、规范填写报告	10			
结束工作	废液、废渣处理正确	5			
	仪器、试剂归置妥当，器皿清洗干净	5			
	分工合理、文明操作、按时完成	5			
合计		100			

思考题

1. 简述总糖测定中样品的水解过程。
2. 测定样品的总糖，为什么要先用酸对样品进行水解？

任务五　食品中蛋白质的快速检测

案例导入

当媒体上充斥着各种高蛋白食谱和营养建议时，我们不禁要问：这些所谓的“健康食谱”真的适合我们吗？“在追求健康的路上，我们可能误入歧途。”这句话在讨论高蛋白饮食时显得尤为贴切。如今，高蛋白饮食成为健康饮食的热门话题，无论是健身爱好者、减肥者，还是追求健康长寿的中老年人，都在积极地增加蛋白质的摄入。但在这背后，我们理解高蛋白饮食的真正含义吗？

问题启发

如何实现不同种类蛋白质（氨基酸）含量的快速检测？

一、蛋白质的组成

蛋白质是复杂的含氮有机化合物，包含的主要元素有 C、H、O、N、P、S、Cu、Fe、I。含氮是蛋白质区别于其他有机化合物的主要标志。不同的蛋白质中氨基酸的构成比例及方式不同，故不同蛋白质的含氮量不同。1 份氮相当于 6.25 份蛋白质，故称 6.25 为蛋白质系数，不同种类食品的蛋白质系数有所不同，如玉米、荞麦、青豆、鸡蛋等为 6.25；大米为 5.95；花生为 5.46；小麦粉为 5.70；大豆及其制品为 5.71；牛乳及其制品为 6.38。蛋白质可以被酶、酸或碱水解，水解的中间产物为胨、肽等，最终产物为氨基酸。氨基酸是构成蛋白质的最基本物质。

二、测定蛋白质含量的意义

蛋白质是食品中重要的营养指标。不同的食品，其蛋白质的含量各不相同，测定食品中蛋白质的含量对于评价食品的营养价值，合理开发、利用食品资源，指导生产，优化食品配方，提高产品质量，指导经济核算等方面都具有十分重要的意义。

三、测定蛋白质含量的方法

测定蛋白质含量的方法可分为两大类：一类是利用蛋白质的共性，即含氮量、肽键和折射率等测定蛋白质含量；另一类是利用蛋白质中特定氨基酸残基、酸性和碱性基团以及芳香基团等测定蛋白质含量。测定蛋白质含量最常用的方法是凯氏定氮法，它是测定总有机氮最准确和操作较简便的方法之一。还有快速测定蛋白质含量的方法，如双缩脲分光光度比色法、染料结合分光光度比色法、水杨酸比色法、折光法、旋光法及近红外光谱法等。

（一）凯氏定氮法

测定原理：食品中的蛋白质在催化加热条件下被分解，产生的氨与硫酸结合生成硫酸铵。碱化蒸馏使氨游离，用硼酸吸收形成硼酸铵，再用标准盐酸或硫酸溶液滴定，根据酸的消耗量计算氮含量，再乘以换算系数，即为蛋白质的含量。

（二）水杨酸比色法

测定原理：样品中的蛋白质经硫酸消化转化为铵盐溶液后，在一定的酸度和温度下与水杨酸钠和次氯酸钠作用生成有颜色的化合物，可以在波长 660 nm 处比色测定，求出样品含氮量，计算蛋白质含量。

（三）紫外分光光度法

测定原理：氨基酸及其降解产物的芳香环基，在紫外区对某一波长具有一定的光选择吸收，在 280 nm 处，光吸收与蛋白质浓度（3~8 mg/mL）呈直线关系。因此，通过测定氨基酸溶液的吸光度，并参照事先用凯氏定氮法分析的标准样品，从标准曲线查出蛋白质的含量。

（四）双缩脲法—皮尼克法

测定原理：双缩脲在碱性条件中，能与硫酸铜结合成紫红色的络合物。蛋白质分子中的肽链与双缩脲结构相似，也呈此反应。本法可直接用于测定像小麦粉等固体试样的蛋白质含量。但作为铜的稳定剂，酒石酸钾钠比甘油好些。小麦粉中的蛋白质能直接地一边抽出一边进行定量。

实训任务　乳制品中蛋白质含量的快速测定——BCA 检测试剂盒

一、原理与适用范围

蛋白质定量试剂盒（BCA 法）是常用的蛋白质浓度检测方法之一。该方法原理是蛋白质在碱性条件中将铜离子（Cu^{2+}）还原为亚铜离子（Cu^{+}），生成的 Cu^{+}与 BCA 形成紫色络合物，并在 562 nm 处具有很强的吸收峰，吸光值与样品中蛋白质的含量成正比，根据吸光值可以推算出蛋白质浓度。BCA 试剂盒法适用于所有样品的蛋白质浓度检测，检测浓度下限达到 25 μg/mL，最小检测蛋白质含量达到 0. 5 μg，待测样品体积为 1~20 μL。

二、任务准备

（一）试剂

蛋白质标准溶液、BCA 工作液、乳制品。

酶标仪使用

（二）仪器设备

酶标仪、96 孔板、移液枪等。

三、操作步骤

（一）蛋白质标准品的准备

（1）取 1. 2 mL 蛋白质标准配制液加入一管蛋白质标准品（30 mg BSA）中，充分溶解后配制成 25 mg/mL 的蛋白质标准溶液。配制后可立即使用，也可以在-20 ℃下长期保存。

（2）取适量 25 mg/mL 蛋白质标准品，稀释至终浓度为 0. 5 mg/mL。例如，取 20 μL 25 mg/mL蛋白质标准品，加入 980 μL 稀释液即可配制成 0. 5 mg/mL 蛋白质标准溶液。为了简便起见，使用 0. 9% NaCl 或 PBS 溶液稀释标准品。稀释后的 0. 5 mg/mL 蛋白质标准溶液可以在-20 ℃时长期保存。

（二）BCA 工作液配制

根据乳制品样品数量，按 50 体积 BCA 试剂 A 加 1 体积 BCA 试剂 B（50∶1）配制适量 BCA 工作液，充分混匀。例如，在 5 mL BCA 试剂 A 中加 100 μL BCA 试剂 B，混匀，配制成 5.1 mL BCA 工作液。BCA 工作液室温 24 h 内稳定。

（三）蛋白质浓度测定

（1）将标准品按 0、1、2、4、8、12、16、20 μL 加到 96 孔板的标准品孔中，加标准品稀释液补足到 20 μL，相当于标准品浓度分别为 0、0.025、0.05、0.1、0.2、0.3、0.4、0.5 mg/mL。

（2）加适当体积乳制品样品到 96 孔板的样品孔中。如果样品不足 20 μL，需加标准品稀释液补足到 20 μL。请注意记录样品体积。

（3）各孔加入 200 μL BCA 工作液，37 ℃放置 20~30 min。

（4）用酶标仪测定 A562，或 540~595 nm 的其他波长的吸光度。

（5）根据标准曲线和使用的样品体积计算出样品的蛋白质浓度。

四、任务总结与评价

（一）检测方案制定及准备

通过相关知识学习，小组完成检测方案制定（表 2-15），并依据方案完成工作准备。

表 2-15　检测方案

<table>
<tr><td>组长</td><td colspan="2"></td><td>组员</td><td></td></tr>
<tr><td>学习项目</td><td colspan="2"></td><td>学习时间</td><td></td></tr>
<tr><td>依据标准</td><td colspan="4"></td></tr>
<tr><td rowspan="3">准备内容</td><td>仪器设备
（规格、数量）</td><td colspan="3"></td></tr>
<tr><td>试剂耗材
（规格、浓度、数量）</td><td colspan="3"></td></tr>
<tr><td>样品</td><td colspan="3"></td></tr>
<tr><td rowspan="5">任务分工</td><td>姓名</td><td colspan="3">具体工作</td></tr>
<tr><td></td><td colspan="3"></td></tr>
<tr><td></td><td colspan="3"></td></tr>
<tr><td></td><td colspan="3"></td></tr>
<tr><td></td><td colspan="3"></td></tr>
<tr><td>具体步骤</td><td colspan="4"></td></tr>
</table>

（二）检查与评价

学生完成本项目的学习，通过学生自评、小组互评来检查自己对本任务学习的掌握情况。指导教师在整个教学过程中，关注每个小组的检测过程及小组成员的操作情况，并对小组成员的动手能力进行评价。学生对所学的各项任务进行抽签决定考核的内容，并将具体的检查与评价填入表 2-16。

表 2-16　乳制品中蛋白质含量的快速测定任务总结与评价表

项目	评价标准	分值/分	学生自评	小组互评	教师评价
方案制定	查阅资料/标准，确定检测依据	5			
	协同合作制定方案并合理分工	5			
	相互沟通完成方案诊改	5			
准备工作	正确清洗及检查仪器	5			
	合理量取乳制品样品	5			
	正确取样	5			
	根据样品类型选择正确的方法进行试样制备	5			
试样制备与提取	正确处理乳制品样品，无污染	10			
	称样准确，天平操作规范	5			
	正确使用移液管或移液枪准确量取溶液	5			
检测分析	滴定操作正确、规范	5			
	规范操作进行样品平行测定	5			
	规范操作进行空白测定	5			
	数据记录正确、完整、整齐	5			
	合理做出判定、规范填写报告	10			
结束工作	废液、废渣处理正确	5			
	仪器、试剂归置妥当，器皿清洗干净	5			
	分工合理、文明操作、按时完成	5			
合计		100			

思考题

1. 凯氏定氮法测定蛋白质的原理是什么？
2. BCA 法测定蛋白质含量时，为什么要使用 0.9% NaCl 或 PBS 溶液稀释标准品？

项目三　食品添加剂和违法添加物快速检测技术

学习目标

1. 掌握易滥用食品添加剂的检测内容和快速检测方法；

2. 了解易滥用食品添加剂快速检测新技术的原理和应用；

3. 理解食品添加剂快速检测技术的意义，增强食品卫生安全意识。

能力目标

1. 能运用食品快速检测技术进行添加剂检测的快速操作；

2. 能按要求准确完成添加剂检测的记录；

3. 能完成易滥用食品添加剂的检测，能按要求格式填写添加剂快速检测数据并编写检测报告。

专业目标

1. 增强学生树立规范操作的意识，增进学生对添加剂安全使用的了解和重视；

2. 增强学生的团队意识，提高学生的协作沟通能力。

食品添加剂是加入食品中的天然或者化学合成物质，其目的是改善食品品质、防腐和满足加工工艺的需要。食品添加剂对食品种类和口味的丰富满足了不同消费者的需求，提高了人们的饮食质量，但是添加剂的过量使用或者是滥用会对人们的健康产生不良的影响。

《食品安全国家标准 食品添加剂使用标准》GB 2760—2014

我国允许生产、经营和使用的食品添加剂必须是《食品安全国家标准 食品添加剂使用标准》GB 2760—2014 和《食品安全国家标准 食品营养强化剂使用标准》GB 14880—2012 所列的品种。但是，一些不法商贩和生产单位在利益等因素驱动下，违法使用未经批准的添加剂；如将荧光增白剂掺入面条、粉丝用于增白，这种增白剂中的二苯乙烯三嗪衍等生物有害成分会对人体健康造成直接危害；采用农药多菌灵等水溶液浸泡水果，虽然对水果起到防腐作用，但水果中的多菌灵等农药残留量却大幅增加；为将面粉漂白而往面粉中添加有毒添加剂吊白块；将甲醛用于鱼类防腐；将硼砂用于扁肉、蒸饺中增加脆感等。

为此，我国政府开展了打击违法添加非食用物质和滥用食品添加剂的专项整治工作。食品添加剂检测的主要指标有合成着色剂、防腐剂、甜味剂、亚硝酸、亚硝酸盐、铝、滑石粉和过氧化苯甲酰等。

任务一 食品中合成着色剂的快速检测

案例导入

2020年4月，伊犁哈萨克自治州伊宁市一男子为牟取暴利，竟然在茶叶中添加柠檬黄、日落黄等着色剂，非法获利高达2 400余万元。新疆维吾尔自治区高级人民法院对该案做出终审判决，被告人获刑15年，并处罚金1 245万元。根据行业相关标准，调味茶本质仍为茶叶产品，是以茶叶为基本原料，经加工制成的采用冲泡（浸泡或煮）方式供人们饮用的产品，也应符合国家食品添加剂使用标准的规定，即不得在茶叶中添加柠檬黄、日落黄等具有着色功能的食品添加剂。

问题启发

什么是食品着色剂？天然食品着色剂与合成着色剂的特点主要有什么不同？食品中常用的食用色素有哪些？测定食品中合成着色剂的方法有哪些？这些方法的适用范围是什么？高效液相色谱法有哪些优点？

一、食品中合成着色剂概述

着色剂又称食品色素，分天然色素和合成色素。天然色素直接来自动植物，除藤黄外，其余对人体无毒无害。我国对每一种天然色素都规定了最大使用量。但天然色素对光、热、酸、碱等环境因素十分敏感，所以在加工、储存过程中很容易发生褪色和变色，影响相关食品的感官性能。因此，在食品加工、储存过程中有时会选择添加合成色素来保持食品的颜色。

合成色素是我们通常所说的人工合成色素，其合成原料往往以苯、甲苯、萘等化工材料为主，主要优点是价格低廉、着色能力强、成分比例稳定。但是，这些人工合成色素往往带有一定的毒性，如致污性、致癌性。因此，使用快速检测方法来检测人工合成着色剂的含量对保证人民生命健康、饮食安全有着很重要的作用。

二、食品中合成着色剂的测定意义

《食品安全国家标准　食品中合成着色剂的测定》GB 5009. 35—2023

合成着色剂在当前社会生活中的使用十分普遍，我们日常所食用的食品中有很多都含有人工合成着色剂，如赤藓红、柠檬黄、靛蓝、胭脂红、亮蓝、日落黄、苋菜红等。鉴于这些人工合成着色剂普遍具有的危害性，快速、准确的检测技术和方法成为保障食品安全的必然要求。食品质量安全监督检验机构一直致力于寻找更为快捷、方便、准确、可靠、低耗、环保的合成着色剂检测技术手段。

目前，较为常见的快速检测方法主要有毛细管电泳法、高效液相色谱法、示波极谱法、分光光度法等，这些检测方法在长期的实践中均已证明有不错的效果，逐渐成为合成着色剂检测分析的主流方法。其中，高效液相色谱法检测合成着色剂结果准确性好、灵敏性高、重现性强，是我国当前合成着色剂快速检测的主要方法。

实训任务　食品中的人工合成着色剂的快速检测技术——速测卡法

一、原理与适用范围

水溶性合成着色剂在酸性条件下可使脱脂纯白羊毛染色，在碱性条件下解析，而天然色素不解析。

适用于对液体、固体等食品中人工合成着色剂的现场快速检测。

二、任务准备

（一）试剂

酸性调节剂、碱性调节剂。

（二）检测卡

色素检测卡。

三、操作步骤

（一）样品前处理

（1）液体类试样（饮料、配制酒等）。准确称取试样 20~30 g，放入 100 mL 烧杯中。含二氧化碳样品应加热去除二氧化碳，含乙醇样品应加热去除乙醇作为待净化液。

（2）可溶固体类试样（硬糖、糖果等）。称取 10 g 粉碎样品，放入 100 mL 烧杯中，加水 30 mL，搅拌使样品全部溶解。

（3）固体样品（蜜饯类、淀粉软糖、着色糖衣等糖制品）。称取粉碎样品 15 g，放入 100 mL 烧杯中，加水 50 mL，用酸性调节剂或碱性调节剂调 pH 值至 9~10，浸泡 10 min 后过滤，取滤液于 50 mL 烧杯中。

（4）固体样品（面条、米粉、米线等米面制品；面包、蛋糕类烘焙制品；腊肠、腊肉、凤爪等肉制品）。称取 10 g 粉碎样品，放入 100 mL 烧杯中，加水 50 mL，用酸性调节剂或碱性调节剂调 pH 值至 9~10，浸泡 10 min 后过滤，取滤液于 50 mL 烧杯中。

（二）样品测定

（1）处理液 pH 值的调节。用 pH 试纸测出样品处理液的 pH 值，若 pH 值为 3~5，则可直接进行检测；若 pH 值>5 或 pH 值<3，于样品中逐滴滴加酸性调节剂或碱性调节剂，调节 pH 值至3~5。

（2）色素反应。取一片色素检测卡，将大药片插入上述待测样品液中，轻轻摇动药片约 2 min 后，取出。然后将大药片置于大杯纯净水（约 200 mL）中清洗约 10 s。

（3）清洗。取出后，甩干水分，滴预处理液 2~3 滴于大药片上，约 20 s 后，将大药片置于大杯纯净水（约 200 mL）中清洗约 1 min。

（4）显色判定。取出后，甩干水分，滴合成色素指示剂 1 滴于大药片上，约 10 s 后，揭去小药片上的盖膜，将检测卡对折，手捏约 10 s 后，打开检测卡，观察小药片的颜色。

（三）结果判定

若白色小药片不变色，则为阴性结果；若白色小药片变为其他颜色，则为阳性结果，说明该样品中含有合成着色剂。

（四）注意事项

（1）本方法为现场快速检测方法，检测为不合格的样品应送实验室用标准方法加以确认。

（2）大药片插入待测样品液中，应轻轻摇动，不宜过度用力，以免弄湿小药片。

（3）样品液过滤时，最好采用快速滤纸，以减少样品处理时间。

（4）检验用水应使用蒸馏水或纯净水。

四、任务总结与评价

（一）检测方案制定及准备

通过相关知识学习，小组完成检测方案制定（见表 3-1），并依据方案完成工作准备。

表 3-1　检测方案

组长		组员	
学习项目		学习时间	
依据标准			
准备内容	仪器设备（规格、数量）		
	试剂耗材（规格、浓度、数量）		
	样品		
任务分工	姓名	具体工作	

续表

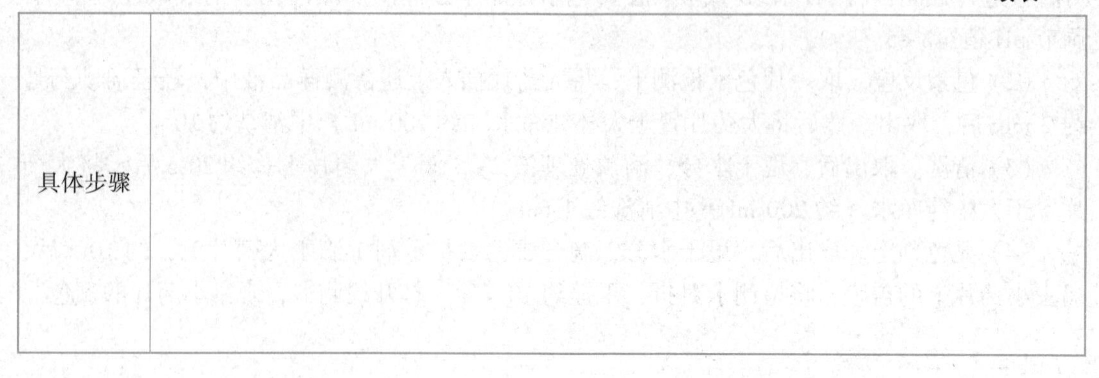

具体步骤	

（二）检查与评价

学生完成本项目的学习，通过学生自评、小组互评来检查自己对本任务学习的掌握情况。指导教师在整个教学过程中，关注每个小组的检测过程及小组成员的操作情况，并对小组成员的动手能力进行评价。学生对所学的各项任务进行抽签决定考核的内容，并将具体的检查与评价填入表 3-2。

表 3-2　食品中的人工合成着色剂的快速检测技术——速测卡法任务总结与评价表

项目	评价标准	分值/分	学生自评	小组互评	教师评价
方案制定	查阅资料/标准，确定检测依据	5			
	协同合作制定方案并合理分工	5			
	相互沟通完成方案诊改	5			
准备工作	正确清洗及检查仪器	5			
	合理领取试剂	5			
	正确取样	5			
	根据样品类型选择正确的方法进行试样制备	5			
试样制备与提取	正确处理新鲜样品，无污染	10			
	称样准确，天平操作规范	5			
	规范操作进行样品平行测定	10			
	规范操作进行空白测定	10			
	数据记录正确、完整、整齐	5			
	合理做出判定、规范填写报告	10			
结束工作	废液、废渣处理正确	5			
	仪器、试剂归置妥当，器皿清洗干净	5			
	分工合理、文明操作、按时完成	5			
合计		100			

思考题

1. 总结食品中合成着色剂分析检测过程中的操作要领。
2. 测定食品中合成着色剂含量的依据是什么？
3. 分析天然色素和合成色素的不同点与相似点。

任务二　食品中防腐剂与甜味剂的快速检测

案例导入

（1）2022年4月22日，重庆市市场监督管理局发布关于1 928批次食品安全抽检情况的通告（2022年第8号）。其中，璧山区金东大酒店销售的标称湖南开口爽食品有限公司生产的黄贡椒（酱腌菜）（1.8 kg/瓶，2021-12-03），苯甲酸及其钠盐（以苯甲酸计）、防腐剂混合使用时各自用量占其最大使用量的比例之和不符合食品安全国家标准规定，检测结果分别为1.13 g/kg，1.90 g/kg，标准值分别为≤1.0 g/kg和≤1 g/kg。

湖南开口爽食品有限公司于2017年3次因生产经营不符合食品安全标准食品被分别罚款20 000元、34 380元和5 000元，因超标排放被罚款1 525元；2018年，因未取得食品生产经营许可从事食品生产经营活动被罚款20 000元；2021年，因生产经营食品添加剂含量超过食品安全标准限量的食品被罚款65 000元。

（2）2018—2022年间，曾某平成立食品有限公司，开办A老面馒头店并对外招收加盟店、直营店，目前拥有40余家加盟店。曾某平通过口头协议约定谢某云、王某1、王某2、黄某为公司股东。郎某明系公司员工、某直营店经营者。2020年10月—2022年1月期间，曾某平、郎某明明知生产馒头不可添加甜蜜素，但为了盈利，二人商定由郎某明大量生产添加甜蜜素的老面馒头，通过A老面馒头品牌的各加盟店、直营店对外销售。据统计，两人共计销售含甜蜜素的不符合安全标准的馒头513 680个，总销售额为308 208元。为营造其品牌效应，曾某平还指定A老面馒头店所属加盟店从郎某明处购进馒头，不允许加盟店买卖其他品牌商品，致使大量含有甜蜜素的不符合安全标准的馒头通过A老面品牌的加盟店、直营店对外销售。黄某清系某早餐店经营者，2021年8月—2022年3月间，在明知销售的馒头中不能含有甜蜜素的情况下，为盈利仍采购、销售郎某明所生产的馒头18 900个，总销售额为18 900元。

《食品安全国家标准 食品中苯甲酸、山梨酸和糖精钠的测定》GB 5009. 28—2016

2022年4月22日，经郴州市市场监督管理局认定，曾某平公司销售的馒头甜蜜素超标，不符合食品安全标准，足以造成严重食物中毒事故（或者其他严重食源性疾病），遂将该案线索移送公安机关刑事立案侦查。

问题启发

哪些食品中可能添加防腐剂/甜味剂？消费者食用过量含有防腐剂/甜味剂的食品会受到哪些伤害？食品中防腐剂/甜味剂的快速检测方法有哪些？在防腐剂/甜味剂的检测过程中需要注意哪些问题？

一、食品中的防腐剂

食品防腐剂按来源可分为合成防腐剂和天然防腐剂。合成防腐剂主要分为有机防腐剂和无机防腐剂。有机防腐剂主要有苯甲酸及其钠盐、山梨酸及其钾盐、丙酸及其盐类、对羟基苯甲酸酯类以及乳酸、醋酸等。无机防腐剂主要有硝酸盐及亚硝酸盐、二氧化硫、亚硫酸及盐类等。

二、食品中常见的防腐剂——苯甲酸及其钠盐

苯甲酸又称为安息香酸，故苯甲酸钠又称安息香酸钠，且苯甲酸钠是苯甲酸的钠盐。苯甲酸在常温下难溶于水，在空气（特别是热空气）中微挥发，有吸湿性，常温下浓度大约为0.34 g/100 mL；溶于热水，也溶于乙醇、氯仿和非挥发性油。在使用中多选用苯甲酸钠，苯甲酸钠属于酸性防腐剂，在酸性环境下防腐效果较好，是很常用的食品防腐剂，有防止变质发酸、延长保质期的效果。

苯甲酸钠属于弱酸盐，如果短期内被人体大量吸收可能使人出现疲乏无力、倦怠、恶心呕吐、腹泻和上腹部疼痛等症状。过多地食用苯甲酸钠会对人体的肝脏和肾脏产生危害，甚至致癌。

苯甲酸和苯甲酸钠作为防腐剂在食品加工储存过程中被广泛使用，而在一些国家的部分食品中被限量使用。苯甲酸一般在碳酸饮料、酱油、酱类、蜜饯和果蔬饮料等食品中使用，苯甲酸在酱油、饮料中可与对羟基苯甲酸酯类一起使用以增效。然而，一些不法商贩在食品中超限量添加防腐剂，这会对人体造成一定的危害。

三、食品中的甜味剂

甜味剂是赋予食品甜味的物质，是食品添加剂中的一类。甜味剂按其来源可分为天然甜味剂和合成甜味剂；按其营养价值可分为营养性甜味剂和非营养性甜味剂；按其化学结构和性质可分为糖类和非糖类甜味剂。《食品安全国家标准 食品营养强化剂使用标准》GB 2760—2014 规定：阿斯巴甜、安赛蜜、D-甘露糖醇、甘草酸铵、甘草酸一钾及三钾、麦芽糖醇和麦芽糖醇液、纽甜、三氯蔗糖、甜蜜素、糖精钠等作为甜味剂可以用于不同食品中，如糖果、面包、糕点、饼干、饮料、调味品等。

实训任务　食品中苯甲酸及其钠盐的快速检测技术——速测盒法

一、原理与适用范围

利用试剂与苯甲酸及其钠盐反应产生颜色变化来定性鉴别样品中是否含有苯甲酸及其钠盐。

饮料中苯甲酸及其钠盐的测定

二、任务准备

（一）试剂

苯甲酸钠提取液 A、苯甲酸钠提取液 B、苯甲酸钠反应液 C、苯甲酸钠反应液 D。

（二）试剂盒

苯甲酸及苯甲酸钠速测管。

三、操作步骤

试验所用试剂均为化学试剂，与皮肤接触立即用清水冲洗。

（1）样品处理。碳酸饮料需要煮沸 5 min，去除其含有的二氧化碳。

有色样品需要进行脱色处理。

（2）取处理好的样品液，加入 4 mL 称量管的“1 mL”刻度线处，加入苯甲酸钠提取液 A 1 mL，摇晃 30 s；再加入苯甲酸钠提取液 B 1 mL，摇晃 30 s，静置 1 min，等待溶液分层。

（3）用吸管吸取上述步骤中的上层清液 0. 5 mL 置于 1. 5 mL 比色管中，加入苯甲酸钠反应液 C 0. 5 mL，摇晃均匀。

（4）再加入苯甲酸钠反应液 D 4 滴，摇匀等待 1 min 比色。

（5）结果报告。液体样品与色卡直接比色，相应色块下面数值即为样品中苯甲酸含量。

苯甲酸及其钠盐限量标准见表 3-3。

表 3-3　GB2760—2014 苯甲酸及其钠盐限量标准

食品名称	最大使用量/($g \cdot kg^{-1}$)	备注
碳酸饮料、特殊用途饮料	0. 2	以苯甲酸计
茶、咖啡、植物（类）饮料、风味饮料	1	以苯甲酸计
果蔬汁（浆）类饮料	1	以苯甲酸计，固体饮料按稀释倍数增加使用量

续表

食品名称	最大使用量/(g·kg^{-1})	备注
浓缩果蔬汁（浆）以苯甲酸计，固体饮料（仅限食品工业用）	2	按稀释倍数增加使用量
蜂蜜	禁止添加	—
牛奶	禁止添加	—
白酒	禁止添加	—

四、任务总结与评价

（一）检测方案制定及准备

通过相关知识学习，小组完成检测方案制定（见表 3-4），并依据方案完成工作准备。

表 3-4　检测方案

<table>
<tr><td>组长</td><td colspan="2"></td><td>组员</td><td></td></tr>
<tr><td>学习项目</td><td colspan="2"></td><td>学习时间</td><td></td></tr>
<tr><td>依据标准</td><td colspan="4"></td></tr>
<tr><td rowspan="3">准备内容</td><td>仪器设备
（规格、数量）</td><td colspan="3"></td></tr>
<tr><td>试剂耗材
（规格、浓度、数量）</td><td colspan="3"></td></tr>
<tr><td>样品</td><td colspan="3"></td></tr>
<tr><td rowspan="5">任务分工</td><td>姓名</td><td colspan="3">具体工作</td></tr>
<tr><td></td><td colspan="3"></td></tr>
<tr><td></td><td colspan="3"></td></tr>
<tr><td></td><td colspan="3"></td></tr>
<tr><td></td><td colspan="3"></td></tr>
<tr><td>具体步骤</td><td colspan="4"></td></tr>
</table>

（二）检查与评价

学生完成本项目的学习，通过学生自评、小组互评来检查自己对本任务学习的掌握情况。指导教师在整个教学过程中，关注每个小组的检测过程及小组成员的操作情况，并对

小组成员的动手能力进行评价。学生对所学的各项任务进行抽签决定考核的内容，并将具体的检查与评价填入表 3-5。

表 3-5　食品中苯甲酸及其钠盐的快速检测——速测盒法任务总结与评价表

项目	评价标准	分值/分	学生自评	小组互评	教师评价
方案制定	查阅资料/标准，确定检测依据	5			
	协同合作制定方案并合理分工	5			
	相互沟通完成方案诊改	5			
准备工作	正确清洗及检查仪器	5			
	合理领取药品	5			
	正确取样	5			
	根据样品类型选择正确的方法进行试样制备	5			
试样制备与提取	正确处理新鲜样品，无污染	5			
	规范去除溶液中所含二氧化碳；规范进行脱色操作	5			
	规范操作进行溶液分层	5			
	规范操作进行溶液分层；规范操作进行液体吸取	10			
	规范操作进行混匀	5			
	正确进行比色操作	5			
	数据记录正确、完整、整齐	5			
	合理做出判定、规范填写报告	10			
结束工作	废液、废渣处理正确	5			
	仪器、试剂归置妥当，器皿清洗干净	5			
	分工合理、文明操作、按完成	5			
合计		100			

思考题

1. 任务完成中的细节操作（例如，提取液加入、分层液体吸取是否完全等）会对试验结果产生较大的影响。总结分析检测过程中的操作要领。

2. 食品防腐剂按其来源可分哪几类？

3. 简述常用甜味剂的名称及其应用范围。

4. 天然甜味剂及合成甜味剂有哪些优缺点？在使用甜味剂的过程中应注意哪些问题？

任务三　食品中硝酸、亚硝酸及其盐的快速检测

案例导入

2014 年 11 月—2017 年 9 月，戚某租赁新区一处民房用于加工猪头肉。期间，戚某超限量使用食品添加剂亚硝酸钠，加工制作熟食品猪头肉，并予以销售。

2017 年 9 月 13 日，镇江新区市场监督管理局依法扣押了戚某加工点的猪头肉制品 25 kg，亚硝酸钠 7 袋。经检测，所提取的猪头肉样品中亚硝酸盐（以亚硝酸钠计）含量为 328.7 mg/kg，已超过国家食品添加剂安全使用标准（≤30 mg/kg），检验结果为不合格。2021 年 4 月，镇江开发区检察院对戚某提起公诉。

问题启发

亚硝酸盐的功能有哪些？哪些食物里面会添加亚硝酸盐？亚硝酸盐的过度摄入会有哪些危害？

一、概述

亚硝酸盐是含有亚硝酸根阴离子（NO_2^-）的盐，最常见的是亚硝酸钠。亚硝酸钠为白色至淡黄色粉末或颗粒，味微咸，易溶于水。硝酸盐和亚硝酸盐广泛存在于人类环境中，是自然界中最普遍的含氮化合物。人体内硝酸盐在微生物的作用下可还原为亚硝酸盐、N-亚硝基化合物的前体物质。其外观及滋味都与食盐相似，并在工业、建筑业中广为使用，肉类制品中也允许作为发色剂限量使用。由亚硝酸盐引起食物中毒的概率较高。食入 0.3~0.5 g 的亚硝酸盐即可引起中毒，3 g 导致死亡。

亚硝酸盐对肉制品具有发色和防腐保鲜作用，高浓度的亚硝酸盐不仅可改善肉制品的感官色泽，还可大幅缩短肉制品的加工时间，因此在肉制品加工中经常被大量使用。同时，蔬菜和肉类中富含的硝酸盐在腌制、加工或储存不当的情况下，也会在还原酶的作用下转变成有毒的亚硝酸盐。

二、食品中亚硝酸盐的限量标准

我国对食品中亚硝酸盐允许的残留量有严格的限量标准，根据《食品安全国家标准 食品添加剂使用标准》GB 2760—2014 规定：腌腊肉制品类（如咸肉、腊肉、板鸭、中式火腿、腊肠）≤30 mg/kg；酱卤肉制品类≤30 mg/kg；熏、烧、烤肉类≤30 mg/kg；油炸肉类≤30 mg/kg；西式火腿（熏烤、烟熏、蒸煮火腿）类≤30 mg/kg；肉灌肠类≤30 mg/kg；发酵肉制品类≤30 mg/kg。

实训任务　食品中亚硝酸盐的快速检测技术

一、原理与适用范围

按照国家标准《食品安全国家标准 食品中亚硝酸盐与硝酸盐的测定》GB 5009.33—2016 中第二法分光光度法的显色原理，将其做成速测管或者快速检测试纸，在弱酸环境下苯磺酸可与亚硝酸离子反应重氮化，再与萘乙二胺偶合生成红色偶氮化合物，其颜色深浅与亚硝酸盐含量成正比，与标准色卡比对确定亚硝酸盐含量。

《食品安全国家标准 食品中亚硝酸盐与硝酸盐的测定》GB 5009.33—2016

适用于肉类、肉类罐头、熏肉和香肠类等肉类制品中亚硝酸盐的快速检测。

食品中亚硝酸盐含量的测定

二、任务准备

（一）试剂

试剂 A 一瓶、试剂 B 一瓶。

（二）试剂盒

亚硝酸盐检测试剂盒。

三、操作步骤

（一）样品处理

将样品剪碎，取剪碎样品 1 g 于离心管中，并加入纯净水 9 mL，充分振摇，静置 1 min。用滤纸过滤或离心得到上层清液，取上层清液作为样品待测液（稀释倍数为 10）。

（二）样品测试

取一根 1.5 mL 离心管，加入 1 滴试剂 A，再加入样品待测液 1 mL。然后加入 1 滴试剂 B，摇匀，静置 10 min。

（三）结果报告

观察离心管内液体的颜色变化，与比色卡对比颜色，得出读数，再乘以稀释倍数，最终得出待测样品中亚硝酸盐的含量。

【注意事项】

1. 普通水中含有微量的亚硝酸盐，不宜作为测定用稀释液，可使用市售的纯净水或蒸馏水。

2. 若显色后的颜色很深，且有沉淀产生，或在滴加试剂 B 时会马上显色但又很快褪去变成浅黄色，均说明样品中的亚硝酸盐含量很高，需加大稀释倍数重新进行检测，否则结果不准确。

3. 对于吸水量不同的样品，可视实际情况增减加水量，适当调整稀释倍数。

4. 试剂具有一定的腐蚀性，请小心操作。

5. 若试剂不小心沾染到皮肤或误入眼中，请立即用清水冲洗。

6. 试剂应保存在儿童触摸不到之处。

四、任务总结与评价

（一）检测方案制定及准备

通过相关知识学习，小组完成检测方案制定（见表 3-6），并依据方案完成工作准备。

表 3-6　检测方案

<table>
<tr><td>组长</td><td colspan="2"></td><td>组员</td><td></td></tr>
<tr><td>学习项目</td><td colspan="2"></td><td>学习时间</td><td></td></tr>
<tr><td>依据标准</td><td colspan="4"></td></tr>
<tr><td rowspan="3">准备内容</td><td>仪器设备
（规格、数量）</td><td colspan="3"></td></tr>
<tr><td>试剂耗材
（规格、浓度、数量）</td><td colspan="3"></td></tr>
<tr><td>样品</td><td colspan="3"></td></tr>
<tr><td rowspan="5">任务分工</td><td>姓名</td><td colspan="3">具体工作</td></tr>
<tr><td></td><td colspan="3"></td></tr>
<tr><td></td><td colspan="3"></td></tr>
<tr><td></td><td colspan="3"></td></tr>
<tr><td></td><td colspan="3"></td></tr>
<tr><td>具体步骤</td><td colspan="4"></td></tr>
</table>

（二）检查与评价

学生完成本项目的学习，通过学生自评、小组互评来检查自己对本任务学习的掌握情况。指导教师在整个教学过程中，关注每个小组的检测过程及小组成员的操作情况，并对

小组成员的动手能力进行评价。学生对所学的各项任务进行抽签决定考核的内容，并将具体的检查与评价填入表 3-7。

表 3-7 食品中亚硝酸盐的快速检测任务总结与评价表

项目	评价标准	分值/分	学生自评	小组互评	教师评价
方案制定	查阅资料/标准，确定检测依据	5			
	协同合作制定方案并合理分工	5			
	相互沟通完成方案诊改	5			
准备工作	正确清洗及检查仪器	5			
	合理领取药品	5			
	正确取样	5			
	根据样品类型选择正确的方法进行试样制备	5			
试样制备与测定	正确处理新鲜样品，无污染	5			
	准确称样，规范操作	10			
	规范操作进行样品平行测定	10			
	规范操作进行空白测定	10			
	数据记录正确、完整、整齐	5			
	合理做出判定、规范填写报告	10			
结束工作	废液、废渣处理正确	5			
	仪器、试剂归置妥当，器皿清洗干净	5			
	分工合理、文明操作、按时完成	5			
合计		100			

知识拓展　食品中硝酸盐的快速检测技术

常见的硝酸盐有硝酸钠、硝酸钾、硝酸铵和农业氮素化肥转化的硝酸盐等。在某些地区，由于常年施用氮素化肥，致使蔬菜瓜果以及牲畜饲料中硝酸盐的含量较高。相关资料显示，硝酸盐本身的毒性并不大，但进入人体后，会因肠道细菌的作用转化生成一些亚硝酸盐或胺类物质进而对人体构成危害。

一、检测依据与适用范围

按照国家标准《食品安全国家标准 食品中亚硝酸盐与硝酸盐的测定》GB 5009. 33—2016 显色原理，食品中的硝酸盐可与试剂盒中试剂反应生成紫红色螯合物，样品中硝酸盐含量与颜色深浅成正比，与比色卡比较，可以得到样品中硝酸盐含量是否超标的半定量结果。

该技术广泛用于各类饮用水、蔬菜、水果中硝酸盐的快速检测。

二、任务准备

（一）试剂

试剂A。

（二）试剂盒

食品中硝酸盐速测试剂盒。

三、操作步骤

（一）饮用水

直接取样品1 mL，再加试剂A 3勺至10 mL离心管中进行检测，振摇使试剂溶解，静置30 s后与比色卡对比（见图3-1）。相同或相近色阶上标示值即样品中硝酸盐的含量（以N计）。

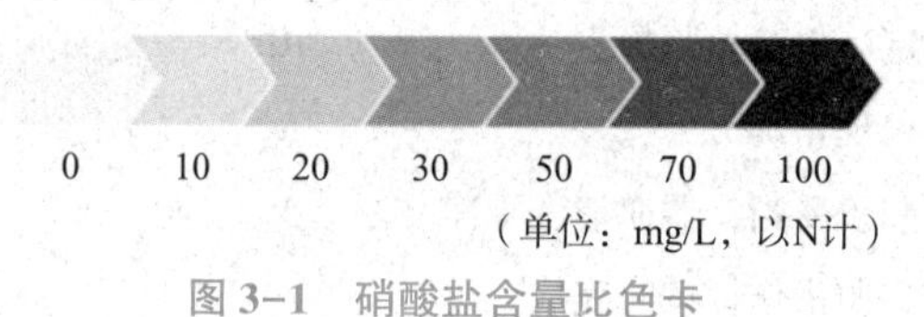

图3-1　硝酸盐含量比色卡

（二）果蔬类

将果蔬样品的可食部分切碎或捣碎，称取粉碎后的样品1 g至10 mL离心管中，加入蒸馏水（或纯净水）到10 mL刻度线，充分振摇后静置5 min。取上层清液1 mL或滤液测定（如果样品溶液有颜色，可加入适量活性炭振摇脱色），加试剂A 3勺至10 mL离心管中，振摇使试剂溶解，静置30 s后与比色卡对比。取相同或相近色阶上标示的含量乘以44.3即样品中硝酸盐的含量（以硝酸根计）。有些食品的硝酸盐限量指标以$NaNO_3$计，读数结果乘以44.3、再乘以1.355后即可。

（三）牛乳样品

直接取1 mL样品加试剂A 3勺至10 mL离心管中进行检测，振摇使试剂溶解，30 s后观察离心管中的颜色，并与比色卡对照。由于乳液具有近1倍的折射率，取相同或相近色阶上标示值乘以2即样品中硝酸盐的含量（以N计）。

（四）结果报告

（1）饮用水。取相同或相近色阶值即样品中硝酸盐的含量（以N计）；

（2）果蔬类。取相同或相近值乘以44.3即硝酸盐的含量（以硝酸根计）。有些食品的硝酸盐限量指标以 $NaNO_3$ 计，读数结果先乘以44.3，再乘以1.355后即得到硝酸盐的含量；

（3）牛乳。取相同或相近值乘以2即硝酸盐的含量（以N计）。

【注意事项】

（1）样品中含有亚硝酸盐时会形成正干扰，当怀疑样品中可能含有亚硝酸盐时，可用亚硝酸盐速测管对样品进行测定。用硝酸盐速测管测定的总量减去亚硝酸盐速测管测定的含量即单一硝酸盐含量。

（2）生活饮用水中常有硝酸盐，不宜作为测定用稀释液，应采用纯净水或蒸馏水。

（3）如果测试结果超出比色卡上的最高值，或样品吸水量较大不好吸取上层清液，可增多稀释用水，并在计算结果时乘以稀释倍数。

（4）检测盒仅用于初筛，最终结果以国家相关标准方法测定的为准。

（5）取样时，应取有代表性的食用部分，对硝酸盐浓度超标的样品应送往实验室检测。

四、任务总结与评价

（一）检测方案制定及准备

通过相关知识学习，小组完成检测方案制定（见表3-8），并依据方案完成工作准备。

表3-8　检测方案

<table>
<tr><td>组长</td><td colspan="2"></td><td>组员</td><td></td></tr>
<tr><td>学习项目</td><td colspan="2"></td><td>学习时间</td><td></td></tr>
<tr><td>依据标准</td><td colspan="4"></td></tr>
<tr><td rowspan="3">准备内容</td><td>仪器设备
（规格、数量）</td><td colspan="3"></td></tr>
<tr><td>试剂耗材
（规格、浓度、数量）</td><td colspan="3"></td></tr>
<tr><td>样品</td><td colspan="3"></td></tr>
<tr><td rowspan="5">任务分工</td><td>姓名</td><td colspan="3">具体工作</td></tr>
<tr><td></td><td colspan="3"></td></tr>
<tr><td></td><td colspan="3"></td></tr>
<tr><td></td><td colspan="3"></td></tr>
<tr><td></td><td colspan="3"></td></tr>
<tr><td>具体步骤</td><td colspan="4"></td></tr>
</table>

（二）检查与评价

学生完成本项目的学习，通过学生自评、小组互评来检查自己对本任务学习的掌握情况。指导教师在整个教学过程中，关注每个小组的检测过程及小组成员的操作情况，并对小组成员的动手能力进行评价。学生对所学的各项任务进行抽签决定考核的内容，并将具体的检查与评价填入表3-9。

表3-9　食品中硝酸盐的快速检测任务总结与评价表

项目	评价标准	分值/分	学生自评	小组互评	教师评价
方案制定	查阅资料/标准，确定检测依据	5			
	协同合作制定方案并合理分工	5			
	相互沟通完成方案诊改	5			
准备工作	正确清洗及检查仪器	5			
	合理领取药品	5			
	正确取样	5			
	根据样品类型选择正确的方法进行试样制备	5			
试样制备与测定	正确处理新鲜样品，无污染	5			
	准确称样，规范操作	10			
	规范操作进行样品平行测定	10			
	规范操作进行空白测定	10			
	数据记录正确、完整、整齐	5			
	合理做出判定、规范填写报告	10			
结束工作	废液、废渣处理正确	5			
	仪器、试剂归置妥当，器皿清洗干净	5			
	分工合理、文明操作、按时完成	5			
合计		100			

思考题

1. 总结分析检测过程中的操作要领。
2. 亚硝酸盐的应用有哪些？安全性如何？
3. 亚硝酸盐的功能有哪些？简述食品中亚硝酸盐的快速测定原理。

任务四　食品中明矾的快速检测

案例导入

2016年至2021年年底，被告人张某与其丈夫共同经营某小吃店，生产、销售油条、麻团、千层饼等食品。2017年3月，张某在店内收到公安机关与食品药品监督管理部门《关于含铝食品添加剂使用标准的告知书》（该告知书载明加工制作油炸小麦粉制品不得超剂量使用含铝泡打粉，干品中铝的残留量不得超过100 mg/kg）。2021年12月，食品药品监督管理部门委托检测中心对张某小吃店生产、销售的油条进行抽样检验。经鉴定，被抽样的油条中铝的残留量为1 231 mg/kg。相较国家标准中铝残留量不得大于100 mg/kg的要求，其铝残留量超出标准10倍之多。

问题启发

哪些食物在制作过程中会添加含铝的添加剂？人体过多摄入铝会有哪些不适症状？

一、概述

铝是地壳中含量最高的金属元素，毒性比较低，但是由于种植、加工、运输、储存、添加剂等方面的原因，铝在食品中广泛存在。人们通过日常进食和饮水来摄取维持人体机能运转的各种元素，但铝元素并非人体必需的微量元素。

十二水合硫酸铝钾是一种无机物，又称明矾，化学式为$KAl(SO_4)_2 \cdot 12H_2O$，是一种含有结晶水的硫酸钾和硫酸铝的复盐类化学物质。如果长期食用含铝食品添加剂对人体伤害很大，尤其对儿童生长发育和智力都会造成影响，因此在我国食品安全国家标准中作为限量食品添加剂。明矾（硫酸铝钾）价格低廉、易购买，蓬松度效果和口感好且性质稳定，易于被生产经营者添加到食品当中，特别是添加到油炸面制品、小麦粉制品和焙烤食品中，起到膨松、稳定的作用，但如果添加过量，就会造成铝的残留量超标。铝会通过食物进入人体，在体内蓄积，损害脑细胞（铝是阿尔茨海默病的病因之一），同时影响铁、钙等成分的吸收，导致骨质疏松、贫血，甚至影响神经细胞的发育，严重影响人体健康。虽然铝的残留量可能会受原材料本身、生产过程用水、使用含铝器具等的影响，但含铝食品添加剂的使用被视为主要引入因素。因此，不仅要严格控制含铝食品的摄入，还要找到能简单准确测定食品中铝含量的方法。

二、食品中铝含量的测定方法

2017年4月，国家卫生计生委、食品药品监管总局颁布了《食品安全国家标准 食品中铝的测定》GB 5009. 182—2017，该标准第一法适用于检测使用含铝添加剂的食品。《食

品安全国家标准 食品添加剂使用标准》GB 2760—2014 中规定相关面制食品中铝的最大用量≤100 mg/kg、腌制水产品（仅限海蜇）≤500 mg/kg。

三、测定过程中的注意事项

（1）本方法适用于现场快速检测与筛查，对于阳性结果样品建议复检 3 次以上或送至法定机构做精确的定量检测。

（2）试管、量杯等洗净后可重复使用。

（3）当样品中硫酸铝钾（铝离子）的含量≥1 g/kg 以上时，溶液中会呈现蓝色沉淀物。

（4）如使用本方法的检测结果达到 100 mg/kg 以上时，可推断样品中含有超量的明矾或含铝离子物质。

实训任务　试剂盒法测定食品中的明矾

一、原理与适用范围

试样经处理后，食品中铝与显色试剂形成蓝色物质。根据颜色深浅与标准比色卡对照确定食品中铝的含量。颜色越深浓度越高。

适用范围：油炸面制品（油条、甜甜圈、油饼等）、虾味片、烘烤食品、薯类食品（薯片及薯粉）、豆类制品（含豆粉）、面粉、米粉、面条等相关制品、海蜇及水等。

二、任务准备

（一）试剂

样品提取剂、检测液 A 1 瓶、检测液 B 1 瓶、检测液 C 1 瓶。

（二）试剂盒

明矾/硫酸铝钾速测试剂盒。

三、操作步骤

（1）试剂配制。

检测液 A（15 次装）：每瓶加入纯净水 1 mL，待用，4 ℃～10 ℃，避光储存。

（2）样品处理。

将样品用料理机打碎或磨碎，取样品 1 g 到样品杯中，加入蒸馏水或纯净水 18 mL，再加入 1 mL 提取剂，振荡约 2 min，静置 10 min，取无杂质澄清液，待测。

若现场有条件，建议将样品置于 85 ℃烘箱中干燥 1 h，再加水浸泡提取。

（3）取浸泡待测液 1 mL 于 1. 5 mL 比色试管中，加入检测液 A 2 滴，摇匀。

（4）再分别向比色管中滴检测液 B 2 滴，检测液 C 2 滴，合盖，颠倒摇匀。

四、任务总结与评价

1~3 min 内观察显色情况，呈浅灰及褐色为阴性，若呈蓝色则为阳性，颜色越深铝含量越高。将其颜色与标准比色卡（见图 3-2）对照，得到铝的浓度。

《食品安全国家标准 食品添加剂使用标准》GB 2760—2014 中规定相关面制食品中铝的最大用量≤100 mg/kg、腌制水产品（仅限海蜇）≤500 mg/kg。

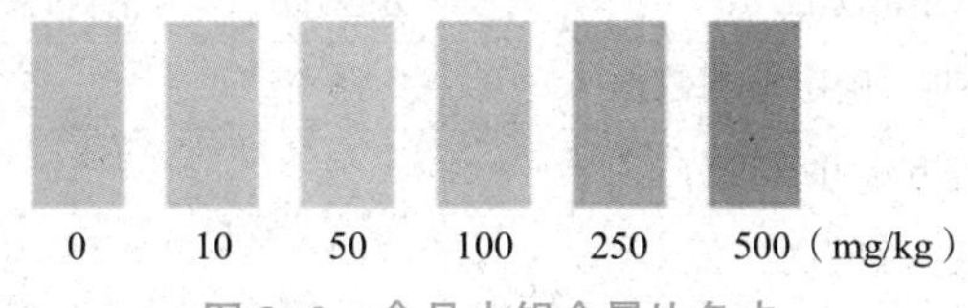

图 3-2 食品中铝含量比色卡

（一）检测方案制定及准备

通过相关知识学习，小组完成检测方案制定（见表 3-10），并依据方案完成工作准备。

表 3-10 检测方案

<table>
<tr><td>组长</td><td colspan="2"></td><td>组员</td><td></td></tr>
<tr><td>学习项目</td><td colspan="2"></td><td>学习时间</td><td></td></tr>
<tr><td>依据标准</td><td colspan="4"></td></tr>
<tr><td rowspan="3">准备内容</td><td>仪器设备
（规格、数量）</td><td colspan="3"></td></tr>
<tr><td>试剂耗材
（规格、浓度、数量）</td><td colspan="3"></td></tr>
<tr><td>样品</td><td colspan="3"></td></tr>
<tr><td rowspan="5">任务分工</td><td>姓名</td><td colspan="3">具体工作</td></tr>
<tr><td></td><td colspan="3"></td></tr>
<tr><td></td><td colspan="3"></td></tr>
<tr><td></td><td colspan="3"></td></tr>
<tr><td></td><td colspan="3"></td></tr>
<tr><td>具体步骤</td><td colspan="4"></td></tr>
</table>

（二）检查与评价

学生完成本项目的学习，通过学生自评、小组互评来检查自己对本任务学习的掌握情况。指导教师在整个教学过程中，关注每个小组的检测过程及小组成员的操作情况，并对小组成员的动手能力进行评价。学生对所学的各项任务进行抽签决定考核的内容，并将具体的检查与评价填入表 3-11。

表 3-11　试剂盒法测定食品中的铝任务总结与评价表

项目	评价标准	分值/分	学生自评	小组互评	教师评价
方案制定	查阅资料/标准，确定检测依据	5			
	协同合作制定方案并合理分工	5			
	相互沟通完成方案诊改	5			
准备工作	正确清洗及检查仪器	5			
	合理领取药品	5			
	正确取样	5			
	根据样品类型选择正确的方法进行试样制备	5			
试样制备与测定	正确处理新鲜样品，无污染	5			
	准确称样，规范操作	10			
	规范操作进行样品平行测定	10			
	规范操作进行空白测定	10			
	数据记录正确、完整、整齐	5			
	合理做出判定、规范填写报告	10			
结束工作	废液、废渣处理正确	5			
	仪器、试剂归置妥当，器皿清洗干净	5			
	分工合理、文明操作、按时完成	5			
合计		100			

思考题

1. 测定食品中铝含量的依据是什么？
2. 测定食品中铝元素含量的意义有哪些？
3. 过量摄入铝元素会对人体造成什么危害？

任务五　食品中滑石粉和过氧化苯甲酰的快速检测

案例导入

国家标准《小麦粉》GB/T 1355—2021 中明确："食用小麦粉的原料只能包括小麦和水，除此之外不许添加其他任何辅料（如淀粉）和食品添加剂（如酶制剂、增稠剂、乳化剂、还原剂等）。"该标准是目前执行最广泛的小麦粉标准，也是各类小麦粉生产的"底线"和"基准"，于 2023 年 1 月 1 日正式实施。也就是说，2023 年 1 月 1 日以后上市的小麦粉，无论品质如何，原料应该只含小麦和水，不含任何添加剂。

问题启发

滑石粉对人体有哪些危害？测定食品中滑石粉的方法有哪些？它们的适用范围是什么？

食品快速检测知识

滑石粉是一种工业产品，为硅酸镁盐类矿物滑石族滑石，主要成分为含水硅酸镁，经粉碎后，用盐酸处理、水洗、干燥而成。滑石粉常用于塑料类、纸类产品的填料，橡胶填料和橡胶制品防黏剂，高级油漆涂料等。2017 年 10 月 27 日，世界卫生组织国际癌症研究机构整理公布了致癌物清单，含石棉或石棉状纤维的滑石粉在三类致癌物清单中。

实训任务　面粉中滑石粉的快速测定

一、原理与适用范围

面粉样品经酸消化后，可形成 Ca^{2+} 或 Mg^{2+}。Mg^{2+} 在强碱性溶液中生成氢氧化镁沉淀，此沉淀可与镁试剂（对硝基苯偶氮间苯二酚）发生吸附作用，形成天蓝色沉淀。可根据沉淀的产生量和颜色的深浅判断滑石粉的掺入量。

二、任务准备

（一）试剂

镁试剂：对硝基苯偶氮间苯二酚（将 0.1 g 对硝基苯偶氮间苯二酚溶于 1 L 2 mol/L NaOH 溶液中）。

（二）仪器及设备

烧杯、容量瓶、点滴板、玻璃棒等

三、操作步骤

（1）准确称取面粉样品 5 g 于高型烧杯，加少量水润湿，加浓盐酸 15 mL 和浓硝酸 10 mL，低温加热消化至无红棕色气体冒出，加过氧化氢溶液 3 mL，稍加热，冷却，用水转移定容至 50 mL。取分解液 1 mL 于试管中，加饱和草酸铵 1 mL，滴加 1∶1 氨水。若有白色沉淀，则表明有 Ca^{2+}存在。

（2）取分解液 1 滴于点滴板上，加 6 mol/L 氢氧化钠 2 滴，有白色沉淀析出，加镁试剂液 1 滴，用玻璃棒搅拌，若沉淀转为天蓝色，则表明有 Mg^{2+}存在。

（3）根据镁试剂与 Mg^{2+}出现蓝色沉淀量的多少以及颜色深浅和稳定时间，就可初步断定面粉中滑石粉的含量。

【注意事项】

（1）面粉中含有少量的 Ca^{2+}、Mg^{2+}对检测结果无影响。

（2）盐酸、硝酸、过氧化氢溶液混合溶剂对样品处理效果最好，因为其既破坏了面粉中的有机物，又使滑石粉中的氧化镁溶解。二氧化硅沉淀不影响测定。

（3）如需精确测定定量结果，可参考《食品安全国家标准 食品中滑石粉的测定》GB 5009.269—2016。

四、任务总结与评价

（一）检测方案制定及准备

通过相关知识学习，小组完成检测方案制定（见表 3-12），并依据方案完成工作准备。

表 3-12 检测方案

<table>
<tr><td>组长</td><td colspan="2"></td><td>组员</td><td></td></tr>
<tr><td>学习项目</td><td colspan="2"></td><td>学习时间</td><td></td></tr>
<tr><td>依据标准</td><td colspan="4"></td></tr>
<tr><td rowspan="3">准备内容</td><td>仪器设备
（规格、数量）</td><td colspan="3"></td></tr>
<tr><td>试剂耗材
（规格、浓度、数量）</td><td colspan="3"></td></tr>
<tr><td>样品</td><td colspan="3"></td></tr>
<tr><td rowspan="5">任务分工</td><td>姓名</td><td colspan="3">具体工作</td></tr>
<tr><td></td><td colspan="3"></td></tr>
<tr><td></td><td colspan="3"></td></tr>
<tr><td></td><td colspan="3"></td></tr>
<tr><td></td><td colspan="3"></td></tr>
</table>

续表

具体步骤	

（二）检查与评价

学生完成本项目的学习，通过学生自评、小组互评来检查自己对本任务学习的掌握情况。指导教师在整个教学过程中，关注每个小组的检测过程及小组成员的操作情况，并对小组成员的动手能力进行评价。学生对所学的各项任务进行抽签决定考核的内容，并将具体的检查与评价填入表 3-13。

表 3-13　面粉中滑石粉的快速测定任务总结与评价表

项目	评价标准	分值/分	学生自评	小组互评	教师评价
方案制定	查阅资料/标准，确定检测依据	5			
	协同合作制定方案并合理分工	5			
	相互沟通完成方案诊改	5			
准备工作	正确清洗及检查仪器	5			
	合理领取药品	5			
	正确取样	5			
	根据样品类型选择正确的方法进行试样制备	5			
试样制备与提取	正确处理新鲜样品，无污染	5			
	准确称样，规范操作	5			
	规范操作进行液体移取	10			
	规范操作进行样品平行测定	10			
	规范操作进行空白测定	5			
	数据记录正确、完整、整齐	5			
	合理做出判定、规范填写报告	10			
结束工作	废液、废渣处理正确	5			
	仪器、试剂归置妥当，器皿清洗干净	5			
	分工合理、文明操作、按时完成	5			
合计		100			

思考题

(1) 细节操作会对试验结果产生较大的影响，总结分析检测过程中的操作要领。
(2) 测定食品中滑石粉含量的意义有哪些?
(3) 滑石粉在食品中使用的最大限量是多少?
(4) 面粉中有哪些食品添加物会被滥用? 快速检测方法有哪些?

实训任务　面粉中过氧化苯甲酰的快速测定

一、原理与适用范围

过氧化苯甲酰能与无水乙醇反应生成紫红色的产物，紫红色的深浅与添加量成正比。反应时间为 15 min。最低检测限为 50 mg/kg。

此法适用于米面类食品及其制品中过氧化苯甲酰的测定。

二、任务准备

(一) 试剂

无水乙醇、试剂 1、试剂 2。

(二) 试剂盒

过氧化苯甲酰速测盒。

三、操作步骤

(1) 用天平称取 1 g 样品于样品杯中，用塑料刻度吸管加入无水乙醇 4 mL，可用吸管搅拌或振摇 5 min 以上，静置。

(2) 取样品溶液 1.5 mL 于 2.0 mL 离心管中，在高速离心机中离心 30 s。

(3) 用塑料滴管移取离心后的上层清液 1 mL 于 1.5 mL 离心管中，滴 1 滴试剂 1，再滴加 1 滴试剂 2，开始计时 10 min，每隔 1 min，把离心管颠倒一次。

(4) 显色 10 min 后立即与比色卡对照，找出相应的含量。如超过60 mg/kg则样品中过氧化苯甲酰含量可能超过国家允许标准。

【注意事项】

(1) 显色时间要严格控制，10 min 后应立即比色。久置颜色会加深。
(2) 所有试验用水均应使用蒸馏水或纯净水。

（3）每次使用后，试验器皿应用清水冲洗 3 遍以上，然后用蒸馏水或纯净水洗后晾干备用。

（4）过氧化苯甲酰检测液极易受空气和光的影响，用后应立即盖上盖子并封闭于冰箱或阴凉干燥处避光保存；若长时间在空气中暴露则易失效。

四、任务总结与评价

（一）检测方案制定及准备

通过相关知识学习，小组完成检测方案制定（见表 3-14），并依据方案完成工作准备。

表 3-14　检测方案

<table>
<tr><td>组长</td><td colspan="2"></td><td>组员</td><td></td></tr>
<tr><td>学习项目</td><td colspan="2"></td><td>学习时间</td><td></td></tr>
<tr><td>依据标准</td><td colspan="4"></td></tr>
<tr><td rowspan="3">准备内容</td><td>仪器设备
（规格、数量）</td><td colspan="3"></td></tr>
<tr><td>试剂耗材
（规格、浓度、数量）</td><td colspan="3"></td></tr>
<tr><td>样品</td><td colspan="3"></td></tr>
<tr><td rowspan="5">任务分工</td><td>姓名</td><td colspan="3">具体工作</td></tr>
<tr><td></td><td colspan="3"></td></tr>
<tr><td></td><td colspan="3"></td></tr>
<tr><td></td><td colspan="3"></td></tr>
<tr><td></td><td colspan="3"></td></tr>
<tr><td>具体步骤</td><td colspan="4"></td></tr>
</table>

（二）检查与评价

学生完成本项目的学习，通过学生自评、小组互评来检查自己对本任务学习的掌握情况。指导教师在整个教学过程中，关注每个小组的检测过程及小组成员的操作情况，并对小组成员的动手能力进行评价。学生对所学的各项任务进行抽签决定考核的内容，并将具体的检查与评价填入表 3-15。

表 3-15 面粉中过氧化苯甲酰的快速测定任务总结与评价表

项目	评价标准	分值/分	学生自评	小组互评	教师评价
方案制定	查阅资料/标准，确定检测依据	5			
	协同合作制定方案并合理分工	5			
	相互沟通完成方案诊改	5			
准备工作	正确清洗及检查仪器	5			
	合理领取药品	5			
	正确取样	5			
	根据样品类型选择正确的方法进行试样制备	5			
试样制备与测定	正确处理新鲜样品，无污染	5			
	准确称样，规范操作	5			
	规范操作进行液体移取	10			
	规范操作进行样品平行测定	10			
	规范操作进行空白测定	5			
	数据记录正确、完整、整齐	5			
	合理做出判定、规范填写报告	10			
结束工作	废液、废渣处理正确	5			
	仪器、试剂归置妥当，器皿清洗干净	5			
	分工合理、文明操作、按时完成	5			
合计		100			

思考题

1. 结合实际生产谈谈为何不法企业会在面粉生产过程中过量添加过氧化苯甲酰？
2. 食品中添加滑石粉会对人体造成什么危害？

项目四　食品农药残留、兽药残留快速检测技术

学习目标

1. 掌握模块中各任务列举的主要方法：酶联免疫法、免疫层析法、化学显色法、荧光定量分析等；
2. 熟悉食品中常见有毒有害物质的种类及其检测方法；
3. 了解食品中常见有毒有害物质的来源及其对人体健康的危害。

能力目标

1. 能获取食品中有毒有害物质的相关标准依据以及检测试剂产品及其制造商的信息；
2. 能运用食品快速检测技术开展食品中有毒有害物质快速检测的操作；
3. 能按要求准确完成常见有毒有害物质快速检验的记录；
4. 能按要求格式编写有毒有害物质快速检测报告。

专业目标

1. 增强学生食品安全意识，培养严谨细致的工作态度；
2. 增强学生的团队意识并培养其协作沟通的能力。

农药残留直接关系到食品安全，与人类健康息息相关。出于维护本国经济利益和保护人民身体健康的需要，欧盟、美国、日本、加拿大等发达国家和地区相继对进口食品中的农药残留量提出越来越高的要求。发展快速、可靠、灵敏和实用的农药残留检测技术无疑是控制农药残留、保证消费者饮食安全和避免有关国际贸易争端的基础。

任务一　食品中农药残留的快速检测

案例导入

2015 年 4 月初，17 名青岛市民食用西瓜后出现了呕吐、头晕等症状。接报后，青岛市食品药品监管部门立即行动，对食用剩余的西瓜进行流行病学调查，判定事件原因，确认患者是由食用的西瓜中氨基甲酸酯类农药涕灭威（aldicarb）超标引起的食物中毒。事

后，相关部门根据患者提供的线索，对疑似“问题西瓜”的来源进行了追溯。执法人员连夜行动，对售卖“问题西瓜”的市场经营的所有西瓜和全市各区（市）所有的西瓜经营者开展全面检查、检验，对疑似“问题西瓜”，立即停止销售、下架封存、组织召回；对经定性定量检测确有问题的，联合公安机关，依法进行调查处理。

《蔬菜中有机磷和氨基甲酸酯类农药残留量的快速检测》GB/T 5009.199—2003

2020年10月3日晚，杭州傲敏生物科技有限公司快检室检测出经营者周某某销售的150 kg圆椒有机磷农药残留物超出国家限定标准。快检结果出来后，市场管理方要求经营者立即停止销售快检不合格圆椒；10月4日，东港区市场监管局西城所现场督导市场管理方对该批圆椒进行销毁。

问题启发

哪些食品中可能存在有机磷和氨基甲酸酯类农药残留？消费者食用含有机磷和氨基甲酸酯类农药残留的食品会受到哪些伤害？食品中有机磷和氨基甲酸酯类农药残留的快速检测方法有哪些？在测定过程中需要注意哪些问题？

食品快速检测知识

一、简介

有机磷农药是人类最早合成而且仍在广泛使用的一类杀虫剂，也是目前我国最主要使用的农药之一，被广泛应用于各类食用作物。这种农药多为油状液体，有大蒜味，挥发性强，微溶于水，遇到碱容易被破坏。实际应用中主要为高效低毒及低残留品种，如乐果、敌百虫等。其溶解性较好，易水解，在环境中可很快降解，在动物体内的蓄积性小，即具有降解快和残留低的特点。有机磷农药对人体的危害以急性毒性为主，多发生于大剂量或反复接触之后，出现一系列神经中毒症状，如出汗、震颤、精神错乱、语言失常，严重者会出现呼吸麻痹，甚至死亡。

氨基甲酸酯农药是人类针对有机氯和有机磷农药的缺点而开发的一类新型杀虫剂，具有选择性强、高效、广谱、低毒、易分解的特点，在农业、林业和木业等方面得到了广泛的应用。氨基甲酸酯农药已有1 000多种，其使用量已超过有机磷农药。氨基甲酸酯类杀虫剂在酸性条件下较稳定，遇碱易分解，暴露在空气和阳光下易分解，在土壤中的半衰期为数天至数周。

二、检测意义

有机磷农药虽然有低残留、降解快的优点，但是由于有机磷农药的使用量越来越大，而且对农作物往往要反复多次使用，因此，有机磷对食品的污染比滴滴涕（DDT）还要严重。有机磷农药污染食品主要表现为在植物性食品中的残留，尤其是水果和蔬菜最易吸收有机磷，且残留量高。有机磷酸酯为神经毒素，主要是竞争抑制乙酰胆碱酯酶的活性引起中枢神经中毒。一般而言，喷施有机磷农药的工人容易发生有机磷急性中毒。无良菜农在蔬菜销售前大量喷施农药也可造成消费者的急性中毒。近些年的研究发现，有机磷酸酯类农药也具有一定的慢性毒性。长期反复摄入有机磷农药可造成肝损伤。提高农产品中有机磷农药残留检测技术，能从根本上保障农产品的安全。

氨基甲酸酯和有机磷一样都是哺乳动物 AchE 的阻断剂，氨基甲酸酯经口喂饲时对哺乳动物氨基甲酸酯可产生很高的毒性，而经皮肤吸收所产生的毒性较低。其对人体的毒性虽然不强，但具有致突变、致畸和致癌的作用。随着其使用量和应用范围的扩大、使用时间的延长，氨基甲酸酯的残留问题也逐渐凸显，并导致了多起食物中毒事件。

三、检测方法

食品中有机磷农药残留的快速检测方法主要有两大类，分别是酶抑制法和酶联免疫法。免疫法农药残留分析是一种新兴的检测农药方法。在对有机磷的检测中，须将有机磷分子与蛋白质分子结合制成具有抗原性的物质来免疫动物产生特异性的抗体，再与相应的抗原结合。此法选择性强、灵敏度高、成本投入少、分析容量大，但还是存在一定不足，即检测时需要使用抗体。因为抗体的制作难度较大，如果不能完善抗体的制作，就不能准确地了解农产品中有机磷农药残留的情况。而且，由于抗体较为单一，因此这种方法不能用在多种类型的有机磷农药残留的检测中。本节介绍的速测卡法属于酶抑制法，又称酶片法，是将胆碱酯酶或其他类似的酶和靛酚乙酸酯分别固化后加载在滤纸上，形成一个小卡片，故称速测卡。这种简单的载体技术的应用，可以达到便于携带和现场操作的目的。自1985 年美国科学家发明酶片技术以来，我国学者也进行了大量的研究，并开发出了配套的农药残留速测箱技术。在测箱内配备有自制的酶片、显色剂、底物片以及所需的全部器皿和试剂，不需要贵重仪器设备和专业技术操作人员，可在田间直接使用，借助颜色反应直接给出是否有农药残留的信息。速测卡法适用于蔬菜、水果及水中的有机磷类和氨基甲酸酯类农药的快速检测。

食品中氨基甲酸酯类农药残留快速检测方法主要包括酶抑制法、免疫分析法、传感器法和光谱分析法。依据国家标准《蔬菜中有机磷和氨基甲酸酯类农药残留量的快速检测》GB/T 5009.199—2003，本节内容以酶抑制为基本原理，采用酶抑制率分光光度法对食品中氨基甲酸酯类农药残留展开检测，此法也可以用于食品中有机磷农药的快速检测。分光光度法适用于叶菜、菜花和部分果菜、菜豆等蔬菜中有机磷和氨基甲酸酯类农药残留量的检测。

实训任务　食品中有机磷农药残留快速检测——速测卡法（纸片法）

一、原理与适用范围

小白菜农残测定速测卡法

国家标准《蔬菜中有机磷和氨基甲酸酯类农药残留量的快速检测》GB/T 5009.199—2003 速测卡法（纸片法）。本法利用有机磷类农药对胆碱酯酶的抑制作用，抑制胆碱酯酶催化靛酚乙酸酯（红色）并将之水解为乙酸与靛酚（蓝色），使催化、水解、变色的过程发生改变，由此可判断出样品中是否有高剂量有机磷类农药的存在。

适用于蔬菜中有机磷和氨基甲酸酯类农药残留量的快速筛选测定。

二、任务准备

(一) 试剂

(1) 固化有胆碱酯酶和靛酚乙酸酯试剂的纸片（速测卡）。

(2) pH 值为 7.5 的缓冲溶液。分别取 15 g 十二水合磷酸氢二钠（$Na_2HPO_4 \cdot 12H_2O$）与 1.59 g 无水磷酸二氢钾（KH_2PO_4），用 500 mL 蒸馏水溶解。

(二) 仪器

(1) 常量天平。

(2) 37 ℃±2 ℃恒温水浴锅或恒温箱。

三、操作步骤

(一) 整体测定法

(1) 样品准备。

选取有代表性的蔬菜样品，擦去表面泥土，剪成 1 cm 左右见方的碎片；称取 5 g 放入带盖的瓶中。

(2) 样品测定。

① 加入 10 mL 缓冲溶液，振摇 50 次，静置 2 min 以上。

② 取一片速测卡，用白色药片蘸取提取液，放置 10 min 以上进行预反应。

③ 将速测卡对折，用手捏 3 min 或用恒温装置恒温 3 min，使红色药片与白色药片叠合发生反应。

(3) 结果判定。

① 结果以酶被有机磷类农药抑制（为阳性）、未抑制（为阴性）表示。

② 与空白对照卡比较，白色药片不变色或略有浅蓝色均为阳性结果。白色药片变为天蓝色或与空白对照卡相同，为阴性结果。

注意：对阳性结果的样品，可用其他分析方法进一步确定具体农药品种和含量。

【注意事项】

(1) 葱、蒜、萝卜、芹菜、韭菜、香菜、番茄等含有对酶有影响的次生物质，容易产生假阳性。处理这类样品时，采用整株（体）浸泡提取法。

(2) 当温度较低时酶反应速度会减慢，药片加溶液后放置反应的时间应相对延长，延长时间的确定，应以空白对照用手指（体温）捏至变蓝的时间为参考，即可进行后续操作。

(3) 注意样品放置的时间应与空白对照放置的时间一致才有可比性。有时会出现空白对照不变色的情况，其原因一是药片表面缓冲溶液加得少，药片表面不够湿润，所以要注意控制适量添加液体，需保证 10 min 预反应以后，白色药片表面仍旧湿润，否则容易造成蓝白相间的花片；二是温度太低，影响了酶的活性，抑制了反应的正常进行。

(4) 白色药片和红色药片应尽可能完全叠合，否则容易造成白色药片在反应后部分呈蓝色、部分呈白色，或蓝色不均匀的现象，影响结果判定。

(5) 红色药片与白色药片叠合时间及结果观测时间非常重要。通常叠合反应时间以 3 min为准，3 min 后蓝色会逐渐加深，24 h 后颜色会逐渐褪去；打开观察结果的时间应以 1 min 内为准，打开的农药残留速测卡暴露在空气中时间过长，颜色很快会发生变化，影响结果测定。

(6) 农药残留速测卡对农药非常敏感，测定时如果附近喷洒农药或使用卫生杀虫剂，以及操作者和器具沾有微量农药，都会出现对照和测定药片不变蓝的现象。

(7) 在确定样品是否呈有机磷或氨基甲酸酯类农药阳性结果时，要经过多次重复检测，必要时将样品送实验室进一步确定和定量。农药残留速测卡没有检出农药残留时，说明样品中所含的有机磷或氨基甲酸酯类农药残留量低于方法检出限，并不代表该样品中不含这类农药，也不代表其他种类农药残留不超标。

(8) 农药残留速测卡应保存在无甲醛或杀虫剂的空间或储存柜内，要求放在阴凉、干燥、避光处，有条件者放于 4 ℃冰箱中最佳。农药残留速测卡开封后最好在 3 天内用完，如一次用不完可存放在干燥器中。

（二）表面测定（粗筛法）

(1) 样品准备。

选取有代表性的蔬菜样品，擦去蔬菜表面泥土。

(2) 样品测定。

① 滴 2~3 滴缓冲溶液在蔬菜表面，用另一片蔬菜在滴液处轻轻摩擦。

② 取一片速测卡，将蔬菜上的液滴滴在白色药片上，放置 10 min 以上进行预反应。

③ 将速测卡对折，用手捏 3 min 或用恒温装置恒温 3 min，使红色药片与白色药片叠合发生反应。

(3) 结果判定。

① 结果以酶被有机磷类农药抑制（为阳性）、未抑制（为阴性）表示。

② 与空白对照卡比较，白色药片不变色或略有浅蓝色均为阳性结果。白色药片变为天蓝色或与空白对照卡相同，为阴性结果。

注意：对阳性结果的样品，可用其他分析方法进一步确定具体农药类型和含量。

四、任务总结与评价

（一）检测方案制定与准备

通过相关知识学习，小组完成检测方案制定（见表 4-1），并依据方案完成工作准备。

表 4-1 检测方案

<table>
<tr><td>组长</td><td colspan="2"></td><td>组员</td><td></td></tr>
<tr><td>学习项目</td><td colspan="2"></td><td>学习时间</td><td></td></tr>
<tr><td>依据标准</td><td colspan="4"></td></tr>
<tr><td rowspan="3">准备内容</td><td>仪器设备
（规格、数量）</td><td colspan="3"></td></tr>
<tr><td>试剂耗材
（规格、浓度、数量）</td><td colspan="3"></td></tr>
<tr><td>样品</td><td colspan="3"></td></tr>
<tr><td rowspan="5">任务分工</td><td>姓名</td><td colspan="3">具体工作</td></tr>
<tr><td></td><td colspan="3"></td></tr>
<tr><td></td><td colspan="3"></td></tr>
<tr><td></td><td colspan="3"></td></tr>
<tr><td></td><td colspan="3"></td></tr>
<tr><td>具体步骤</td><td colspan="4"></td></tr>
</table>

（二）检查与评价

学生完成本项目的学习，通过学生自评、小组互评来检查自己对本任务学习的掌握情况。指导教师在整个教学过程中，关注每个小组的检测过程及小组成员的操作情况，并对小组成员的动手能力进行评价。学生对所学的各项任务进行抽签决定考核的内容，并将具体的检查与评价填入表 4-2。

表 4-2 食品中有机磷农药残留快速检测——速测卡法（纸片法）任务总结与评价表

项目	评价标准	分值/分	学生自评	小组互评	教师评价
方案制定	查阅资料/标准，确定检测依据	5			
	协同合作制定方案并合理分工	5			
	相互沟通完成方案诊改	5			
准备工作	正确清洗及检查仪器	5			
	合理领取药品	5			
	正确取样	5			
	根据样品类型选择正确的方法进行试样制备	5			

续表

项目	评价标准	分值/分	学生自评	小组互评	教师评价
试样制备与提取	正确处理新鲜样品，无污染	5			
	称样准确，天平操作规范	5			
	正确使用移液管或移液枪准确量取溶液	5			
	准确控制水浴温度和时间	5			
检测分析	试剂板使用正确、规范	5			
	规范操作进行样品平行测定	5			
	规范操作进行空白测定	5			
	数据记录正确、完整、整齐	5			
	合理做出判定、规范填写报告	10			
结束工作	废液、废渣处理正确	5			
	仪器、试剂归置妥当，器皿清洗干净	5			
	分工合理、文明操作、按时完成	5			
合计		100			

知识拓展：食品有机磷农药残留——免疫胶体试剂板法测定

一、检测依据和原理

免疫胶体试剂板法的基本原理是在检测试剂板的中央膜面上固定有两条隐形线，有机磷农药抗原固定在测试区作为检测线（T 线），二抗（第二抗件）固定在质控区作为对照线（C 线）。当待检样品溶液滴入试剂板加样孔后，样品溶液因色谱作用向上扩散。如果样品溶液含有相应有机磷农药残留，这些残留将和胶体金颗粒上的抗体先行反应，因此当胶体金颗粒随样品溶液扩散至 T 线时，因胶体金颗粒上抗体的活性位点将被样品溶液中的农药占据而无法与 T 线上药物抗原结合，所以当样品中的有机磷农药含量超过试剂板检出限时，试剂板上的 T 线将较 C 线显色淡甚至无显色，判定为阳性。反之，当样品中有机磷农药含量在试剂板检出限以下或无残留时，试剂板上的 T 线显色与 C 线相近或偏深，判定为阴性。

二、任务准备

（一）试剂

（1）试剂乙腈。

（2）氯化钠。

（3）果蔬、水产品等待检样品。

（二）仪器

（1）有机磷农药免疫胶体金快速检测试剂板。
（2）组织捣碎机。
（3）离心机/布氏漏斗。
（4）氮吹仪。

三、操作步骤

（一）样品准备与处理

（1）取组织 20 g 左右，切碎混匀。
（2）称取样品 100 g 于烧杯中，加入蒸馏水约 5 mL、乙腈约 35 mL，用高速组织捣碎机提取约 1 min。
（3）用布氏漏斗过滤或室温下以 400 r/min 转速离心 5 min，滤液或上层清液转入离心管中。
（4）加入氯化钠约 4 g，上下翻转振荡 1~2 min，静置 20 min 分层。
（5）移取乙腈上层清液 6 mL 于试管中，在 50 ℃下用氮气吹干。

（二）样品测定

（1）将试剂板和待检样品溶液恢复至常温。
（2）用滴管吸取待检样品溶液，滴加 3 滴于加样孔中，加样后开始计时。

（三）结果判定

3~5 min 后读取结果，其他时间判定无效。
判定依据如下。
（1）T 线（检测线，靠近加样孔一端）比 C 线（对照线）深或一样深，表示样品中有机磷农药浓度低于试剂板检出限或无农药残留。
（2）T 线比 C 线浅，或 T 线无显色，表示样品中有机磷农药浓度高于试剂板检出限；T 线比 C 线的颜色越浅，表示有机磷农药浓度越高。
（3）未出现 C 线，表明操作过程不正确或试剂板已变质失效，判定为无效。

四、任务总结与评价

（一）检测方案制定及准备

通过相关知识学习，小组完成检测方案制定（见表 4-3），并依据方案完成工作准备。

表 4-3　检测方案

<table>
<tr><td>组长</td><td colspan="2"></td><td>组员</td><td></td></tr>
<tr><td>学习项目</td><td colspan="2"></td><td>学习时间</td><td></td></tr>
<tr><td>依据标准</td><td colspan="4"></td></tr>
<tr><td rowspan="3">准备内容</td><td>仪器设备
（规格、数量）</td><td colspan="3"></td></tr>
<tr><td>试剂耗材
（规格、浓度、数量）</td><td colspan="3"></td></tr>
<tr><td>样品</td><td colspan="3"></td></tr>
<tr><td rowspan="5">任务分工</td><td>姓名</td><td colspan="3">具体工作</td></tr>
<tr><td></td><td colspan="3"></td></tr>
<tr><td></td><td colspan="3"></td></tr>
<tr><td></td><td colspan="3"></td></tr>
<tr><td></td><td colspan="3"></td></tr>
<tr><td>具体步骤</td><td colspan="4"></td></tr>
</table>

（二）检查与评价

学生完成本项目的学习，通过学生自评、小组互评来检查自己对本任务学习的掌握情况。指导教师在整个教学过程中，关注每个小组的检测过程及小组成员的操作情况，并对小组成员的动手能力进行评价。学生对所学的各项任务进行抽签决定考核的内容，并将具体的检查与评价填入表 4-4。

表 4-4　食品有机磷农药残留——免疫胶体试剂板法测定任务总结与评价表

<table>
<tr><th>项目</th><th>评价标准</th><th>分值/分</th><th>学生自评</th><th>小组互评</th><th>教师评价</th></tr>
<tr><td rowspan="3">方案制定</td><td>查阅资料/标准，确定检测依据</td><td>5</td><td></td><td></td><td></td></tr>
<tr><td>协同合作制定方案并合理分工</td><td>5</td><td></td><td></td><td></td></tr>
<tr><td>相互沟通完成方案诊改</td><td>5</td><td></td><td></td><td></td></tr>
<tr><td rowspan="4">准备工作</td><td>正确清洗及检查仪器</td><td>5</td><td></td><td></td><td></td></tr>
<tr><td>合理领取药品</td><td>5</td><td></td><td></td><td></td></tr>
<tr><td>正确取样</td><td>5</td><td></td><td></td><td></td></tr>
<tr><td>根据样品类型选择正确的方法进行试样制备</td><td>5</td><td></td><td></td><td></td></tr>
</table>

续表

项目	评价标准	分值/分	学生自评	小组互评	教师评价
试样制备与提取	正确处理新鲜样品，无污染	5			
	称样准确，天平操作规范	5			
	正确使用移液管或移液枪准确量取溶液	5			
	准确控制水浴温度和时间	5			
检测分析	试剂板使用正确、规范	5			
	规范操作进行样品平行测定	5			
	规范操作进行空白测定	5			
	数据记录正确、完整、整齐	5			
	合理做出判定、规范填写报告	10			
结束工作	废液、废渣处理正确	5			
	仪器、试剂归置妥当，器皿清洗干净	5			
	分工合理、文明操作、按时完成	5			
合计		100			

实训任务　食品中氨基甲酸酯类农药残留的快速检测——酶抑制率分光光度法

一、检测依据和原理

国家标准《蔬菜中有机磷和氨基甲酸酯类农药残留量的快速检测》GB/T 5009.199—2003 酶抑制法（分光光度法）。在一定条件下，有机磷和氨基甲酸酯类农药对胆碱酯酶正常功能有抑制作用，其抑制率与农药的浓度正相关。正常情况下，酶催化神经传导代谢产物（乙酰胆碱）水解，其水解产物与显色剂反应，产生黄色物质，用分光光度计在412 nm处测定吸光度随时间的变化值，计算出抑制率，通过抑制率可以判断出样品中是否有高剂量有机磷或氨基甲酸酯类农药的存在。

二、任务准备

（一）试剂

（1）pH 值为 8 的缓冲溶液。分别取无水磷酸氢二钾 11.9 g 与磷酸二氢钾 3.2 g，用蒸馏水 1 000 mL 溶解。

（2）显色剂。分别取二硫代二硝基苯甲酸（DTNB）160 mg 和碳酸氢钠 15. 6 mg，用 20 mL 缓冲溶液溶解，保存于 4 ℃冰箱中。

（3）底物。取硫代乙酰胆碱 25 mg，加蒸馏水 3 mL 溶解，摇匀后置于 4 ℃冰箱中保存备用。

（4）乙酰胆碱酯酶根据酶的活性情况，用缓冲溶液溶解，3 min 吸光度变化 ΔA_o 值应控制在 0. 3 以上。摇匀后置于 4 ℃冰箱中保存备用，保存期不超过 4 天。

（5）可选用由以上试剂制备的试剂盒。乙酰胆碱酯酶的 ΔA_o 值应控制在 0. 3 以上。

（二）仪器

（1）分光光度计或相应测定仪。

（2）常量天平。

（3）恒温水浴锅或恒温箱。

三、操作步骤

（一）样品准备

（1）待测样品处理。选取有代表性的蔬菜样品，冲洗掉表面泥土，剪成 1 cm 左右见方碎片，取样品 1 g，放入烧杯或提取瓶中，加入 5 mL 缓冲溶液，振荡 1~2 min，倒出提取液，静置 3~5 min，取提取液 2. 5 mL 于试管中，制成待测样品。

（2）对照样品。取 2. 5 mL 缓冲溶液于试管中，制备成对照样品。

（二）样品酶反应

（1）待测样品和对照样品同时进行下列操作。

（2）向样品管中加入酶液 0. 1 mL、显色剂 0. 1 mL。

（3）摇匀后于 37 ℃放置 15 min 以上。

注：每批样品的控制时间应一致。

（4）加入底物 0. 1 mL 摇匀。

注：应立即检测吸光值。

（三）样品测定

（1）将样品立即放入分光光度计比色池中，于 412 nm 处测吸光值；

（2）记录反应 3 min 的吸光值变化，ΔA_o 和 ΔA_t。

（四）结果计算

$$酶抑制率(\%) = [(\Delta A_o - \Delta A_t)/\Delta A_o] \times 100$$

式中 ΔA_o——对照样品反应 3 min 的吸光值变化；

ΔA_t——待测样品反应 3 min 的吸光值变化。

【注意事项】

本方法利用分光光度计即可进行检测，灵敏度高于速测卡法。如果配合农药残留速测仪，可有效地适应现场快速检测的需要。

(1) 试剂质量判别。用 5 mL 的玻璃试管，按试剂的加入顺序和加入量，加入底物，立刻观察溶液颜色变化情况。若试管内溶液颜色立刻变黄，没有一个逐渐的过程，说明底物已经分解，不能再用；若试管内溶液颜色一直都没变化，表明酶已失活；若试管内溶液颜色逐渐变黄，说明试剂基本正常，具体是否能用，需待使用仪器测其空白样的活性才能确定。一般空白样 3 min 的变化值为 0.4~0.8 较为合适。如果空白差值小于 0.2，最好不用。空白差值为 0.2~0.4，说明酶的活性较低，应当适当加大酶的用量，加大到 100 μL，将空白差值调到 0.4~0.6. 同时有条件的可使用酶标仪来测定酶的活性，结果更准确。

(2) 试剂的配制和保存：使用的酶和底物的粉剂必须存放在冰箱的冷冻室（约-18 ℃）。溶解后的酶溶液暂时不用要放在冷冻室内保存，用后的酶液放在冷藏室（0 ℃~5 ℃内），7 天内用完。酶液不要反复冷冻，最多不超过 2 次，否则会影响酶的活性。显色剂和底物成对保存在冷藏室（0 ℃~5 ℃）内。提取液在常温下保存。

(3) 取样时要注意叶类应去烂叶、枯叶，并切成宽度为 1 cm 左右的试样。块太大，可能导致提取不完全；块太小，某些有颜色汁液会影响检测结果。豆浆、块茎类取果皮至果肉 1 cm 左右处的表皮试样；葱、蒜、萝卜、韭菜、芹菜、香菜、蘑菇及番茄汁液中含有对酶有影响的植物次生物质，处理这类样品时，可采取整株（体）浸泡提取法，避免次生物质的干扰。还有一些含叶绿素较高的蔬菜也可采取整株（体）蔬菜浸泡提取的方法以减少色素的干扰。另外，所测试样的不同部位农药残留情况不同，为准确反映该样品的农药残留情况，取样必须有代表性，不可以点代面。检测前的样品在称量前不能水洗，若沾有泥土或水，可用干净的毛巾擦干净。

(4) 测试用的样品浸泡液尽量澄清。如测试用的样品浸泡液不澄清，其检测结果与实际情况会相差很大。通常采用静置几分钟再吸取或用中速（或低速）的滤纸过滤的办法澄清样品浸泡液。

(5) 酶抑制的温度和时间对酶的活性影响较大，应该严格控制。乙酰胆碱酯酶抑制温度 25 ℃~35 ℃，时间 20 min；丁酰胆碱酯酶抑制温度 37 ℃~38 ℃，时间为 30 min。在气温高时，可通过缩短培养时间、降低培养温度、农药残留速测仪预热的时间不要太长等方式来增加检测数据的准确性。

(6) 每批样品的控制时间、温度条件必须与对照溶液的条件完全一致。

(7) 如果吸光度趋于无穷大时，说明测定液混浊有干扰。

(8) 假阳性和假阴性。假阳性是由于酶活性降低或失活，导致其在底物中不起作用，底物不能被水解，无法与显色剂结合显色，造成提取液中的农药抑制了酶的活性的假象。假阴性是因为某种农药对某种酶抑制作用很小或无作用而产生的，表现出无农药的假象。除此以外，在反应过程中化学干扰也有可能导致假阳性、假阴性现象的发生。检测中只能通过选择有较好活性、较强敏感性的酶来尽量减少此类问题的出现。

（9）出现抑制率低于10%的结果，主要是由操作中存在系统误差、操作不熟练、加入底物后没有摇匀、水纯度不够等因素造成的。当检测结果与空白值接近时，只能说明样品中有机磷或氨基甲酸酯类农药残留低于方法检测限，不能判定为不含有机磷或氨基甲酸酯类农药，也不能判定该样品中其他种类农药残留不超标。

四、任务总结与评价

（一）检测方案制定及准备

通过相关知识学习，小组完成检测方案制定（见表4-5），并依据方案完成工作准备。

表4-5 检测方案

<table>
<tr><td>组长</td><td colspan="2"></td><td>组员</td><td></td></tr>
<tr><td>学习项目</td><td colspan="2"></td><td>学习时间</td><td></td></tr>
<tr><td>依据标准</td><td colspan="4"></td></tr>
<tr><td rowspan="3">准备内容</td><td>仪器设备
（规格、数量）</td><td colspan="3"></td></tr>
<tr><td>试剂耗材
（规格、浓度、数量）</td><td colspan="3"></td></tr>
<tr><td>样品</td><td colspan="3"></td></tr>
<tr><td rowspan="5">任务分工</td><td>姓名</td><td colspan="3">具体工作</td></tr>
<tr><td></td><td colspan="3"></td></tr>
<tr><td></td><td colspan="3"></td></tr>
<tr><td></td><td colspan="3"></td></tr>
<tr><td></td><td colspan="3"></td></tr>
<tr><td>具体步骤</td><td colspan="4"></td></tr>
</table>

（二）检查与评价

学生完成本项目的学习，通过学生自评、小组互评来检查自己对本任务学习的掌握情况。指导教师在整个教学过程中，关注每个小组的检测过程及小组成员的操作情况，并对小组成员的动手能力进行评价。学生对所学的各项任务进行抽签决定考核的内容，并将具体的检查与评价填入表4-6。

表4-6　食品中氨基甲酸酯类农药残留快速检测——酶抑制率分光光度法任务总结与评价表

项目	评价标准	分值/分	学生自评	小组互评	教师评价
方案制定	查阅资料/标准，确定检测依据	5			
	协同合作制定方案并合理分工	5			
	相互沟通完成方案诊改	5			
准备工作	正确清洗及检查仪器	5			
	合理领取药品	5			
	正确取样	5			
	根据样品类型选择正确的方法进行试样制备	5			
试样制备与提取	正确处理新鲜样品，无污染	5			
	称样准确，天平操作规范	5			
	正确使用移液管或移液枪准确量取溶液	5			
	准确控制水浴温度和时间	5			
检测分析	试剂板使用正确、规范	5			
	规范操作进行样品平行测定	5			
	规范操作进行空白测定	5			
	数据记录正确、完整、整齐	5			
	合理做出判定、规范填写报告	10			
结束工作	废液、废渣处理正确	5			
	仪器、试剂归置妥当，器皿清洗干净	5			
	分工合理、文明操作、按时完成	5			
合计		100			

任务二　动物源性食品中兽药残留的快速检测

案例导入

2020年7月14日，广州市市场监督管理局发布的第19期食品安全监督抽检信息显示，广州市某知名生鲜食品连锁有限公司某分店出售的新鲜乌骨鸡检出磺胺类抗菌剂含量为191.5 μg/kg，超出国家标准限量近一倍，判定为不合格产品。

受福州市台江区市场监督管理局委托，福建赛福食品检测研究所有限公司于2023年8月8日对台江区一小吃店经营中使用的鸭边腿进行食品安全监督抽检，抽检结果为氯霉素项目不符合农业农村部公告第250号《食品动物中禁止使用的药品及其他化合物清单》要求，检验结论为不合格。台江区市场监督管理局对当事人在经营中使用不合格鸭边腿的违法行为作警告处罚，没收其违法所得收入103.12元，并罚款5 000元，合计执行5 103.12元。

问题启发

哪些食品可能会存在磺胺类兽药残留？消费者食用存在磺胺类兽药残留的食品存在哪些安全隐患？国标中对氯霉素类兽药残留的限量标准是什么？磺胺类兽药残留和氯霉素类兽药残留的快速检测方法有哪些？在测定过程中需要注意哪些问题？

食品快速检测知识

一、简介

磺胺类药物以氨基苯硫酰胺为基础，具备成本低、抗菌性强等特点，在实际应用中用量大，品种多，是当前养殖业中应用最为广泛的药物。在与甲氧嘧啶二甲氧苄嘧啶抗菌增效剂同时使用的时候，能提高活性，从以往的灭菌变为杀菌，在添加剂和动物养殖中广泛应用。

氯霉素（chloramphericols，CAPs）是一种杀菌剂，可以抑制细菌蛋白质的合成，对革兰氏阳性菌和革兰氏阴性菌抑制效果较好，也可抑制立克次体、衣原体等，是一类高效广谱的抗生素，被广泛应用于动物疾病的治疗中。因氯霉素的毒副作用较大，联合国粮农组织、欧盟、美国、中国香港特别行政区均明确规定在食用动物中禁止使用氯霉素。我国农业部已将氯霉素从2000年版的《中国兽药典》中删除，作为禁用药品。在2002年年底的农业部第235号公告《动物源性食品中兽药最高残留限量》中明确规定禁止使用氯霉素，在动物性食品中不得检出。

二、检测意义

自2005年起，我国农业部门就重点管控动物体内所存在的磺胺类药物。磺胺类药物性质稳定且不易分解，应用于动物后直接以原型的形式排出体外，在土壤、微生物或植物中蓄积或贮存，并可长期存在于环境中造成污染，阻碍畜牧业的发展。另外，磺胺类药物在动物体内的残留时间为7～14天，不合理地使用容易使该药物在动物体内残留蓄积，并会转移到肉、蛋、奶等动物性食品中。人类食用了这类动物性食品后，可能会出现过敏反应、胃肠道反应，甚至会对肾脏产生极大的损害。长期食用这类食品还会致病、致癌等。因此，做好食品中磺胺类药物的检测工作具有重要意义。

《食品安全国家标准 动物性食品中四环素类、磺胺类和喹诺酮类药物残留量的测定液相色谱-串联质谱法》GB 31658.17—2021

因氯霉素价格低、效果好，对治疗食品动物传染性疾病有较好的效果，在缺少有效替代药品的前提下，少数生产企业在生产过程中违法使用是造成动物源性食品中氯霉素残留的直接原因。少数饲料生产企业在饲料生产过程中违法添加氯霉素，而食品动物生产企业在不知情的情况下使用了此类饲料，也是造成氯霉素残留的一个间接原因。氯霉素通过食物链进入人体后，会对人体的造血功能造成影响，抑制造血机能，在人体内蓄积的药物浓度达到一定量时会产生急慢性中毒，并导致再生障碍性贫血症和溶血性贫血等疾病；还可通过胎盘进入胎儿体内，使胎儿发生再生障碍性贫血，引起新生儿出现呕吐、低体温、无力等症状，导致新生儿循环障碍。氯霉素残留不仅对人的身体健康造成极大的威胁，也影响了人们对食品安全的信心。

三、检测方法

食品磺胺类药物快速检测法比较多。胶体金法通过目视就能直观地看到结果，运用不同的试纸能检查肉、蛋等食品中的磺胺类药物残留。胶体金免疫层析法（GICA）成本低，灵敏度高，不仅携带方便，操作也简单。放射免疫分析法主要基于同位素标记和没有标记的抗体产生反应来展开分析，这种方法操作简单，并不需要使用过多的试剂。但这种方法的问题在于可能会产生交叉反应，如果在样品处理中速度不够快，还会受到酸碱值和盐等因素的影响。本节选用的酶联免疫法也是快速检测方法的一种，这种方法是将酶与抗体结合在一起，通过显色的方式来明确结果。这种方法灵敏度高、速度快，而且在操作上能将血清蛋白和磺胺类药物有效结合，进一步地缩短抗体时间。由于磺胺类药物是小分子物质，自身并没有免疫原性，这就需要其与大分子结合，才能应答免疫。所以，需要选择稳定性高的试剂盒，这也是目前这一技术应用上的研究重点。

准确有效的分析检测技术是保障食品安全、保证人民身体健康的重要支撑。氯霉素的快速检测方法有微生物检测法、色谱检测法、色谱和色谱-质谱联用法、光谱分析法、酶联免疫吸附法、胶体金免疫层析法、荧光免疫检测法以及化学发光免疫分析等。本节介绍的胶体金免疫层析法是基于免疫层析技术和胶体金标记技术建立起来的免疫分析方法，以胶体金作为着色物，应用于抗原抗体特异性免疫反应。免疫胶体金试纸法将特异的抗体交联到试纸条上，试纸条上有控制线和显示结果的测试线，样品中抗原与抗体结合后，胶体金可使该区域显示一定的颜色，通过与控制线颜色的对比实现快速检测。

实训任务　肉类食品中磺胺类兽药残留快速检测——酶联免疫吸附法

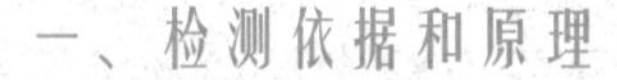

一、检测依据和原理

《进出口动物源性食品中磺胺类药物残酶联免疫吸附法留量的检测方法》SN/T1960—2007

本方法依据我国出入境检验检疫行业标准《进出口动物源性食品中磺胺类药物残留量的检测方法 酶联免疫吸附法》SN/T 1960—2007，基于抗原抗体反应进行竞争性抑制测定时酶标板的微孔包被有偶联抗原。加标准品或待测样品，再加磺胺类药物单克隆抗体和酶标记物。包被抗原与加入的标准品或待测样品竞争抗体，酶标记物与抗体结合。通过洗涤除去游离的抗原、抗体及抗原抗体复合物。加入底物液，使结合到板上的酶标记物将底物转化为有色产物。加终止液，在 450 nm 处测定吸光度值，吸光度值与试样中磺胺类药物浓度的自然对数成反比。本标准适用于猪肉、鸡肉、猪肝、鸡蛋、鱼、牛奶中七种磺胺类药物残留量的筛选检测。

二、任务准备

（一）试剂

（1）磺胺类药物酶联免疫吸附测定试剂盒。
（2）丙酮。
（3）乙醇。
（4）十二水合磷酸氢二钠（$Na_2HPO_4 \cdot 12H_2O$）。
（5）二水合磷酸二氢钠（$NaH_2PO_4 \cdot 2H_2O$）。
（6）氯化钠。
（7）掩蔽剂稀释液：0.5%牛血清白蛋白、1%牛血清白蛋白，于使用时配制。
（8）磺胺类药物标准品。

（二）仪器和设备

（1）粉碎机。
（2）均质容器。
（3）天平（精确到0.001 g）。
（4）旋涡混合器。
（5）离心机（转速为4 000 r/min）。
（6）旋转蒸发仪。
（7）酶标仪（测定波长为450 nm）。
（8）洗板机。
（9）单通道微量加样器（20 μL、100 μL、200 μL）。
（10）多通道微量加样器（200 μL）。

三、操作步骤

（一）样品准备

（1）取出样品可食部位组织去除脂肪，取约500 g处理好的样品切碎后，用组织捣碎机捣碎混匀。

（2）称取捣碎的组织5 g（精确至0.01 g）于50 mL离心管中。

注意：样品组织需要避光冷藏保存。

（二）样品提取

（1）称取均质样品4 g（精确到0.01 g）到玻璃瓶中。
（2）加入磷酸盐缓冲液20 mL，均质，剧烈振摇混匀2 min。
（3）离心（25 ℃、4 000 r/min、10 min）。

（4）取上层清液用磷酸盐缓冲液稀释 4 倍后进行测定。

（三）配置标准系列

（1）用磷酸盐缓冲液稀释 10 mg/L 的磺胺药物标准溶液储备液至 100 μg/L。

（2）用 PBS 对 100 μg/L 的磺胺药物标准溶液进行 1∶3 梯度稀释，得到一系列不同浓度的磺胺药物标准溶液（100 μg/L、33.3 μg/L、11.1 μg/L、3.7 μg/L、1.2 μg/L、0.4 μg/L）。

（四）样品测定

（1）在酶标板中分别加入 100 μL 不同浓度的磺胺药物标准溶液和样品待测液；在空白和对照孔中分别加入 100 μL 的水。

（2）除空白孔外，向每孔中加入 100 μL 的酶标记物稀释液；空白孔中则加入 100 μL 磷酸盐缓冲液。

（3）轻拍混匀，用胶纸封住微孔以防溶液挥发，室温孵育 60 min。

（4）去掉酶标板中的液体，用洗涤液洗板 3 次。

（5）加入混合好的底物液 150 μL，轻轻混匀，室温放置 30 min。

（6）每个孔加入终止液 50 μL，轻轻晃动酶标板，10 min 内在酶标仪上读出每孔 450 nm 波长吸光值。

（五）结果计算

1. 计算不同浓度磺胺药物对抗原抗体结合反应的抑制率

$$IC = \left[1 - \frac{A_{样品} - A_{空白}}{A_{对照} - A_{空白}}\right] \times 100\%$$

式中 IC——磺胺药物对抗原抗体结合反应的抑制率，%；

$A_{对照}$——不加入磺胺药物标准液，仅加入酶标记稀释物和磷酸盐缓冲液，在 450 nm 波长下测得的平均吸光度值；

$A_{样品}$——磺胺药物标准液或样液在 450 nm 波长下的平均吸光度值；

$A_{空白}$——不加入酶标记稀释物及磺胺药物标准液，仅加入水和磷酸盐缓冲液，在 450 nm 波长下测得的平均吸光度值。

2. 绘制标准曲线

以抑制率为纵坐标，磺胺药物浓度为横坐标（横坐标取对数刻度）绘制标准曲线；

3. 结果计算

从标准曲线上读取样液抑制率所对应的磺胺药物浓度（c），按下式计算试样中的磺胺药物残留量：

$$X = c \times R$$

式中 X——某种磺胺药物残留量，μg/kg；

c——根据样品孔的抑制率查得试样中磺胺药物浓度，μg/L；

R——样品换算系数（猪肉：20；鸡肉：20；猪肝：20；鸡蛋：20；牛奶：40；鱼：20）。

【注意事项】

猪肉、鸡肉提取液用磷酸盐缓冲液稀释；鱼肉提取液用1%牛血清白蛋白-磷酸盐缓冲液稀释；

手工洗板加洗液时冲击力不要太大，洗涤次数不要超过说明书推荐的洗涤次数，洗液在反应孔内滞留的时间不宜太长。不要使洗液在孔间窜流，造成孔间污染，导致假阴性或假阳性，如果条件允许，使用洗板机洗板；

所用试剂应选用有国家批准文号，保证检测质量。试剂应妥善保存于4 ℃冰箱内，在使用时先平衡至室温，不同批号的试剂组分不宜交叉使用。试剂开启后要在一周内用完，剩余的试剂下次用时应先检查是否变质；

酶标仪检测过程中，如果使用的样品或试剂具有污染性、毒性和生物学危害，请严格按照试剂盒的操作说明，以防对操作人员造成损害。如果酶标仪接触过污染性或传染性物品，请进行清洗和消毒。

四、任务总结与评价

（一）检测方案制定及准备

通过相关知识学习，解读标准，小组完成检测方案制定（见表4-7），并依据方案完成工作准备。

表4-7　检测方案

<table>
<tr><td>组长</td><td colspan="2"></td><td>组员</td><td></td></tr>
<tr><td>学习项目</td><td colspan="2"></td><td>学习时间</td><td></td></tr>
<tr><td>依据标准</td><td colspan="4"></td></tr>
<tr><td rowspan="3">准备内容</td><td>仪器设备
（规格、数量）</td><td colspan="3"></td></tr>
<tr><td>试剂耗材
（规格、浓度、数量）</td><td colspan="3"></td></tr>
<tr><td>样品</td><td colspan="3"></td></tr>
<tr><td rowspan="5">任务分工</td><td>姓名</td><td colspan="3">具体工作</td></tr>
<tr><td></td><td colspan="3"></td></tr>
<tr><td></td><td colspan="3"></td></tr>
<tr><td></td><td colspan="3"></td></tr>
<tr><td></td><td colspan="3"></td></tr>
<tr><td>具体步骤</td><td colspan="4"></td></tr>
</table>

（二）检查与评价

学生完成本项目的学习，通过学生自评、小组互评来检查自己对本任务学习的掌握情况。指导教师在整个教学过程中，关注每个小组的检测过程及小组成员的操作情况，并对小组成员的动手能力进行评价。学生对所学的各项任务进行抽签决定考核的内容，并将具体的检查与评价填入表 4-8。

表 4-8　肉类食品中磺胺类兽药残留快速检测——酶联免疫吸附法任务总结与评价表

项目	评价标准	分值/分	学生自评	小组互评	教师评价
方案制定	查阅资料/标准，确定检测依据	5			
	协同合作制定方案并合理分工	5			
	相互沟通完成方案诊改	5			
准备工作	正确清洗及检查仪器	5			
	合理领取药品	5			
	正确取样	5			
	根据样品类型选择正确的方法进行试样制备	5			
样品准备与提取	正确处理新鲜样品，无污染	5			
	称样准确，天平操作规范	5			
	正确使用移液管或移液枪准确量取溶液	5			
	正确、规范使用离心机	5			
检测分析	正确稀释标准品，配置标准系列	5			
	酶标板操作规范、无污染	5			
	正确、熟练使用酶标仪	5			
	数据记录正确、完整、整齐	5			
	完成标准曲线绘制	5			
	准确计算样品结果、规范填写报告	5			
结束工作	废液、废渣处理正确	5			
	仪器、试剂归置妥当，器皿清洗干净	5			
	分工合理、文明操作、按时完成	5			
合计		100			

实训任务　牛乳中氯霉素残留快速检测——免疫色谱检测技术（速测卡）

一、检测依据和原理

动物源食品中氯霉素残留检测
酶联免疫吸附法
农业部 1025 号公告-26-2008

本法采用高度特异性的免疫色谱检测技术，通过单克隆抗体竞争结合氯霉素偶联物和样品可能含有的氯霉素。卡片上含有被事先固定于膜上测试区（T）的氯霉素偶联物和被胶体金标记的抗氯霉素单克隆抗体。测试时，样品滴入检测卡样品孔内，如氯霉素在样品中浓度低于 0.5 ng/mL（可调阈值）时，不能将胶体金抗体全部结合，于是没有被结合的胶体金抗体在色谱检测过程中与被固定在膜上的氯霉素偶联物结合，在测试区（T）内会出现一条紫红色条带，该带颜色越深，表示氯霉素样品浓度越低。如果氯霉素在样品中浓度高于0.5 ng/mL（可调阈值）时，胶体金抗体被全部结合完，于是不再有胶体金在测试区（T）内与氯霉素偶联物结合，也就不出现紫红线。因此当紫红色条带消失时，即表示氯霉素浓度大于0.5 ng/mL。无论氯霉素是否存在于样品中，一条紫红色条带都会出现在质控区（C）内。

二、任务准备

（1）主要仪器：低速离心机。

（2）材料与试剂：氯霉素检测卡、检测反应试剂杯、吸管、1.5 mL 离心管、一次性塑料吸管、一次性手套等。

三、操作步骤

以牛乳中氯霉素检测为例说明。

（一）样品准备

（1）将采集的样品进行编号，放于常温（20 ℃~30 ℃）室内。

（2）注意：低温牛乳的流动性差，不适合进行试纸色谱检测。

（二）样品预处理

（1）首先用一次性吸管取 1 mL 摇匀的原乳，加入离心管内。

（2）然后扣紧离心管盖，对称放入离心机转头内，3 000 r/mim 离心 3~4 min，直至离心管溶液顶部出现明显的脂肪层。

注意：离心效果较差时可考虑使用较高转速的离心机，控制速度为 7 000~10 000 r/min。

（三）样品测定

（1）将吸管插入离心管脂肪层液面下 5 mm 处，准确定量吸取脱脂牛乳样品至吸管刻度线位置。

（2）从塑料筒内取出所需数量的反应小杯，撕去杯面的密封膜。

（3）将吸取的牛乳全部滴入反应小杯中，用吸管将反应小杯中的溶液进行反复吹打，直至小杯底部及四壁的红色物质全部溶解并混合均匀，等待约 2 min。

（4）从原包装铝箱袋中取出检测卡，应在 1 h 内使用。

（5）用塑料吸管垂直滴加无空气样品处理液 3 滴于加样孔内。

（6）加样后开始计时。

注意：本品的灵敏度高低与混匀后等待的时间正相关，要提高灵敏度可适当延长混匀后等待的时间（反应时间）。

（四）结果判定

等待紫红色条带的出现，读取结果，应在 5 min 时读取。

判定依据：

（1）阳性（+）：仅质控区（C）出现一条紫红色条带，在测试区（T）内无紫红色条带出现，表明氯霉素含量在阈值以上。

（2）阴性（-）：两条紫红色条带出现。一条位于测试区（T）内，另一条位于质控区（C）内，表明氯霉素含量在阈值以下。

（3）无效：质控区（C）未出现紫红色条带，表明不正确的操作过程或检测卡已变质损坏，应重新测试。

【注意事项】

（1）针对家禽组织、尿液或饲料应采用不同类型的检测卡，应区别使用。

（2）使用氯霉素（尿液）检测卡对家禽尿样进行检测时，直接将猪尿液代替样品处理液用于检测即可。

（3）检测家禽组织时，禽肉及内脏中脂肪会导致假阳性结果，取样时请剔除肉眼可见的脂肪。

（4）氯霉素检测卡应在常温下使用，不应对刚屠宰的禽肉或冷冻禽肉直接进行检测。

（5）自来水、蒸馏水或去离子水不能作为阴性对照，可用与阈值接近的几个浓度阶梯来校验检测卡的灵敏度。

四、任务总结与评价

（一）检测方案制定及准备

通过相关知识学习，解读试剂盒说明，小组完成检测方案制定（见表 4-9），并依据方案完成工作准备。

表 4-9　检测方案

<table>
<tr><td>组长</td><td colspan="2"></td><td>组员</td><td></td></tr>
<tr><td>学习项目</td><td colspan="2"></td><td>学习时间</td><td></td></tr>
<tr><td>依据标准</td><td colspan="4"></td></tr>
<tr><td rowspan="3">准备内容</td><td>仪器设备
（规格、数量）</td><td colspan="3"></td></tr>
<tr><td>试剂耗材
（规格、浓度、数量）</td><td colspan="3"></td></tr>
<tr><td>样品</td><td colspan="3"></td></tr>
<tr><td rowspan="5">任务分工</td><td>姓名</td><td colspan="3">具体工作</td></tr>
<tr><td></td><td colspan="3"></td></tr>
<tr><td></td><td colspan="3"></td></tr>
<tr><td></td><td colspan="3"></td></tr>
<tr><td></td><td colspan="3"></td></tr>
<tr><td>具体步骤</td><td colspan="4"></td></tr>
</table>

（二）检查与评价

学生完成本项目的学习，通过学生自评、小组互评来检查自己对本任务学习的掌握情况。指导教师在整个教学过程中，关注每个小组的检测过程及小组成员的操作情况，并对小组成员的动手能力进行评价。学生对所学的各项任务进行抽签决定考核的内容，并将具体的检查与评价填入表 4-10。

表 4-10　牛乳中氯霉素残留快速检测——免疫色谱检测技术（速测卡）任务总结与评价表

项目	评价标准	分值/分	学生自评	小组互评	教师评价
方案制定	查阅资料/标准，确定检测依据	5			
	协同合作制定方案并合理分工	5			
	相互沟通完成方案诊改	5			
准备工作	正确清洗及检查仪器	5			
	合理领取药品	5			
	正确取样	5			
	根据样品类型选择正确的方法进行试样制备	5			

续表

项目	评价标准	分值/分	学生自评	小组互评	教师评价
试样制备与提取	正确处理新鲜样品，无污染	5			
	称样准确，天平操作规范	5			
	正确使用移液管或移液枪准确量取溶液	5			
	准确控制水浴温度和时间	5			
检测分析	试剂板使用正确、规范	5			
	规范操作进行样品平行测定	5			
	规范操作进行空白测定	5			
	数据记录正确、完整、整齐	5			
	合理做出判定、规范填写报告	10			
结束工作	废液、废渣处理正确	5			
	仪器、试剂归置妥当，器皿清洗干净	5			
	分工合理、文明操作、按时完成	5			
合计		100			

项目五　食品有毒有害物质快速检测技术

学习目标

1. 掌握食品微生物快速检测的主要方法：测试片法、特异酶显色法；

2. 了解食品微生物快速检测新技术的原理和应用：免疫学方法、分子生物学方法、电化学方法、仪器分析方法等；

3. 理解食品微生物快速检测技术的意义，提高食品卫生安全意识。

能力目标

1. 能运用食品快速检测技术进行微生物检测的快速操作；

2. 能按要求准确完成微生物检验的记录；

3. 能按要求格式编写微生物快速检测报告。

专业目标

1. 增强学生的食品卫生和安全管理意识；

2. 培养学生科学严谨、爱岗敬业的职业素养；

3. 培养学生使命担当的社会责任感。

食品微生物检验是食品卫生安全的重要保障。食品微生物检验的主要指标有菌落总数、大肠菌群、真菌和各类致病菌。传统的检验方法主要是培养分离法，通过培养、分离及生化鉴定等技术完成检验，操作烦琐且过程冗长，如食品中菌落总数的测定，采用平板计数法至少需要 24 h，而致病菌的检测则往往需要 5~7 天完成。这种检验的滞后性，不利于生产者对食品的在线监控，也不利于监管部门对问题食品的快速反应。

因此，快速、准确、灵敏的微生物快速检测方法越来越受到重视，成为食品微生物检测技术研究的重点。随着生物技术的快速发展，新技术、新方法在食品微生物检测领域得到了广泛应用。融合了分子生物化学、生物化学、生物物理学、免疫学和血清学等方面的技术，微生物快速检测方法与传统方法相较，更快、更方便、更灵敏，应用于微生物计数、鉴定等方面，可以缩短检测时间、提高微生物检出率。

目前，常见的微生物快速检测方法包括测试片法、免疫学方法、生化检测方法、仪器分析方法等。很多快速检测方法已经成熟并得到广泛应用，有些被列入食品微生物学检验国家标准方法，如《食品安全国家标准 食品微生物学检验 菌落总数测定》GB 4789.2—2022 中可使用符合要求的测试片替代平板计数琼脂培养基；《食品安全国家标准 食品微生物学检验 金黄色葡萄球菌检验》GB 4789.10—2016 中关于金葡肠毒素检测，可用 A、B、

C、D、E 型金黄色葡萄球菌肠毒素分型酶联免疫吸附试剂盒完成；《食品安全国家标准 食品微生物学检验 大肠埃希氏菌 O157：H7/NM 检验》GB 4789.36—2016 中可用免疫磁珠捕获法检测，还有些被采纳为行业标准方法，如《出口食品中食源性致病菌检测方法 实时荧光 PCR 法》SN/T 1870—2016。随着食品生产效率的提高和人民生活节奏的加快，对食品微生物检测实效性的要求会越来越高，食品微生物快速检测技术会得到更广泛的推广和应用。

任务一 菌落总数的快速检测

案例导入

2023 年，国家市场监督管理总局多次组织水果制品类食品的安全监督抽检，并发布了一批食品安全监督抽检信息。1 月 20 日，通报标称山西省运城市稷山县振华蜜饯食品厂生产的金丝蜜枣中菌落总数不符合食品安全国家标准规定；2 月 24 日，通报标称广东省潮州市潮安区友盛食品厂出品的、江苏省徐州市云龙区笑盛食品商行分装的桃人喜乐（水蜜桃）（凉果类）菌落总数不符合食品安全国家标准规定。固体饮料、蜜饯和糕点中菌落总数超标的原因，可能是企业未按要求严格控制生产加工过程的卫生条件，也可能与产品包装密封不严或储运条件不当等有关。

问题启发

食品中菌落总数测定的目标和意义是什么？食品菌落总数超标的危害是什么？食品中菌落总数测定国家标准方法的步骤是什么？

《食品安全国家标准 食品微生物学检验菌落总数测定》GB 4789.2—2022

一、菌落总数测定概述

食品中菌落总数的测定是判定食品被细菌污染程度的一项指标，可用于评价食品在生产过程中受外界污染的情况，也可用于了解食品中细菌的动态，以推断食品的保质期，是对食品进行卫生质量和安全学评价的重要依据。

二、菌落总数快速检测的方法

常用的菌落总数快速检测方法主要是测试片法，此方法已列入国家标准《食品安全国家标准 食品微生物学检验菌落总数测定》GB 4789.2—2022 中，可作为平板菌落计数法的替代。

菌落总数测试片是一种预先制备好的一次性培养基产品，含有符合国家标准的培养基、耐液化的凝胶剂和显色指示剂（TTC）。加入待检样品培养一定时间后，细菌菌落在测试片上显现出红色菌斑，用肉眼或借助放大镜计数报告结果。

相比传统的平板菌落计数法，测试片法的优势在于测试片体积小、方便携带、使用简单，不需要预先配制培养基，操作步骤简单，测试时间短，有助于提高微生物检验质量和检验效率，更能满足设备不足的基层实验室或现场即时检测的需要。

实训任务　食品菌落总数的快速检测——测试片法

一、原理与适用范围

菌落总数是指食品经过处理，在一定条件下（如培养基、培养温度和培养时间等）培养后、所得每 g（mL）检样中形成的微生物菌落总数。菌落总数主要作为判别食品被污染程度的标志，也可以应用这一方法观察细菌在食品中繁殖的动态，以便为被检样品进行安全性评价提供依据。细菌菌落总数并不表示样品中实际存在的所有细菌总数，细菌菌落总数并不能区分其中细菌的种类，所以有时被称为杂菌数、好氧菌数等。本试验适用于各类食品及原材料中菌落总数的测定，也适用于食品生产设备和环境的卫生检测。

二、任务准备

（一）试剂

无菌生理盐水（0.85% NaCl 溶液）。

（二）仪器设备

测试片、恒温培养箱、高压蒸汽灭菌锅、均质容器、电子天平、刻度吸管或微量移液器、试管、锥形瓶、压板。

三、操作步骤

（一）样品稀释

（1）固体和半固体样品。无菌操作称取 25 g 样品并将其置于盛有 225 mL 无菌生理盐水的均质容器中，充分混匀，制成 1∶10 的样品匀质液。

（2）液体样品。无菌操作吸取 25 mL 样品并将其置于盛有 225 mL 无菌生理盐水的锥形瓶中，充分混匀，制成 1∶10 的样品匀质液。用 1 mL 无菌吸管或微量移液器吸取 1∶10

的样品匀质液 1 mL，注于盛有 9 mL 无菌生理盐水的试管中，充分混匀，制成 1∶100 的样品匀质液。以此类推，制备 10 倍系列稀释样品匀质液。每递增稀释一次，换用 1 次 1 mL 无菌吸管或吸头。

（二）接种测试片

根据对样品污染状况的估计，选择 2~3 个连续的稀释度进行检测。将测试片置于平坦的实验台面上，揭开上层膜，用无菌吸管或微量移液器吸取样品 1 mL 匀质液滴加到检测片中央，缓缓盖上上层膜，避免产生气泡。静置 3~5 min，使样液扩散并重新形成凝胶。每个稀释度接种两张测试片，同时分别吸取 1 mL 空白稀释液接种两张测试片作为空白对照。(不同厂家测试片操作不尽相同，应按照测试片所提供的相关技术规程操作)

（三）培养

将检测片正面向上水平放置于 36 ℃±1 ℃培养箱内，培养 24~48 h，水产品于 30 ℃±1 ℃培养箱内培养 48~72 h。

（四）计数菌落

（1）培养结束后，用肉眼或菌落计数器、放大镜，计数所有红色菌落。合适的计数范围为 30~300 CFU。

（2）细菌浓度很高时，红色菌落密布，难以计数，甚至整个测试片变成红色或粉红色，可将结果记录为“多不可计”。

（3）某些微生物会液化凝胶，造成局部扩散或菌落模糊的现象，干扰计数，可以计数未液化的面积来估算菌落数。

（4）若所有测试片计数菌落均不在 30~300 CFU 之间，需调整样品稀释倍数。

（五）清洁整理

使用过的测试片上带有活菌，如需分离菌落进行进一步分析，揭开上层膜用接种针将菌落挑出使用即可，若无需进一步分析，应及时按照生物安全废弃物处理原则进行无害化处理。

（六）结果报告

1. 菌落总数的计算

（1）若只有一个稀释度平板上的菌落数在适宜计数范围内，计算两个平板菌落的平均值，再将平均值乘以相应稀释倍数，作为每克（或毫升）中菌落总数结果。

（2）若两个连续稀释度的平板菌落数都在 30~300 CFU 之间，则按下列公式计算：

$$N = \frac{\sum C}{(n_1 + 0.1n_2)d}$$

式中 N—— 样品中菌落数；

$\sum C$—— 平板（含适宜范围菌落数的平板）菌落数之和；

n_1—— 第一稀释度（低稀释倍数）平板个数；

n_2—— 第二稀释度（高稀释倍数）平板个数；

d—— 稀释因子（第一稀释度）。

2. 菌落总数的报告

（1）菌落总数小于 100 CFU 时，按“四舍五入”原则修约，以整数报告。

（2）菌落总数大于或等于 100 CFU 时，第 3 位数字采用“四舍五入”原则修约后，采用两位有效数字，后面用 0 代替位数；也可用 10 的指数形式来表示，按“四舍五入”原则修约后，采用两位有效数字。

（3）若空白对照上有菌落生长，则此次检验结果无效。

（4）称重取样以 CFU/g 为单位报告，体积取样以 CFU/mL 为单位报告。

四、任务总结与评价

（一）检测方案制定及准备

通过相关知识学习，小组完成检测方案制定（见表 5-1），并依据方案完成工作准备。

表 5-1　检测方案

<table>
<tr><td>组长</td><td colspan="2"></td><td>组员</td><td></td></tr>
<tr><td>学习项目</td><td colspan="2"></td><td>学习时间</td><td></td></tr>
<tr><td>依据标准</td><td colspan="4"></td></tr>
<tr><td rowspan="3">准备内容</td><td>仪器设备
（规格、数量）</td><td colspan="3"></td></tr>
<tr><td>试剂耗材
（规格、浓度、数量）</td><td colspan="3"></td></tr>
<tr><td>样品</td><td colspan="3"></td></tr>
<tr><td rowspan="5">任务分工</td><td>姓名</td><td colspan="3">具体工作</td></tr>
<tr><td></td><td colspan="3"></td></tr>
<tr><td></td><td colspan="3"></td></tr>
<tr><td></td><td colspan="3"></td></tr>
<tr><td></td><td colspan="3"></td></tr>
<tr><td>具体步骤</td><td colspan="4"></td></tr>
</table>

（二）检查与评价

学生完成本项目的学习，通过学生自评、小组互评来检查自己对本任务学习的掌握情况。指导教师在整个教学过程中，关注每个小组的检测过程及小组成员的操作情况，并对小组成员的动手能力进行评价。学生对所学的各项任务进行抽签决定考核的内容，并将具体的检查与评价填入表5-2。

表5-2　食品菌落总数的快速检测——测试片法任务总结与评价表

项目	评价标准	分值/分	学生自评	小组互评	教师评价
方案制定	查阅资料/标准，确定检测依据	5			
	协同合作制定方案并合理分工	5			
	相互沟通完成方案诊改	5			
准备工作	正确清洗及检查仪器	5			
	合理领取药品	5			
	配制检测试剂正确	5			
	样品稀释浓度正确	5			
试样制备与测定	接种量正确	5			
	无菌操作规范规	5			
	培养操作正确	10			
	温度选择正确	10			
	菌落计数正确	5			
	数据记录正确、完整、整齐	5			
	结果计算正确、规范填写报告	10			
结束工作	废液、废渣处理正确	5			
	仪器、试剂归置妥当，器皿清洗干净	5			
	分工合理、文明操作、按时完成	5			
合计		100			

知识拓展

菌落总数快速检测也可使用ATP荧光检测仪，此方法基于萤火虫发光原理，利用“荧光素酶–荧光素体系”快速检测三磷酸腺苷（ATP）。由于所有生物活细胞中含有恒量的ATP，所以检测ATP含量可以清晰地表明样品中微生物的多少。ATP荧光检测仪携带方便、操作简单，只需15 s即可出结果，但数据可能受到样品中其他生物残余的干扰，并且仅适用于液体样品、食品表面或食品包装表面的卫生检测。具体操作方法可见仪器说明书。

任务二 大肠菌群的快速检测

案例导入

2023 年 6 月，某报记者针对网上大家关注的“吃轻食外卖拉肚子”的问题展开调查。该记者在杭州 4 家外卖轻食制作点随机购买了几份轻食，并将它们送到检测机构检测。检测结果显示，4 份送检的食品卫生状况不容乐观。其中，主厨沙拉情况最严重，菌落总数高达 430 万 CFU/g，大肠菌群有 12 万 CFU/g；其次是睿健卡路里，菌落总数为 430 万 CFU/g，大肠菌群 5 万 CFU/g；接着是青新一派，菌落总数 110 万 CFU/g，大肠菌群 1 900 CFU/g；暖柠轻食的菌落总数为 28 万 CFU/g，大肠菌群 280 CFU/g。

针对大肠菌群，记者参考了国家标准《食品安全国家标准面筋制品》GB 2711—2014 的标准，其大肠菌群最高限量为 1 000 CFU/g；而即食虾的标准为 100 CFU/g。送检的 4 份轻食中有 3 份都超标了，尤其是主厨沙拉大肠菌群达到 12 万 CFU/g，为面筋食品最高限量的 120 倍，怪不得有人吃了轻食会拉肚子。大肠菌群数的高低反映了食物的卫生情况，如加工器具没有定期清洗消毒、操作人员上完卫生间后洗手不彻底、个人卫生状况不达标等，都会导致大肠菌群升高。

问题启发

食品中大肠菌群测定的意义是什么？食品中大肠菌群测定的原理是什么？食品中大肠菌群的快速检测方法有哪些？

一、大肠菌群检测概述

大肠菌群是一群需氧或兼性厌氧的革兰氏阴性无芽孢杆菌，在 35 ℃ ~ 37 ℃条件下，48 h 内能发酵乳糖产酸产气，主要包括大肠杆菌、柠檬酸杆菌、产气克雷伯氏菌和阴沟肠杆菌等肠杆菌科细菌。大肠菌群类微生物主要来源于人畜粪便中，作为食品被粪便污染的指示菌用于食品卫生质量检验，是评价食品卫生质量的重要指标之一，并可以此推断食品是否有污染肠道致病菌的可能。

二、大肠菌群快速检测的依据

大肠菌群快速检测常基于微生物专有酶的快速反应。这类反应是根据细菌在生长繁殖过程中合成和释放的某些特异性的酶的性质，在培养基中加入相应的底物和指示剂，根据细菌反应后出现的明显的颜色变化，确定待检测的目标菌株，以进行待测菌的快速检测。

三、大肠菌群快速检测的依据

（一）最大可能数（MPN）法

此方法基于国家标准《食品安全国家标准 食品微生物学检验 大肠菌群计数》GB 4789.3—2016中最大可能数（MPN）法的检测程序，利用如下反应：大肠菌群产生的β-半乳糖苷酶可以分解液体培养基中加入的酶底物——4-甲基伞型酮-β-D-半乳糖苷（MUGal），形成游离的4-甲基伞型酮，在波长为366 nm的紫外光照射下能呈现蓝色荧光，确定阳性管数，查MPN检索表，报告大肠菌群的MPN值。

（二）平板法

此方法基于国家标准GB 4789.3—2016中平板计数法的检测程序，利用如下反应：大肠菌群产生的β-半乳糖苷酶可以分解培养基中加入的酶底物——茜素-β-D半乳糖苷（Aliz-gal），分解后游离的茜素可与固体培养基中的铝、钾、铁、铵离子结合，形成紫色（或红色）的螯合物，从而呈现相应颜色的菌落，通过计数菌落，计算大肠菌群数。

这两种快速检测方法将传统的细菌分离与生化反应相结合，使得检测结果快速、直观，是微生物检测的一个主要发展方向。

实训任务　食品大肠菌群的快速检测——最大可能数（MPN）法

一、原理与适用范围

MPN法是统计学和微生物学相结合的一种定量检测法。待测样品经系列稀释并培养后，根据其未生长的最低稀释度与生长的最高稀释度，应用统计学概率论推算出待测样品中大肠菌群的最大可能数。本试验适用于各类食品、饮料等样品中大肠菌群数的测定。

二、任务准备

（一）试剂

无菌生理盐水（0.85% NaCl溶液）、MUGal肉汤。

（二）仪器设备

恒温培养箱、冰箱、紫外灯（波长为366 nm）、电子天平、均质容器、培养皿、试管、锥形瓶、刻度吸管或微量移液器。

三、操作步骤

（一）样品稀释

（1）固体和半固体样品。无菌操作称取 25 g 样品置于盛有 225 mL 无菌生理盐水的均质容器中，充分混匀，制成 1∶10 的样品匀质液。

（2）液体样品。无菌操作吸取 25 mL 样品置于盛有 225 mL 无菌生理盐水的锥形瓶中，充分混匀，制成 1∶10 的样品匀质液。用 1 mL 无菌吸管或微量移液器吸取 1∶10 的样品匀质液 1 mL，注于盛有 9 mL 无菌生理盐水的试管中，充分混匀，制成 1∶100 的样品匀质液。以此类推，制备 10 倍系列稀释样品匀质液。每递增稀释一次，换用 1 次 1 mL 无菌吸管或吸头。

（二）接种

根据对样品污染状况的估计，选择 3 个连续的稀释度，每个稀释度接种 3 管 MUGal 肉汤管，每管接种 1 mL。同时，另取 2 支 MUGal 肉汤管，分别加入 1 mL 空白稀释液作空白对照

（三）培养

将接种后的培养管放置于 36 ℃±1 ℃培养箱内，培养 18~24 h。

（四）结果判定

培养结束后，将培养管置于暗处，用波长为 366 nm 的紫外灯照射，显蓝色荧光的为大肠菌群阳性管，无蓝色荧光的为大肠菌群阴性管。

（五）结果报告

根据大肠菌群阳性管数，查 MPN 检索表（见表 5-3），报告每 100 g（mL）食品样品中大肠菌群的 MPN 值。

表 5-3　大肠菌群最大可能数（MPN）检索表

（依据《食品安全国家标准 食品微生物学检验 大肠菌群计数》GB 4789. 3—2016）

阳性管数			MPN	95%可信限		阳性管数			MPN	95%可信限	
0. 1	0. 01	0. 001		下限	上限	0. 1	0. 01	0. 001		下限	上限
0	0	0	<3. 0	—	9. 5	2	2	0	21	4. 5	42
0	0	1	3. 0	0. 15	9. 6	2	2	1	28	8. 7	94
0	1	0	3. 0	0. 15	11	2	2	2	35	8. 7	94
0	1	1	6. 1	1. 2	18	2	3	0	29	8. 7	94
0	2	0	6. 2	1. 2	18	2	3	1	36	8. 7	94
0	3	0	9. 4	3. 6	38	3	0	0	23	4. 6	94
1	0	0	3. 6	0. 17	18	3	0	1	38	8. 7	110
1	0	1	7. 2	1. 3	18	3	0	2	64	17	180
1	0	2	11	3. 6	38	3	1	0	43	9	180

续表

阳性管数			MPN	95%可信限		阳性管数			MPN	95%可信限	
0.1	0.01	0.001		下限	上限	0.1	0.01	0.001		下限	上限
1	1	0	7.4	1.3	20	3	1	1	75	17	200
1	1	1	11	3.6	38	3	1	2	120	37	420
1	2	0	11	3.6	42	3	1	3	160	40	420
1	2	1	15	4.5	42	3	2	0	93	18	420
1	3	0	16	4.5	42	3	2	1	150	37	420
2	0	0	9.2	1.4	38	3	2	2	210	40	430
2	0	1	14	3.6	42	3	2	3	290	90	1 000
2	0	2	20	4.5	42	3	3	0	240	42	1 000
2	1	0	15	3.7	42	3	3	1	460	90	2 000
2	1	1	20	4.5	42	3	3	2	1 100	180	4 100
2	1	2	27	8.7	94	3	3	3	>1 100	420	—

注1： 本表采用3个稀释度［0.1 g（mL）、0.01 g（mL）、0.001 g（mL）］，每个稀释度接种3管。

注2： 表内所列检样量如改用1 g（mL）、0.1 g（mL）和0.01 g（mL）时，表内数字应相应减小为原来的1/10；如改用0.01 g（mL）、0.001 g（mL）和0.000 1 g（mL）时，则表内数字应相应增大10倍，其余类推

四、任务总结与评价

（一）检测方案制定及准备

通过相关知识学习，小组完成检测方案制定（见表5-4），并依据方案完成工作准备。

表5-4　检测方案

<table>
<tr><td>组长</td><td colspan="2"></td><td>组员</td><td></td></tr>
<tr><td>学习项目</td><td colspan="2"></td><td>学习时间</td><td></td></tr>
<tr><td>依据标准</td><td colspan="4"></td></tr>
<tr><td rowspan="3">准备内容</td><td>仪器设备
（规格、数量）</td><td colspan="3"></td></tr>
<tr><td>试剂耗材
（规格、浓度、数量）</td><td colspan="3"></td></tr>
<tr><td>样品</td><td colspan="3"></td></tr>
<tr><td rowspan="5">任务分工</td><td>姓名</td><td colspan="3">具体工作</td></tr>
<tr><td></td><td colspan="3"></td></tr>
<tr><td></td><td colspan="3"></td></tr>
<tr><td></td><td colspan="3"></td></tr>
<tr><td></td><td colspan="3"></td></tr>
</table>

续表

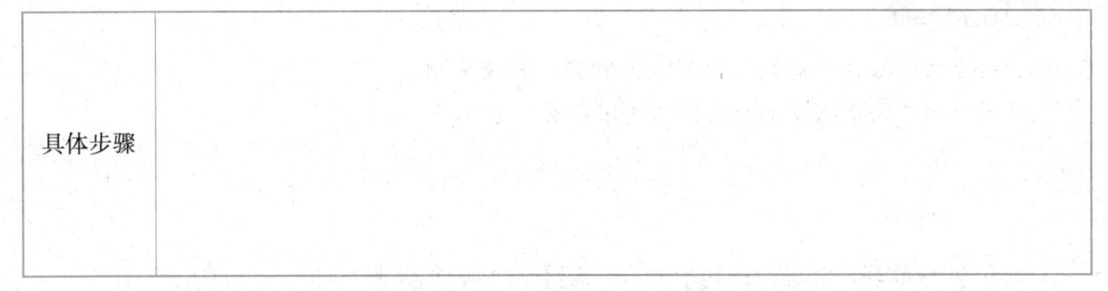

具体步骤	

（二）检查与评价

学生完成本项目的学习，通过学生自评、小组互评来检查自己对本任务学习的掌握情况。指导教师在整个教学过程中，关注每个小组的检测过程及小组成员的操作情况，并对小组成员的动手能力进行评价。学生对所学的各项任务进行抽签决定考核的内容，并将具体的检查与评价填入表 5-5。

表 5-5 食品大肠菌群的快速检测——最大可能数（MPN）法任务总结与评价表

项目	评价标准	分值/分	学生自评	小组互评	教师评价
方案制定	查阅资料/标准，确定检测依据	5			
	协同合作制定方案并合理分工	5			
	相互沟通完成方案诊改	5			
准备工作	正确清洗及检查仪器	5			
	合理领取药品	5			
	正确取样	5			
	根据样品的类型选择正确的方法进行试样制备	5			
试样制备与测定	样品稀释浓度正确	5			
	无菌操作规范规	5			
	培养操作正确	10			
	温度选择正确	5			
	阳性管判断操作正确	5			
	阳性管计数正确	5			
	数据记录正确、完整、整齐	5			
	结果计算正确、规范填写报告	10			
结束工作	废液、废渣处理正确	5			
	仪器、试剂归置妥当，器皿清洗干净	5			
	分工合理、文明操作、按时完成	5			
合计		100			

思考题

1. 结合实际操作，说说配制 MUGal 肉汤的注意事项。
2. 说说该快速检测方法与国标方法比较有什么优势。

实训任务　食品中大肠菌群的快速检测——平板法

一、原理与适用范围

大肠菌群在固体培养基中发酵乳糖产酸，在指示剂的作用下形成可计数的红色或紫色、带有或不带有沉淀环的菌落。本试验适用于各类食品、纯净水等样品中大肠菌群数的测定。

二、任务准备

（一）试剂

无菌生理盐水（0.85% NaCl 溶液）、Aliz-gal 琼脂。

（二）仪器设备

恒温培养箱、电子天平、均质容器、培养皿、试管、锥形瓶、刻度吸管或微量移液器。

三、操作步骤

（一）样品稀释

（1）固体和半固体样品。无菌操作称取样品 25 g 并将其置于盛有 225 mL 无菌生理盐水的均质容器中，充分混匀，制成 1∶10 的样品匀质液。

（2）液体样品。无菌操作吸取样品 25 mL 并将其置于盛有 225 mL 无菌生理盐水的锥形瓶中，充分混匀，制成 1∶10 的样品匀质液。用 1 mL 无菌吸管或微量移液器吸取 1∶10 的样品匀质液 1 mL，注于盛有 9 mL 无菌生理盐水的试管中，充分混匀，制成 1∶100 的样品匀质液。以此类推，制备 10 倍系列稀释样品匀质液。每递增稀释一次，换用 1 次 1 mL 无菌吸管或吸头。

（二）接种

每个样品选择 3 个连续的稀释度，每个稀释度接种 2 个平皿，每个平皿接种 1 mL 样品稀释液。同时，另取 2 个平皿，分别加入 1 mL 稀释用无菌生理盐水，作为空白对照。接种后于每个平皿内倾注约 15 mL、45 ℃～50 ℃的 Aliz-gal 琼脂，迅速混合均匀。等待琼脂凝固后，再倾注 3～5 mL Aliz-gal 琼脂覆盖表面。

（三）培养

等待琼脂完全凝固后，将平皿翻转，放置于 36 ℃±1 ℃培养箱内，培养 18～24 h。

（四）菌落计数

培养结束后，取出平皿，计数长出的紫色（或红色）菌落的数量。

（五）结果计算

（1）当计数平板上的紫色（或红色）菌落数不高于 150 个，且其中至少有 1 个平板紫色（或红色）菌落不少于 15 个时，按以下公式计算大肠菌群数：

$$N = \frac{\sum C}{(n_1 + 0.1n_2)d}$$

式中 N—— 样品中的大肠菌群数，个/mL 或个/g；

$\sum C$—— 所有计数平板上，紫色（或红色）菌落数总和；

n_1—— 供计数的最低稀释度的平板数；

n_2—— 供计数的较最低稀释度高一个梯度的平板数；

d—— 供计数的样品最低稀释度（如 10^{-1}、10^{-2}、10^{-3}等）。

（2）如接种的所有平皿上紫色（或红色）菌落数均少于 15 个，仍按以上公式计算，但应在所得结果旁加“*”号，表示估计值。

（3）如接种的所有平皿（包括接种样品原液）上，紫色（或红色）菌落数均少于 15 个，应报告结果为每毫升（克）样品少于 15 个大肠菌群[<15 个/mL(g)]。

（4）如接种的所有平皿（包括接种样品原液）上，均未发现紫色（或红色）菌落，应报告结果为每毫升（克）样品少于 1 个大肠菌群[<1 个/mL(g)]。

（5）如平皿上的紫色（或红色）菌落数高于 150 个，仍按以上公式计算，但应在所得结果旁加“*”号，表示估计值，或对样品进行更高倍数的稀释，重新测定。

四、任务总结与评价

（一）检测方案制定及准备

通过相关知识学习，小组完成检测方案制定（见表 5-6），并依据方案完成工作准备。

表 5-6 检测方案

组长			组员	
学习项目			学习时间	
依据标准				
准备内容	仪器设备 （规格、数量）			
	试剂耗材 （规格、浓度、数量）			
	样品			
任务分工	姓名	具体工作		
具体步骤				

（二）检查与评价

学生完成本项目的学习，通过学生自评、小组互评来检查自己对本任务学习的掌握情况。指导教师在整个教学过程中，关注每个小组的检测过程及小组成员的操作情况，并对小组成员的动手能力进行评价。学生对所学的各项任务进行抽签决定考核的内容，并将具体的检查与评价填入表 5-7。

表 5-7 食品中大肠菌群的快速检测——平板法任务总结与评价表

项目	评价标准	分值/分	学生自评	小组互评	教师评价
方案制定	查阅资料/标准，确定检测依据	5			
	协同合作制定方案并合理分工	5			
	相互沟通完成方案诊改	5			
准备工作	正确清洗及检查仪器	5			
	合理领取药品	5			
	正确取样	5			
	根据样品的类型选择正确的方法进行试样制备	5			

续表

项目	评价标准	分值/分	学生自评	小组互评	教师评价
试样制备与测定	配制检测试剂正确	5			
	样品稀释浓度正确	5			
	无菌操作规范	10			
	培养操作正确	5			
	温度选择正确	5			
	菌落计数正确	5			
	数据记录正确、完整、整齐	5			
	结果计算正确、规范填写报告	10			
结束工作	废液、废渣处理正确	5			
	仪器、试剂归置妥当，器皿清洗干净	5			
	分工合理、文明操作、按时完成	5			
合计		100			

思考题

1. 茜素-β-半乳糖苷琼脂配制的注意事项有哪些？
2. 总结计数大肠菌群菌落时遇到的特殊情况及处理办法。
3. 食品大肠菌群的快速检测——最大可能数（MPN）法的检测原理是什么？
4. 食品大肠菌群的快速检测——平板法的检测原理是什么？
5. 在菌落计算时，公式 $N = \dfrac{\sum C}{(n_1 + 0.1n_2)d}$ 的适用条件是什么？

知识拓展

1. 测试片法检测

测试片法也是大肠菌群快速检测常用的方法。该方法是将检测培养基和特定的指示剂加载在特质的纸片上，检测样品接种到纸片上以后，大肠菌群类微生物能在纸片上生长，并形成具有显著颜色的菌落，可进行判定和计数。

2. 试剂盒法检测

试剂盒法是依据国家标准方法的检测原理，将检测培养基包被于载体盒中，配以产气孔，以此代替普通发酵管，从而省去了国标方法中配制培养基的工作，简化了检测过程，缩短了检测时间。

任务三　霉菌和酵母的快速检测

案例导入

2022 年 10 月，国家市场监督管理总局通告了 29 大类食品 772 批次样品的抽检结果，其中两个批次食品涉及真菌污染，分别是：青海省海东市互助县塘川镇芳芳惠民超市销售的、标称青海好朋友乳业有限公司生产的青海老娃娃头水蜜桃酸奶，其中霉菌数不符合食品安全国家标准规定；淘宝网仁和盛酒类自营店（经营者为江西省萍乡市安源区金字塔贸易商行）销售的、标称海南椰岛（集团）股份有限公司出品的、海南椰岛酒业发展有限公司生产的椰岛鹿龟酒，其中霉菌和酵母数不符合食品安全国家标准规定。食品中的霉菌和酵母数超标，会降低食品食用价值，严重情况下，可能会危害人体健康。食品中的霉菌和酵母数超标的原因，可能是原料或包装材料受到污染，也可能是产品在生产加工过程中环境条件控制不到位，还可能是产品储运不当。

问题启发

食品中霉菌和酵母检测项目的主要检测对象有哪些？食品中霉菌和酵母的检测意义是什么？食品中霉菌和酵母的快速检测方法有哪些？

一、霉菌和酵母检测概述

霉菌和酵母的污染会造成食品的腐败变质，并能形成有毒代谢产物而引起疾病，因此，霉菌和酵母也被作为评价食品卫生质量的指标菌，以霉菌和酵母的计数来衡量食品被真菌污染的程度。食品中霉菌和酵母计数的国家标准方法有两种：一是平板计数法，此方法需要 5 天的培养时间，耗时过长，时效性较差；二是直接镜检计数法，此方法需观察 100 个视野，判定方法复杂，工作量大。

二、霉菌和酵母的检测方法

目前快速检测霉菌和酵母常用的方法主要是测试片法。霉菌和酵母测试片由培养基、可溶性凝胶和酶显色剂加载在特制片上制成，检测样品接种于纸片上，通过培养过程中酶显色剂的放大作用，使霉菌和酵母能快速并清晰地显现出来，即可计数报告结果。

与国家标准方法相比，使用测试片培养计数霉菌和酵母，节省了配制培养基、器具灭菌等辅助性工作的时间，操作更简单，培养时间也可缩短至 48~72 h。

实训任务　食品霉菌和酵母菌的快速检测——测试片法

一、原理与适用范围

利用微生物生化反应的特性，将微生物胞内酶的种类及反应条件作为微生物分类鉴定的主要依据，通过在分离培养基或选择性培养基中加入微生物特异性酶显色底物，当目的菌在培养基上生长时，其特异性酶就能降解显色底物，并产生带有特殊颜色的代谢物，使菌落形成特定的颜色或形态，从而实现样品中微生物的培养和检测。本试验适用于各类食品及饮用水中霉菌和酵母的计数。

二、任务准备

（一）试剂

测试片、无菌生理盐水（0.85% NaCl 溶液）。

（二）仪器设备

恒温培养箱、均质容器、电子天平、刻度吸管或微量移液器、试管、锥形瓶、压板。

三、操作步骤

（一）样品稀释

（1）固体和半固体样品。无菌操作称取 25 g 样品并将其置于盛有 225 mL 无菌生理盐水的均质容器中，充分混匀，制成 1∶10 的样品匀质液。

（2）液体样品。无菌操作吸取 25 mL 样品并将其置于盛有 225 mL 无菌生理盐水的锥形瓶中，充分混匀，制成 1∶10 的样品匀质液。用 1 mL 无菌吸管或微量移液器吸取 1∶10 的样品匀质液 1 mL，注于盛有无菌生理盐水 9 mL 的试管中，充分混匀，制成 1∶100 的样品匀质液。以此类推，制备 10 倍系列稀释样品匀质液。每递增稀释一次，换用 1 次 1 mL 无菌吸管或吸头。

（二）接种测试片

一般食品选择 2~3 个连续稀释度的稀释液进行检测。将测试片置于平坦的试验台面上，打开上层薄膜，加入样品稀释液 1 mL 至测试片中央，缓缓盖上上层薄膜，避免产生气泡。静置 3~5 min 使样液扩散并重新形成凝胶。（不同厂家测试片操作不尽相同，应按照测试片所提供的相关技术规程操作）

（三）培养

将检测片正面向上水平放置于 28 ℃±1 ℃培养箱内，培养 48~72 h。

（四）计数菌落

（1）计数所有蓝绿色菌落，不论大小和清晰度。合适的计数范围为 15~150 CFU。

（2）若整个培养区域呈淡蓝绿色，可能是菌的浓度过高，需对样品进行进一步稀释以获得确切的计数。

（3）淡蓝绿色凸起小菌落为酵母，蓝绿色扁平较大菌落为霉菌。

（五）清洁整理

使用过的测试片上带有活菌，如需分离菌落进行进一步分析，揭开上层膜用接种针将菌落挑出使用即可；若无需进一步分析，应及时按照生物安全废弃物处理原则进行无害化处理。

（六）结果报告

选择菌落数在 15~150 CFU 之间的测试片，用菌落数乘以相应的稀释倍数，即作为每克（或毫升）样品中霉菌和酵母菌的数目报告。

四、任务总结与评价

（一）检测方案制定及准备

通过相关知识学习，小组完成检测方案制定（见表 5-8），并依据方案完成工作准备。

表 5-8　检测方案

<table>
<tr><td>组长</td><td colspan="2"></td><td>组员</td><td></td></tr>
<tr><td>学习项目</td><td colspan="2"></td><td>学习时间</td><td></td></tr>
<tr><td>依据标准</td><td colspan="4"></td></tr>
<tr><td rowspan="3">准备内容</td><td>仪器设备
（规格、数量）</td><td colspan="3"></td></tr>
<tr><td>试剂耗材
（规格、浓度、数量）</td><td colspan="3"></td></tr>
<tr><td>样品</td><td colspan="3"></td></tr>
<tr><td rowspan="5">任务分工</td><td>姓名</td><td colspan="3">具体工作</td></tr>
<tr><td></td><td colspan="3"></td></tr>
<tr><td></td><td colspan="3"></td></tr>
<tr><td></td><td colspan="3"></td></tr>
<tr><td></td><td colspan="3"></td></tr>
<tr><td>具体步骤</td><td colspan="4"></td></tr>
</table>

（二）检查与评价

学生完成本项目的学习，通过学生自评、小组互评来检查自己对本任务学习的掌握情况。指导教师在整个教学过程中，关注每个小组的检测过程及小组成员的操作情况，并对小组成员的动手能力进行评价。学生对所学的各项任务进行抽签决定考核的内容，并将具体的检查与评价填入表5-9。

表5-9 食品霉菌和酵母菌的快速检测——测试片法任务总结与评价表

项目	评价标准	分值/分	学生自评	小组互评	教师评价
方案制定	查阅资料/标准，确定检测依据	5			
	协同合作制定方案并合理分工	5			
	相互沟通完成方案诊改	5			
准备工作	正确清洗及检查仪器	5			
	合理领取药品	5			
	正确取样	5			
	根据样品的类型选择正确的方法进行试样制备	5			
试样制备与测定	样品稀释浓度正确	5			
	无菌操作规范	10			
	培养操作正确	10			
	温度选择正确	5			
	菌落计数正确	5			
	数据记录正确、完整、整齐	5			
	结果计算正确、规范填写报告	10			
结束工作	废液、废渣处理正确	5			
	仪器、试剂归置妥当，器皿清洗干净	5			
	分工合理、文明操作、按时完成	5			
合计		100			

思考题

1. 固体样品稀释操作的注意事项有哪些？
2. 总结霉菌和酵母菌的菌落计数时遇到的特殊情况及处理办法。
3. 怎样区分测试片上霉菌和酵母菌的菌落？
4. 若测试片培养后，整个培养区域呈淡蓝绿色，应该怎样处理？

知识拓展

霉菌污染是食物中毒的主要原因之一。霉菌在食品中的大量繁殖不仅能导致食品腐败变质，还能产生有毒代谢产物，如黄曲霉素、赭曲霉素等。食用了含有这些残留毒素的食品，会导致人产生恶心、呕吐、腹泻等急性症状，还会对人体肝脏、肾脏等器官以及神经系统造成损害，严重时会危及生命。

食品中霉菌毒素检测的常用方法有：①薄层层析法，针对不同的样品，用适宜的提取溶剂将霉菌毒素从样品中提取出来，经柱层析净化，再在薄层板上层析展开、分离，利用霉菌毒素的荧光性，根据荧光斑点的强弱与标准比较测定其最低含量；②色谱法，比较普遍的是液相色谱法，包括液相色谱—质谱联用技术。该法快速而准确，但需要昂贵的仪器设备，仅限于专业检测机构为获得科研和调查分析数据或进行监测使用；③免疫化学检测法（胶体金免疫层析法，酶联免疫吸附法），基于抗体与抗原或半抗原之间的选择性反应而建立起来的一种生物化学分析法，通常具有高的选择性和很低的检出限。免疫学检测方法由于其快速、灵敏、准确、可定量、操作简单、无需贵重仪器设备，且对样品纯度要求不高等特性，特别适用于饲料厂、粮油/食品加工厂、养殖场等企业进行原料或成品检测以及工商质检部门现场检测。

任务四　常见致病菌的快速检测

案例导入

2024 年 1 月，美国疾病控制与预防中心宣布，在开市客销售的 Fratelli Beretta 牌开胃菜和在山姆会员店销售的 Busseto 牌熟食两款熟食产品将被召回。美国召回可能受沙门氏菌污染的熟食肉的范围在逐步扩大。2024 年 1 月份的第 1 周，Busseto 品牌方已经召回了运往佐治亚州（Georgia）、伊利诺伊州（Illinois）、印第安纳州（Indiana）等 8 个地区的特定批次熟食。美国疾病控制与预防中心最近宣布，在 22 个州已有 47 人因沙门氏菌污染而生病，其中 10 人住院治疗，这很可能是一个被低估的数字。沙门氏菌的爆发通常与肉类产品有关，包括生肉和加工肉制品。但过去几年里，在美国召回的产品中，从新鲜农产品到鱼、海鲜、花生酱甚至面粉等各种食品都有。

据估计，沙门氏菌是导致美国每年住院和死亡人数最多的食源性病原体，分别约为 19 000 人和 380 人。沙门氏菌每年在美国造成约 100 万例疾病，在食源性疾病中仅次于危险性较低的诺如病毒。虽然沙门氏菌是导致严重食物中毒的最常见原因，但它并不是最致命的，死亡率仅为 0.5%，住院率为 27.2%。超过它的是不太常见的李斯特菌，几乎所有病例都会导致住院治疗，其中约 16%的患者会死亡；还有大肠杆菌 O157 : H7，约有一半的病例会导致感染者住院治疗，其致命性不亚于沙门氏菌。

问题启发

什么是致病菌？食品中常见的致病菌有哪些？食品中致病菌的快速检测有哪些常见方法？它们的检测原理是什么？

一、食品致病菌检测概述

食品致病菌是可以引起食物中毒或以食品为传播媒介的致病性细菌。致病性细菌直接或间接污染食品及水源，人因摄入被致病菌污染的水或食物而感染可导致肠道传染病的发生及食物中毒。食源性致病菌是导致食品安全问题的重要原因。常见食品致病菌主要有沙门氏菌、金黄色葡萄球菌、大肠杆菌 O157：H7、肉毒杆菌、副溶血性弧菌、李斯特菌等。

二、霉菌和酵母检测的方法

食品中致病菌检测的传统方法通常需要进行增菌、分离、纯化、生化鉴定和血清学实验等一系列步骤，整个过程一般耗时 3 天以上，并且需要准备大量培养基和试剂。这种检测的时效性已经很难满足食品生产企业和质量监督检验部门对食品安全管控的需求，因此，快速、简单的检测方法就显得非常重要。常见的快速检测方法如下：

（一）生化检测方法

目前已经生产出了多种微型化的生化试剂盒以及鉴别测试片，这些试剂盒及测试片通常是将多种培养基或生化试剂集成在特定的微型化的装置或培养基中，将传统方法中需要多次完成的试验一次完成，并且能够在 24 h 内获得结果，有时甚至能够在 4 h 内完成，从而节约了样品的分析时间，同时也能够节约成本。

（二）免疫学检测方法

目前常用的主要是酶联免疫吸附法（ELISA 法）。

酶联免疫吸附法是一种特殊的试剂分析方法。用酶标记的抗体或抗原，与吸附在固相载体上的已知抗原或抗体，发生特异性的结合，然后加入底物溶液，使其发生化学反应。如果抗原抗体发生了特异反应，则底物的颜色就会发生变化，而颜色变化的深浅，与样品中相应的抗体或抗原的含量成正比，以此进行定性和定量测定（见图 5-1）。

基于此类方法生产的商品化检测试剂盒能够检测弯曲杆菌、沙门氏菌、金黄色葡萄球菌、肉毒梭菌等多种致病菌。

（三）PCR 检测方法

PCR 技术发明以来，由于其高度敏感性、特异性等特点使其在食品微生物检测中得到了广泛应用，并由此衍生出了多种检测方法，如恒温荧光 PCR 法、定性 PCR 法等。

恒温荧光 PCR 法基于环介导的恒温扩增技术（loop-mediated isothermal amplification, LAMP），利用两对特殊引物和具有链置换活性的 Bst DNA 聚合酶，使模板两端引物结合处

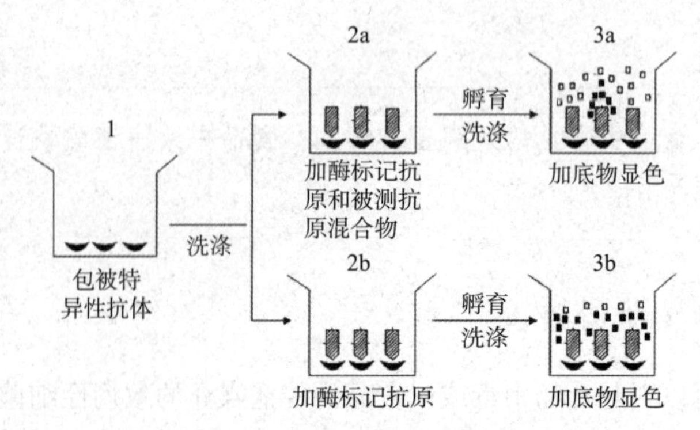

图 5-1 酶联免疫吸附法（ELISA 法）

循环出现环状单链结构，引物顺利与模板结合并进行链置换扩增反应，实现在恒温条件下（60 ℃~65 ℃）进行连续快速扩增。反应加入显色指示剂，阴、阳性结果显色差异显著，可直接通过颜色变化判定结果。

定性 PCR 检测可使用 BAX 全自动病原菌检测系统，利用聚合酶链式反应来扩增并检测细菌 DNA 中的特异性片段，以此来判定目标菌是否存在。反应所需的引物、DNA 聚合酶、核苷酸和能结合 DNA 的荧光染料等被合并成为稳定、干燥的片剂，装入 PCR 管中，检测系统通过测量扩增后荧光信号的变化，分析测量数据，从而判定阳性或阴性结果。

实训任务 食品沙门氏菌的快速检测——酶联免疫吸附法

一、原理与适用范围

ELISA 法是建立在抗原与抗体免疫学反应的基础上的一种特异性检测方法。由于酶标记抗原或抗体是酶分子与抗原或抗体分子的结合物，它可以催化底物分子发生反应，产生放大作用，正因为此种放大作用而使本法具有很高的敏感性。因此，ELISA 法是一种既敏感又特异的方法。本方法适用于各类食品中沙门氏菌的检测。

二、任务准备

（一）试剂

试剂盒。

（二）仪器设备

恒温培养箱、均质容器、微量移液器、酶标仪。

三、操作步骤

（一）加样

加一定稀释的待测样品 0. 1 mL 于已包装特异性抗体的反应孔中，置于 37 ℃恒温培养箱中孵育 1 h，取出洗涤，同时做空白孔，阴性对照及阳性对照孔。

（二）加酶标抗体

于各反应孔中，加入新鲜稀释的酶标抗体（经滴定后的稀释度）0. 1 mL，置于恒温培养箱中 37 ℃孵育 0. 5~1 h，取出洗涤。

（三）加底物液显色

于各反应孔中，加入临时配制的底物溶液 0. 1 mL，置于 37 ℃恒温培养箱中孵育 10~30 min。

（四）终止反应

于各反应孔中，加入 2 mol/L 硫酸 0. 05 mL。

（五）结果测定

放置于酶标仪上测定各孔的光密度（optical density，OD）值，并记录结果，需在加入终止液 10 min 内完成读数。

（六）结果报告

（1）临界值（cutoff，CO）的计算方法：临界值=阴性对照孔 OD 均值×2. 1
（2）阴性对照孔 OD 均值大于 0. 1 时重新试验，小于 0. 05 时以 0. 05 计算。
（3）样品 OD 值 $S/CO>1$ 者为阳性，样品 OD 值 $S/CO<1$ 者为阴性。

【注意事项】
（1）所有样品都应按传染源处理。
（2）加试剂前应充分混匀，保证滴加液量准确。
（3）加样时需加入板孔底部，避免产生气泡并快速完成。
（4）洗涤时各孔均需加满，洗涤必须彻底，防止产生假阳性。
（5）孵育时间要准确控制。

四、任务总结与评价

（一）检测方案制定及准备

通过相关知识学习，小组完成检测方案制定（见表 5-10），并依据方案完成工作准备。

表 5-10　检测方案

<table>
<tr><td>组长</td><td colspan="2"></td><td>组员</td><td></td></tr>
<tr><td>学习项目</td><td colspan="2"></td><td>学习时间</td><td></td></tr>
<tr><td>依据标准</td><td colspan="4"></td></tr>
<tr><td rowspan="3">准备内容</td><td>仪器设备
（规格、数量）</td><td colspan="3"></td></tr>
<tr><td>试剂耗材
（规格、浓度、数量）</td><td colspan="3"></td></tr>
<tr><td>样品</td><td colspan="3"></td></tr>
<tr><td rowspan="5">任务分工</td><td>姓名</td><td colspan="3">具体工作</td></tr>
<tr><td></td><td colspan="3"></td></tr>
<tr><td></td><td colspan="3"></td></tr>
<tr><td></td><td colspan="3"></td></tr>
<tr><td></td><td colspan="3"></td></tr>
<tr><td>具体步骤</td><td colspan="4"></td></tr>
</table>

（二）检查与评价

学生完成本项目的学习，通过学生自评、小组互评来检查自己对本任务学习的掌握情况。指导教师在整个教学过程中，关注每个小组的检测过程及小组成员的操作情况，并对小组成员的动手能力进行评价。学生对所学的各项任务进行抽签决定考核的内容，并将具体的检查与评价填入表 5-11。

表 5-11　食品沙门氏菌的快速检测——酶联免疫吸附法任务总结与评价表

项目	评价标准	分值/分	学生自评	小组互评	教师评价
方案制定	查阅资料/标准，确定检测依据	5			
	协同合作制定方案并合理分工	5			
	相互沟通完成方案诊改	5			
准备工作	正确清洗及检查仪器	5			
	合理领取药品	5			
	正确取样	5			
	根据样品的类型选择正确的方法进行试样制备	5			

续表

项目	评价标准	分值/分	学生自评	小组互评	教师评价
试样制备与测定	样品稀释浓度正确	5			
	加酶标抗体操作正确	10			
	孵育洗涤操作正确	5			
	显色反应操作正确	5			
	终止反应操作正确	5			
	酶标仪使用正确	5			
	数据记录正确、完整、整齐	5			
	结果计算正确、规范填写报告	10			
结束工作	废液、废渣处理正确	5			
	仪器、试剂归置妥当，器皿清洗干净	5			
	分工合理、文明操作、按时完成	5			
合计		100			

思考题

1. 结合实际操作，说说酶标仪使用的注意事项。
2. 试分析酶联免疫吸附法出现假阳性的原因有哪些。

实训任务　食品金黄色葡萄球菌的快速检测——恒温扩增荧光法

一、原理与适用范围

从待测样品中提取基因组DNA，并以此基因组DNA为模板，以能扩增金黄色葡萄球菌特异性序列的引物组为引物，在酶反应体系下进行恒温扩增反应；通过判定反应结果是否为阳性，确定待测样品中是否存在金黄色葡萄球菌。本试验方法适用于各类食品中沙门氏菌的检测。

二、任务准备

（一）试剂

试剂盒、7.5%氯化钠胰酪胨大豆肉汤、无菌超纯水。

（二）仪器设备

PCR 仪或金属浴恒温器、高速离心机、无菌 1.5 mL 离心管、微量移液器及配套无菌吸管。

三、操作步骤

（一）样品前处理

（1）前增菌。取 25 g 待检样品并将其置于 225 mL 7.5%氯化钠胰酪胨大豆肉汤中，前增菌10～12 h，对增菌液中的菌体富集用于 LAMP 快速检测。

（2）制备样品增菌液模板 DNA。吸取增菌液 1 mL 到 1.5 mL 无菌离心管中，6 000 r/min的转速下离心 5 min，弃上层清液，用 50 μL 无菌超纯水悬浮洗涤沉淀 1～2次，以 6 000 r/min 的转速离心 5 min，完全去除上清；加入 30 μL 裂解液，充分悬浮菌体，轻弹管壁消除气泡，99 ℃ 加热 10 min；在 12 000 r/min 的转速下离心 15 min，上层清液即为粗提的 DNA，可转移至 0.2 mL 无菌离心管中，在-20 ℃下可长期保存。

（二）阴、阳性对照和干粉试剂复溶

（1）阴、阳性对照复溶。首次使用时，加入 80 μL 超纯水至阳性对照和阴性对照冻干粉中，待溶解后混匀，-20 ℃储存待用。

（2）干粉试剂复溶。取出冻干粉试剂，按照需求剪取 n 个检测试剂管（n=待检测样品数+1 管阳性对照+1 管阴性对照），每管加入 20 μL 复溶液，完全溶解后待用。

（三）扩增反应

（1）打开能够提供恒温条件的仪器，设置到 61 ℃待用。

（2）向上述已加入复溶液的 n 个反应管中各加入显色指示剂 2.5 μL。

（3）向上述已加入复溶液的 n 个反应管中分别加入待测样品核酸、阴性对照、阳性对照各 2.5 μL，盖紧盖子。

（4）将所有的反应管置于恒温仪器中，恒温 61 ℃反应 50 min。

（四）结果报告

反应结束后，建议在自然光线充足的环境条件下，将样品置于白色背景下观察结果，阴性对照检测试剂管呈淡橙色，阳性对照检测试剂管呈荧光绿色，待测样品反应管以此作为对照进行判定，若阴、阳对照反应管任一结果与上述情况不符，则本次检测结果无效，应重新检测。

【注意事项】

1. 检测空间应严格分区操作，在空间条件允许情况下，试剂配置区用于配置反应所需要的所有试剂；样品前处理区用于待测样品的核酸提取和模板的加入；扩增观察区用于

反应进行和结果判定。各区内空间独立，实验用品专用，避免交叉污染。另外，样品处理区建议配备超净工作台，并且所有步骤严格按照说明书的要求进行。

2. 检测过程中建议穿洁净工作服，戴一次性手套，使用的枪头需提前灭菌。

四、任务总结与评价

（一）检测方案制定及准备

通过相关知识学习，小组完成检测方案制定（见表 5-12），并依据方案完成工作准备。

表 5-12　检测方案

<table>
<tr><td>组长</td><td colspan="2"></td><td>组员</td><td></td></tr>
<tr><td>学习项目</td><td colspan="2"></td><td>学习时间</td><td></td></tr>
<tr><td>依据标准</td><td colspan="4"></td></tr>
<tr><td rowspan="3">准备内容</td><td>仪器设备
（规格、数量）</td><td colspan="3"></td></tr>
<tr><td>试剂耗材
（规格、浓度、数量）</td><td colspan="3"></td></tr>
<tr><td>样品</td><td colspan="3"></td></tr>
<tr><td rowspan="5">任务分工</td><td>姓名</td><td colspan="3">具体工作</td></tr>
<tr><td></td><td colspan="3"></td></tr>
<tr><td></td><td colspan="3"></td></tr>
<tr><td></td><td colspan="3"></td></tr>
<tr><td></td><td colspan="3"></td></tr>
<tr><td>具体步骤</td><td colspan="4"></td></tr>
</table>

（二）检查与评价

学生完成本项目的学习，通过学生自评、小组互评来检查自己对本任务学习的掌握情况。指导教师在整个教学过程中，关注每个小组的检测过程及小组成员的操作情况，并对小组成员的动手能力进行评价。学生对所学的各项任务进行抽签决定考核的内容，并将具体的检查与评价填入表 5-13。

表 5-13　金黄色葡萄球菌的快速检测——恒温扩增荧光法任务总结与评价表

项目	评价标准	分值/分	学生自评	小组互评	教师评价
方案制定	查阅资料/标准，确定检测依据	5			
	协同合作制定方案并合理分工	5			
	相互沟通完成方案诊改	5			
准备工作	正确清洗及检查仪器	5			
	合理领取药品	5			
	正确取样	5			
	根据样品的类型选择正确的方法进行试样制备	5			
试样制备与测定	前增菌操作正确	5			
	制备样品增菌液模板 DNA 操作正确	10			
	阴、阳对照复溶操作正确	5			
	干粉试剂复溶操作正确	5			
	加样操作正确	5			
	PCR 仪操作正确	5			
	数据记录正确、完整、整齐	5			
	结果计算正确、规范填写报告	10			
结束工作	废液、废渣处理正确	5			
	仪器、试剂归置妥当，器皿清洗干净	5			
	分工合理、文明操作、按时完成	5			
合计		100			

思考题

1. PCR 仪的作用原理是什么？
2. 制备样品增菌液模板 DNA 的操作原理是什么？

实训任务　食品大肠杆菌 O157：H7 的快速检测——聚合酶链式反应法

一、原理与适用范围

聚合酶链式反应技术是主要用于检测大肠杆菌 O157：H7 的方法，通过对大肠杆菌 O157：H7 的特异性毒力基因，设计相应的引物用于扩增这一段基因，从而获得大量的待测基因确证为大肠杆菌 O157：H7。本方法适用于食品及食物中毒样品中大肠杆菌 O157：H7的检验。

二、任务准备

（一）试剂

改良 EC 肉汤、裂解缓冲液、蛋白酶、溶菌液。

（二）仪器设备

BAX 系统主机及配套仪器、PCR 管、PCR 管架、打印机、均质容器、微量移液器及配套无菌吸管。

三、操作步骤

（一）增菌

样品采集后尽快检验。若不能及时检验，可在 2 ℃～4 ℃保存 18 h。以无菌操作取 25 g（mL)样品加入 225 mL 改良 EC 肉汤中，充分混合均匀，于 36 ℃±1 ℃培养 6～7 h，同时做空白对照。

（二）上机操作

（1）打开加热槽分别至 37 ℃和 95 ℃，并检查 4 ℃冷藏过夜的冷却槽。开机并启动 BAX 系统软件，如果开机自检后系统建议校正，则按屏幕提示进行校正操作。

（2）创建“rack”文件：根据提示在完整的“rack”文件和“个样”资料中输入识别数据。

（3）溶菌操作：溶菌管做好标记，排列在管架上，每支加入溶菌液 200 μL。增菌后的样品吸取 5 μL 加入对应的溶菌管中，盖上盖子，把管架放在 37 ℃加热槽中加热20 min，然后移入 95 ℃加热槽加热 10 min，最后放在冷却槽上冷却 5 min。

（4）加入循环仪/检测仪：从菜单中选择“RUN FULL PROCESS”，加热到加热槽 90 ℃，盖子 100 ℃。

（5）溶菌产物转移：将 PCR 管架放到专用冷却槽上，然后放入 PCR 管，将溶菌后样品各吸取 50 μL 转入对应的 PCR 管。

（6）扩增和检测：按“PCR Wizard”的屏幕提示，将 PCR 管放入 PCR 仪/检测仪中开始扩增。全过程大约为 3. 5 h。检测完成后，按提示取出样品，并自动显示结果。

（三）结果报告

绿色“-”表示结果阴性，红色“+”表示结果阳性，黄色“?”表示结果不确定，黄色“?”带斜线表示结果错误。

【注意事项】

冷却槽从冰箱取出后需在 30 min 内用完。

四、任务总结与评价

（一）检测方案制定及准备

通过相关知识学习，小组完成检测方案制定（见表5-14），并依据方案完成工作准备。

表5-14 检测方案

<table>
<tr><td>组长</td><td colspan="2"></td><td>组员</td><td></td></tr>
<tr><td>学习项目</td><td colspan="2"></td><td>学习时间</td><td></td></tr>
<tr><td>依据标准</td><td colspan="4"></td></tr>
<tr><td rowspan="3">准备内容</td><td>仪器设备
（规格、数量）</td><td colspan="3"></td></tr>
<tr><td>试剂耗材
（规格、浓度、数量）</td><td colspan="3"></td></tr>
<tr><td>样品</td><td colspan="3"></td></tr>
<tr><td rowspan="5">任务分工</td><td>姓名</td><td colspan="3">具体工作</td></tr>
<tr><td></td><td colspan="3"></td></tr>
<tr><td></td><td colspan="3"></td></tr>
<tr><td></td><td colspan="3"></td></tr>
<tr><td></td><td colspan="3"></td></tr>
<tr><td>具体步骤</td><td colspan="4"></td></tr>
</table>

（二）检查与评价

学生完成本项目的学习，通过学生自评、小组互评来检查自己对本任务学习的掌握情况。指导教师在整个教学过程中，关注每个小组的检测过程及小组成员的操作情况，并对小组成员的动手能力进行评价。学生对所学的各项任务进行抽签决定考核的内容，并将具体的检查与评价填入表5-15。

表5-15 食品大肠杆菌O157：H7的快速检测——聚合酶链式反应法任务总结与评价表

项目	评价标准	分值/分	学生自评	小组互评	教师评价
方案制定	查阅资料/标准，确定检测依据	5			
	协同合作制定方案并合理分工	5			
	相互沟通完成方案诊改	5			

续表

项目	评价标准	分值/分	学生自评	小组互评	教师评价
准备工作	正确清洗及检查仪器	5			
	合理领取药品	5			
	正确取样	5			
	根据样品的类型选择正确的方法进行试样制备	5			
试样制备与测定	增菌操作正确	5			
	无菌操作正确	10			
	操作程序正确	5			
	操作方法正确	5			
	得到检测结果	5			
	结果判读正确	5			
	数据记录正确、完整、整齐	5			
	结果计算正确、规范填写报告	10			
结束工作	废液、废渣处理正确	5			
	仪器、试剂归置妥当，器皿清洗干净	5			
	分工合理、文明操作、按时完成	5			
合计		100			

知识拓展

1. 食品病原菌检测的生物芯片检测方法

生物芯片技术在食品病原微生物检测中也有应用，现有的PCR扩增法1次只能对1种基因成分进行检测，效率低、周期长，对有多种细菌污染的食品则无从下手。基因芯片具有高通量、能并行检测的优点，仅靠一个试验就能检测出大量的未知菌，所以基因芯片技术在微生物研究领域的成功经验，为其应用于食品微生物特别是致病菌的检测打下了基础。

2. 食品病原菌检测的生物传感器检测方法

由于生物传感器检测方法相对于其他病原菌检测方法来说，属于一种经济、简单、专一性强的技术，所以在现代检测中被认为前景良好。生物传感器主要是将生物、热变化、化学、光效应、质量信号等转化为电信号来检测食品中病原菌的技术。目前已经商品化的传感器有仿生传感器、免疫传感器、酶传感器、DNA杂交传感器、细胞器传感器、微生物传感器、分子印迹传感器等。

《食品安全国家标准 食品微生物学检验 菌落总数测定》GB 4789. 2—2022

3. 食品病原菌检测的流式细胞术FCM检测方法

流式细胞术FCM检测方法，具有速度快、精确度高、计数细胞量大以及参数分析、全面测量细胞和分选细胞等优点。用荧光染料标记细胞表面抗原或内部分子，流式细胞仪通过激光束照射细胞，根据细胞散射的荧光信号进行分析，可对细胞进行自动快速定量分析和分选。由于FCM检测到的荧光光度的强弱与DNA片段的大小成比例，根据荧光浓度的直方图就可知道细菌的DNA指纹图谱，从而确定细菌的种类。

4. 食品病原菌检测的基因探针检测方法

基因探针检测方法是从细菌中提取各自稳定、特异的DNA片段，经克隆提纯，再将此DNA片段标记上可检测的指示剂，如放射性同位素、荧光物质等使之成为特异性的DNA探针。细菌经过处理后固定于另一固相表面，经洗涤加入DNA探针进行杂交，DNA探针可以与同源性的靶DNA进行互补性结合。可依据指示剂不同，选用合适的方法进行检测。

食品的种类繁多，成分复杂，各种食品中都可能存在阻碍快速检测准确性的抑制因素，所以目前，我们在应用时都只能将快速方法作为参考使用，最终确定主要还是依赖传统方法。但是，我们应该相信，未来必定会出现一种能够准确进行食品中病原微生物快速检测的新方法。

思考题

1. 酶联免疫吸附法的检测原理是什么？
2. 食品中大肠杆菌O157：H7的快速检测方法有哪些优缺点？
3. 恒温扩增荧光法检测金黄色葡萄球菌，扩增结束后应怎样判定结果？
4. 食品检验中为什么要测定细菌菌落总数？
5. 为什么大肠杆菌被认为是肠道病原菌污染的指示菌？
6. 灭菌在微生物学操作中有何重要意义？

任务五　食品中生物毒素的快速检测

案例导入

2020年10月5日，黑龙江鸡东县发生一起因家庭聚餐食用酸汤子引发的食物中毒事件，9人食用后全部死亡。起初，大家都认为这起食品安全事件的罪魁祸首是黄曲霉毒素，后经查是由于椰毒假单胞菌的代谢产物米酵菌酸引发的一起中毒事件。酸汤子是用玉米水磨发酵后做成的一种粗面条样的酵米面食品。夏秋季节制作发酵米面制品容易被椰毒假单胞菌污染，该菌能产生致命的米酵菌酸，高温煮沸不能破坏其毒性，中毒后没有特效救治药物，病死率达50%以上。北方的臭碴子、酸汤子、格格豆，南方发酵后制作的汤圆、吊浆粑、河粉等最容易致病。酵米面中毒的主要原因是使用了发霉变质的原料，虽然通过挑选新鲜无霉变原料，勤换水能够减少被致病菌污染的机会，但为保证生命安全，最好的预防措施是不制作、不食用酵米面类食品。

问题启发

生活中常见的生物毒素以及含有这些毒素的食物有哪些？生物毒素的种类有哪些？生物毒素常用的检查方法有哪些？

食品快速检测知识

一、简介

生物毒素又称天然毒素，是指生物来源并不可自我复制的有毒化学物质，包括动物、植物、微生物产生的对其他生物物种有毒害作用的各种化学物质。生物毒素种类繁多，分布广泛，根据来源可分为细菌毒素、真菌毒素、植物毒素、动物毒素和海洋生物毒素。

二、检测意义

人类对生物毒素的最早体验源于自身的食物中毒，随着人类对海洋生物利用程度的加深，海洋三大生物公害：赤潮、西加中毒和麻痹神经性中毒的发生率有日渐增长的趋势；黄曲霉毒素、杂色曲霉毒素等对谷类的污染，玉米、花生作物中的真菌霉素等都已经证明是地区性肝癌、胃癌、食道癌的主要诱导物质；现代研究还发现，自然界中存在与细胞癌变有关的多种具有强促癌作用的毒素，如海免毒素等。生物毒素除以上可导致人类直接中毒的危害以外，还可以造成农业、畜牧业、水产业的损失和环境危害。

生物毒素具有较高的生物毒性，污染了真菌毒素和微藻毒素等的食品，会对大众健康造成极大的危害。在我国“菜篮子”的诸多污染因素中，生物毒素是一类重要的污染物。由生物毒素引起的食源性疾病一直是全球关注的热点。在复杂的国际环境下，具有极高毒性的生物毒素品种还具备被发展成潜在生物武器的可能性，从而威胁到国家公共安全。因此，对食品、环境样品中生物毒素的检测已得到了各国食品安全工作者、化学与生物分析工作者的重点关注。

三、检测方法

生物毒素检测方法包括传统的理化分析法、常规免疫法和生物检测法，这些方法往往处理复杂，检测成本高，不适合现场、高通量检测。随着高效、快捷的检测方法与配套产品的不断开发，质谱技术和新型生物传感器逐渐占据主流，极大地提高了分析的灵敏度、特异性和准确度。由于快速检测法具有现场、快速、低成本等优势，现已成为生物毒素监控实践中应用最广泛的方法。

实训任务　食品中4种真菌毒素含量的快速检测——生物芯片试剂盒法

一、检测依据和原理

《出口食品中化学污染物的快速检测方法 第5部分：4种真菌毒素含量的测定 生物芯片试剂盒法》SN/T 5643. 5—2023

依据国家标准《出口食品中化学污染物的快速检测方法 第5部分：4种真菌毒素含量的测定 生物芯片试剂盒法》SN/T 5643.5—2023。真菌毒素的生物芯片试剂盒采用竞争免疫法检测样品中真菌毒素，试样中目标物经提取后，与芯片上固定的人工抗原阵列点竞争结合被纳米标记的抗体，反应完毕后，加入纳米催化试剂，在芯片表面形成肉眼可见的黑色斑点，先用芯片分析仪检测各斑点灰度值，再用外标法定量。本方法适用于小麦、糙米、玉米、花生、玉米油、花生油、芝麻油等食品中赭曲霉毒素A、玉米赤霉烯酮、脱氧雪腐镰刀菌烯醇和黄曲霉毒素B含量的快速测定。

二、任务准备

（一）仪器

（1）微阵列芯片影像扫描仪：Q-Array 2000，或其他等效产品。

（2）微孔板恒温振荡仪。

（3）微量移液器：20~200 μL、100~1 000 μL和1~5 mL。

（4）涡旋振荡器。

（5）匀浆机。

（6）高速粉碎机。

（7）离心机：转速≥5 000 r/min。

（8）电子天平：感量0.001 g。

（9）具塞聚丙烯离心管：1.5 mL，15 mL。

（10）分样筛：筛孔2.0 mm。

（二）试剂

（1）正己烷。

（2）石油醚。

（3）真菌毒素芯片检测试剂盒。

三、操作步骤

（一）样品准备

1. 液体样品（植物油等）

采样量需大于 1 L，对于袋装、瓶装等包装样品需至少采集 3 个包装（同一批次或批号），在同一容器中混匀后，取 100 g（mL）样品进行检测。

2. 固体样品（谷物及其制品等）

采样量应大于 1 kg，用高速粉碎机将其粉碎、过分样筛，混合均匀后缩分至 100 g，储存于样品袋中，密封保存，供检测用。

（二）样品提取

（1）加样品提取液。

① 油类样品（花生油、玉米油、芝麻油等）：称取样品 1 g（精确到 0.001 g）至 15 mL具塞聚丙烯离心管中，加入正己烷 4 mL（或石油醚）和样品提取液 D 4 mL。

② 高含油样品（花生等）：称取样品 0.5 g（精确到 0.001 g）至 15 mL 具塞聚丙烯离心管中，加入样品提取液 D 2 mL。

③ 粮食、谷物样品：称取均质样品 1 g（精确到 0.001 g）至 15 mL 具塞聚丙烯离心管中，加入样品提取液 D 4 mL。

（2）用涡旋振荡仪振荡 30 min，（含油样品加入正己烷 500 μL（或石油醚）振荡除脂），再用离心机以 5 000 r/min 转速离心 5 min。

（3）取下层水相 100 μL 至具塞聚丙烯 1.5 mL 离心管中，再加入样品稀释液 E 700 μL。

（4）在离心机 5 000 r/min 的转速下离心 5 min；取上层清液 100 μL 用于分析，待测。

（三）样品测定

（1）编号：取出需要数量的芯片微孔条插入框架中，确保其水平稳固，并将样品和标准品对应微孔按序编号。

（2）加样：依次加入 25 μL 待测液 D 和 25 μL 抗体工作液 C 到各自的微孔中。

（3）反应：用盖板膜封板，轻轻振荡混匀，在微孔板恒温振荡仪中，37 ℃、600 r/min振荡反应 15 min。

（4）洗板：小心揭开盖板膜，将孔内液体甩干，加洗涤工作液 F，进行洗板。将微孔架反扣在吸水纸上反复拍打，除去孔内残留的洗涤工作液。

（5）显色。

（6）每孔加入显色液 G 50 μL，在微孔板恒温振荡仪中，37 ℃、600 r/min 避光显色

12 min。显色完成后，每孔继续加入洗涤工作液 F 250 μL，终止显色。随后重复一次。

(7) 分析：待显色后的芯片微孔晾干，将生物芯片放入生物芯片分析仪，获取各阵列点的灰度值，输出结果。

(四) 结果计算

1. 百分比灰度值计算

读取阵列点灰度值，按公式计算每一标准溶液和样品的百分比灰度值（B）：

$$B = B_1/B_0 \times 100\%$$

式中 B——百分比灰度值；

B_1——标准品或样品溶液的平均灰度值；

B_0——0 μg/kg 标准溶液的平均灰度值。

2. 样品中真菌毒素含量计算

以标准品百分比灰度值为纵坐标（%），真菌毒素标准溶液浓度（μg/L）对数为横坐标，绘制标准工作曲线，将样品的百分比灰度值代入拟合的标准曲线方程中，根据标准曲线计算样品所对应的浓度对数后，再转化成真菌毒素的浓度。结果按公式计算：

$$X = C \times f$$

式中 X——样品中真菌毒素的含量，μg/kg；

C——从标准工作曲线上得到的样品中真菌毒素浓度，μg/kg；

f——样品的稀释倍数，为 32 倍。

以上结果用各种生物芯片分析仪的数据处理软件直接进行计算。

若样品百分比灰度值高于标准工作溶液范围，对样品进行稀释后重新测试。所得结果保留 3 位有效数字。

【注意事项】

(1) 由于真菌毒素分布的随机性，抽样的时候要做到多点、随机、均匀，使得每个部位都有相同的概率被取到；

(2) 封板膜只限一次性使用，以免交叉污染；

(3) 未使用的微孔条应放入自封袋密封，保存温度为 2 ℃ ~ 8 ℃，应在有效期内使用；

(4) 撕开盖板膜时，动作要轻柔，洗板时动作要规范，以免仪器交叉污染；

(5) 在使用生物芯片阅读仪之前，必须仔细阅读其操作手册，熟悉设备的使用方法、性能参数、常见故障和维修方法等。只有在充分理解设备的使用方法和注意事项后，才能进行安全和正确地操作；

(6) 在进行生物芯片阅读仪操作时，必须确认试验样品的安全性。如有毒性较强的试验样品或易燃物质等，必须采取相应的防护措施，避免对试验人员造成伤害，如无毒性或毒性较弱也应佩戴个人防护用品，如实验手套和眼镜等。

四、任务总结与评价

（一）检测方案制定及准备

通过相关知识学习，研读标准，小组完成检测方案制定（见表5-16），并依据方案完成工作准备。

表5-16　检测方案

<table>
<tr><td>组长</td><td colspan="2"></td><td>组员</td><td></td></tr>
<tr><td>学习项目</td><td colspan="2"></td><td>学习时间</td><td></td></tr>
<tr><td>依据标准</td><td colspan="4"></td></tr>
<tr><td rowspan="3">准备内容</td><td>仪器设备
（规格、数量）</td><td colspan="3"></td></tr>
<tr><td>试剂耗材
（规格、浓度、数量）</td><td colspan="3"></td></tr>
<tr><td>样品</td><td colspan="3"></td></tr>
<tr><td rowspan="5">任务分工</td><td>姓名</td><td colspan="3">具体工作</td></tr>
<tr><td></td><td colspan="3"></td></tr>
<tr><td></td><td colspan="3"></td></tr>
<tr><td></td><td colspan="3"></td></tr>
<tr><td></td><td colspan="3"></td></tr>
<tr><td>具体步骤</td><td colspan="4"></td></tr>
</table>

（二）检查与评价

食品中4种真菌毒素含量的快速检测——生物芯片试剂盒法任务总结与评价表见表5-17。

表5-17　食品中4种真菌毒素含量的快速检测——生物芯片试剂盒法任务总结与评价表

项目	评价标准	分值/分	学生自评	小组互评	教师评价
方案制定	查阅资料/标准，确定检测依据	5			
	协同合作制定方案并合理分工	5			
	相互沟通完成方案诊改	5			
准备工作	正确清洗及检查仪器	5			
	合理领取药品	5			
	正确取样	5			
	根据样品的类型选择正确的方法进行试样制备	5			

续表

项目	评价标准	分值/分	学生自评	小组互评	教师评价
试样制备与测定	增菌操作正确	5			
	无菌操作正确	10			
	操作程序正确	5			
	操作方法正确	5			
	得到检测结果	5			
	结果判定正确	5			
	数据记录正确、完整、整齐	5			
	结果计算正确、规范填写报告	10			
结束工作	废液、废渣处理正确	5			
	仪器、试剂归置妥当，器皿清洗干净	5			
	分工合理、文明操作、按时完成	5			
合计		100			

拓展任务：肉毒素的快速测定——胶体金免疫法

在我国由肉毒素导致中毒的食品，常见于家庭自制的食物，如臭豆腐、豆豉、豆酱、豆腐渣、腌菜、米糊等。因这些食物蒸煮加热时间短，未能杀灭芽孢，在容器内（20 ℃~30 ℃）发酵多日后，肉毒梭菌及芽孢繁殖产生毒素的条件成熟，如果食用前又未经充分加热处理，进食后容易中毒。另外，动物性食品，如不新鲜的肉类、腊肉、腌肉、风干肉、熟肉、死畜肉、鱼类、鱼肉罐头、香肠、动物油、蛋类等亦可引起肉毒素食物中毒。肉毒素毒性非常强，其毒性比氰化钾强 1 万倍，属剧毒。肉毒素对人的致死量为 0.1~1.0 pg。根据毒素抗原性不同可将其分为 8 个型，分别为 A、B、C1、C2、D、E、F、G。引起人类疾病的以 A、B 常见。我国报道的毒素型别有 A、B、E 3 种。据统计，我国报道的肉毒素食物中毒 A、B 型约占中毒数的 95%、中毒人数的 98.0%。

一、检测原理

采用双抗体夹心法，将抗 A 型肉毒素特异性抗体包被在硝酸纤维素膜上，用于捕捉标本中的 A 型肉毒素，然后用特异性抗体标记的免疫胶体金探针进行检测。检测时，待测样中的肉毒素与试纸条上金标记抗体结合后沿着硝酸纤维素膜移动，并与膜上的抗体结合形成肉眼可见红色带。本方法可用于肉类、豆制品，腌制的菜、酱、蜂蜜、乳及乳制品等 A 型肉毒素的检测。

二、任务准备

试剂材料：生理盐水、肉毒素胶体金免疫检测试剂盒。

三、操作步骤

（一）样品准备

（1）固态食品。称取样品约2 g，充分剪碎，加生理盐水5 mL振荡10 min，使内容物充分析出，自然沉降或3 000 r/min离心5 min，取上层清液作为样品检测液。

（2）液态食品。吸取上层清液0.1 mL，加生理盐水0.4 mL，混匀后作为样品检测液。

（二）样品测定

取试剂一个，撕开外包装，吸取样品检测液，滴加3~4滴（约0.2 mL）于试剂圆孔中，开始计时。

（三）结果计算

2 min后开始观察结果，15 min终止观察。

（四）结果判定

阳性结果：试剂窗口“C”（对照）和“T”（检测）处出现2条红色沉淀线为阳性，即有肉毒素检出；

阴性结果：试剂窗口“C”（对照）处出现1条红色沉淀线为阴性，即无肉毒素检出；

无效：试剂窗口“C”（对照）和“T”（检测）均无红色沉淀线，检测结果无效。

四、任务总结与评价

（一）检测方案制定及准备

通过相关知识学习，小组完成检测方案制定（见表5-18），并依据方案完成工作准备。

表5-18　检测方案

<table>
<tr><td>组长</td><td colspan="2"></td><td>组员</td><td></td></tr>
<tr><td>学习项目</td><td colspan="2"></td><td>学习时间</td><td></td></tr>
<tr><td>依据标准</td><td colspan="4"></td></tr>
<tr><td rowspan="3">准备内容</td><td>仪器设备
（规格、数量）</td><td colspan="3"></td></tr>
<tr><td>试剂耗材
（规格、浓度、数量）</td><td colspan="3"></td></tr>
<tr><td>样品</td><td colspan="3"></td></tr>
</table>

续表

任务分工	姓名	具体工作
具体步骤		

（二）检查与评价

学生完成本项目的学习，通过学生自评、小组互评来检查自己对本任务学习的掌握情况。指导教师在整个教学过程中，关注每个小组的检测过程及小组成员的操作情况，并对小组成员的动手能力进行评价。学生对所学的各项任务进行抽签决定考核的内容，并将具体的检查与评价填入表 5-19。

表 5-19　肉毒素的快速测定——胶体金免疫法任务总结与评价表

项目	评价标准	分值/分	学生自评	小组互评	教师评价
方案制定	查阅资料/标准，确定检测依据	5			
	协同合作制定方案并合理分工	5			
	相互沟通完成方案诊改	5			
准备工作	正确清洗及检查仪器	5			
	合理领取药品	5			
	正确取样	5			
	根据样品类型选择正确的方法进行试样制备	5			
试样制备与提取	正确处理新鲜样品，无污染	5			
	称样准确，天平操作规范	5			
	正确使用移液管或移液枪准确量取溶液	5			
	准确控制水浴温度和时间	5			
检测分析	试剂板使用正确、规范	5			
	规范操作进行样品平行测定	5			
	规范操作进行空白测定	5			
	数据记录正确、完整、整齐	5			
	合理做出判定、规范填写报告	10			

续表

项目	评价标准	分值/分	学生自评	小组互评	教师评价
结束工作	废液、废渣处理正确	5			
	仪器、试剂归置妥当，器皿清洗干净	5			
	分工合理、文明操作、按时完成	5			
合计		100			

任务六　食品中重金属污染的快速检测

案例导入

据统计，我国每年有 1 200 万吨粮食受土壤重金属污染，经济损失达 200 亿元人民币。当重金属被摄入人体时，轻则造成头晕、乏力、腹胀、贫血等症状，重则导致神经性疾病、脏器受损，甚至丧失劳动能力。为防止人们食用受重金属污染严重的粮食，我国特出台国家标准《食品安全国家标准 食品中污染物限量》GB 2762—2022，其中分别规定了铅、镉、汞、砷、锡、镍及铬 7 种重金属污染物的限量标准。

问题启发

食品中常见的重金属污染有哪些？人体长期食用这类含有重金属污染的食物对健康有什么影响？食品中重金属污染的快速检测方法有哪些？

食品快速检测知识

一、简介

重金属是指密度大于 5.0 g/cm^3 的金属元素，包括铁、锰、铜、锌、镉、铅、汞、铬、镍、钼、钴等，其中铅、汞、镉、钡、铬、锑等能够构成严重的重金属污染。砷是一种准金属元素，虽属非金属，但由于其化学性质和环境行为与重金属相似，通常也归入重金属的研究范围。水污染、土壤污染、大气污染等环境污染会对种植业、养殖业的农副产品造成重金属污染。重金属随废水排出时，即使浓度很小也可能造成很大的危害，还能在土壤中积累并且无法被微生物降解，是一种永久性的污染物。重金属在人体中具有蓄积性，随着在人体内蓄积量的增加，机体会出现各种中毒反应，如致癌、致畸，甚至致人死亡，所以必须严格控制其在食品中的含量。

二、检测意义

近几年，快速发展的社会经济，促使了自然界中重金属的开发，这导致重金属元素扩散到自然环境中，严重超出重金属在自然界中的安全标准。重金属污染指自然环境中重金属含量突破标准范围，对人类健康造成危害的情况。现阶段，重金属污染超标现象频繁出现在国内食品中，已严重威胁了相关食用人群的健康。因此，我国有必要加大重金属检测力度，高度重视此项工作。

三、检测方法

重金属的传统实验室检测方法主要还是集中在原子吸收分光光度法、原子荧光光谱法以及电感耦合等离子体原子发射光谱法等。在某些特殊场合，如在粮食收购现场检测时，要求检测方法满足大通量、时效性以及准确性，此时就需要快速检测技术来提供保障。重金属的快速检测方法主要有X射线荧光光谱法、酶抑制率法以及免疫法等。这些快速检测方法能在保证检测结果的准确性、提高检测效率的同时，减少相关检测人员的工作量，从而保证粮食的质量安全。本节所介绍的X射线荧光光谱法是我国出入境检验检疫行业2023年颁布的新标准，主要是通过样品中重金属元素对于X射线的吸收能力来测定重金属含量。该方法无需传统重金属检测技术中样品预处理程序，可以直接对粉末状样品进行测定，且具有检测范围广、无损检测、检测速率快等优点。

实训任务　食品中砷、镉、汞、铅的快速检测——X射线荧光光谱法

一、检测依据和原理

《出口食品中化学污染物的快速检测方法》第1部分：砷、镉、汞、铅含量的测定　X射线荧光光谱法 SN/T 5643.1—2023

依据国标《出口食品中化学污染物的快速检测方法》第1部分：砷、镉、汞、铅含量的测定 X射线荧光光谱法 SN/T 5 643.1—2023。X射线管产生的原级X射线经滤光或单色化后照射到试样表面，试样中的铅、镉、砷、汞等金属元素被激发，分别产生 Pb：L（10.55 keV）和 Pb：Lp（12.61 keV）、Cd：K（23.11 keV）和 Cd：Kg（26.09 keV）、As：K（10.53 keV）和 As：Kp（11.72 keV）、Hg：L（9.99 keV）和 Hg：Lp（11.82 keV）等谱线。每个元素的特征X射线荧光具有各自的能量或（波长），能量色散探测器收集每个元素的特征X射线荧光，先按照特征X射线荧光的能量进行分离从而定性，再用外标法定量。

二、任务准备

（一）仪器

（1）X射线荧光光谱仪。

（2）移液器：100 μL、1 mL和5 mL。

（3）粉碎机。

（4）压片机：最大压力为 30 MPa，模具直径为 32 mm。

（5）匀浆机。

（6）电子天平：感量为 0.01 g、0.001 g。

（7）分样筛：非金属筛，目数在 30 目以上，粒径≤0.6 mm。

（二）试剂

除另有规定外，本方法所用试剂均为优级纯或以上，水为《分析实验室用水规格和试验方法》GB/T 6682—2008 规定的一级水。

（1）硝酸（HNO_3）。

（2）硼酸（H_3BO_3）：分析纯。

（3）金元素（Au，1 000 μg/mL）：采用经国家认证并授予标准物质证书的单元素标准储备液。

（4）铅、镉、砷、汞元素储备液（1 000 mg/L）：采用经国家认证并授予标准物质证书的单元素或多元素标准储备液。

（三）材料

（1）塑料具塞离心管：15 mL。

（2）塑料容量瓶：100 mL。

（3）聚乙烯样品杯：外直径 31.0 mm×高 23.1 mm。

（4）聚乙烯样品环。

（5）样品膜：麦拉膜。

（6）塑料环：内直径>10 mm。

三、操作步骤

（一）样品准备

根据样品的具体情况，选用标准中样品前处理方法进行样品前处理。

（二）试样制备

（1）准备样品杯：样品杯覆样品膜，套压样品环，剪掉多余样品膜，待放样检测。

（2）制样。

粉末样品压片制样：称取粉末样品 2.5 g（精确至 0.1 g），采用硼酸镶边或塑料压环进行压片，压力大于 10 MPa，保压时间为 60 s，制成试样压片厚度大于 5 mm，待测；

鲜样、半固态样品和液态样品直接制样：称取鲜样、半固态样品和液态样品约 2.5 g（样品杯中约 2/3 处）并将其置于样品杯中，待测。

（三）样品测定

（1）X 射线荧光光谱仪仪器测量条件。

（2）根据不同元素吸收限能量不同，选择合适的测定条件进行测试。各组测量条件中电压固定，通过自动调节管电流将探测器测量时间控制在30%～40%以内，光路介质为空气，每个样品测试时间为600 s。

（3）标准曲线的制作。

（4）将混合标准溶液和汞标准工作溶液分别置于X射线荧光光谱仪中进行测定，以基本参数法（FP）计算值为横坐标，标准值为纵坐标，绘制标准曲线。

（5）试样测试。

将制备好的待测样品放入仪器样品口进行测定，根据标准曲线得到试样中目标元素的含量。

（四）结果计算

样品经X射线荧光光谱仪测定，直接得到待测样品中铅（Pb）、砷（As）、镉（Cd）、汞（Hg）元素的含量 ω_i，单位为毫克每千克（mg/kg），结果保留至小数点后两位。

待测样品中待测元素的含量以质量分数计，按公式计算：

$$\omega_i = A_0 \times \mathrm{RawFP}Ei + A_1$$

式中 ω_i——待测样品中待测元素的含量，mg/kg；

A_0——标准曲线斜率；

RawFPEi——待测样品中某项重金属 Ei 基本参数法计算值，mg/kg；

A_1——标准曲线截距，mg/kg。

【注意事项】

（1）测试样品前，要确保待测样品未被破坏或侵蚀样品膜，导致样品泄漏污染样品池；

（2）待测样品为水基体时，应过滤后进行分析，勿在剧烈振动后立即取样，影响分析精度；待测样品为土基体时，应将样品研磨至80目以上，并放入样品杯压实后，再测试；

（3）卷式样品膜，在取用时，暴露在空气中的部分不要覆在样品杯的表面中间部分；

（4）操作中避免手触碰样品膜表面，否则会造成样品膜的污染；

（5）样品膜要紧绷并平整地覆盖在样品杯上，若有褶皱会造成测试结果偏差；

（6）放入待测样品前，应观察并确认样品杯覆膜边缘无水液渗漏，再将样品杯轻轻放入样品池，

（7）探测器保护窗禁止用硬物触碰，检测过程中，禁止污染探测器保护窗，如不慎将其污染时，应立即更换保护膜。

（8）测试完成后应立即取出样品，避免样品膜破损而污染样品口保护窗。

四、任务总结与评价

（一）检测方案制定及准备

通过相关知识学习，研读标准，小组完成检测方案制定（见表5-20），并依据方案完成工作准备。

表 5-20 检测方案

<table>
<tr><td>组长</td><td colspan="2"></td><td>组员</td><td></td></tr>
<tr><td>学习项目</td><td colspan="2"></td><td>学习时间</td><td></td></tr>
<tr><td>依据标准</td><td colspan="4"></td></tr>
<tr><td rowspan="3">准备内容</td><td>仪器设备
（规格、数量）</td><td colspan="3"></td></tr>
<tr><td>试剂耗材
（规格、浓度、数量）</td><td colspan="3"></td></tr>
<tr><td>样品</td><td colspan="3"></td></tr>
<tr><td rowspan="5">任务分工</td><td>姓名</td><td colspan="3">具体工作</td></tr>
<tr><td></td><td colspan="3"></td></tr>
<tr><td></td><td colspan="3"></td></tr>
<tr><td></td><td colspan="3"></td></tr>
<tr><td></td><td colspan="3"></td></tr>
<tr><td>具体步骤</td><td colspan="4"></td></tr>
</table>

（二）检查与评价

学生完成本项目的学习，通过学生自评、小组互评来检查自己对本任务学习的掌握情况。指导教师在整个教学过程中，关注每个小组的检测过程及小组成员的操作情况，并对小组成员的动手能力进行评价。学生对所学的各项任务进行抽签决定考核的内容，并将具体的检查与评价填入表 5-21。

表 5-21 食品中砷、镉、汞、铅的快速检测——X 射线荧光光谱法任务总结与评价表

项目	评价标准	分值/分	学生自评	小组互评	教师评价
方案制定	查阅资料/标准，确定检测依据	5			
	协同合作制定方案并合理分工	5			
	相互沟通完成方案诊改	5			
准备工作	正确清洗及检查仪器	5			
	合理领取药品	5			
	正确取样	5			
	根据样品类型选择正确的方法进行试样制备	5			

续表

项目	评价标准	分值/分	学生自评	小组互评	教师评价
试样制备与提取	正确处理新鲜样品，无污染	5			
	称样准确，天平操作规范	5			
	正确使用移液管或移液枪准确量取溶液	5			
	准确控制水浴温度和时间	5			
检测分析	试剂板使用正确、规范	5			
	规范操作进行样品平行测定	5			
	规范操作进行空白测定	5			
	数据记录正确、完整、整齐	5			
	合理做出判定、规范填写报告	10			
结束工作	废液、废渣处理正确	5			
	仪器、试剂归置妥当，器皿清洗干净	5			
	分工合理、文明操作、按时完成	5			
合计		100			

思考题

1. 简述常见的重金属污染的种类及其来源。
2. 简述X射线荧光光谱法检测重金属的基本原理和优点。

项目六　粮食及其制品快速检测技术

学习目标

1. 掌握粮食类制品掺伪的鉴别和快速检测的主要方法，包括速测卡法、化学显色法、荧光定量分析法等；
2. 了解粮食类制品掺伪的鉴别和快速检测技术的原理和应用；
3. 理解粮食类制品掺伪的鉴别和快速检测技术的意义，增强食品卫生安全意识。

能力目标

1. 能运用食品快速检测技术进行粮食类制品掺伪的鉴别和快速检测操作；
2. 能按要求准确完成粮食类制品掺伪的鉴别和快速检测的记录；
3. 能按要求格式编写粮食类制品快速检测报告。

专业目标

1. 增强学生食品安全意识并培养其严谨细致的工作态度；
2. 增强学生团队意识并培养学生的协作沟通能力。

民以食为天，食以安为先。作为日常生活中重要的主食和副食，粮油的安全尤为重要。近年来，时有镉大米、掺假米、地沟油的报道惶恐人心。如何利用快速检测技术，迅速检测粮油及其制品中的黄曲霉毒素、吊白块、溴酸钾含量以及检测它们的新鲜度、掺伪等情况意义重大。

任务一　米及米制品新鲜度快速检测

案例导入

大米在人们日常生活中占有重要地位，一些不法厂商利用各种非法手段，将更新粮食储备替换下来的陈化粮、超过储存期限或因保管不善造成霉变的大米，添加在新鲜大米中出售，甚至采用液体石蜡、矿物油进行加工后冒充新鲜大米出售，严重危害人民群众的身心健康。做好大米新鲜度的检测监管，保证人民群众的食品安全，确保身心健康，是广大食品快速检测人员的重要任务之一。假设你是一位食品检验员，需对一批送检大米进行新鲜度检测，并判断其是否是陈化粮。

问题启发

掺假米及其制品会存在哪些隐患？消费者食用存在安全隐患的米及其制品会受到哪些伤害？米及米制品新鲜度的快速检测方法有哪些？在测定米及米制品新鲜度的过程中需要注意哪些问题？

食品快速检测知识

一、简介

大米是稻谷经清理、砻谷、碾米、成品整理等工序后制成的成品。大米按籽粒形状分为粳米、籼米；按黏度分为糯米和一般大米；按颜色分为黑米、紫米、白大米；按等级分为一级、二级；按种植等条件分为有机、绿色、无公害；按产地分为东北、南方，盘锦、五常、原阳；按香度分为香米和非香米；按种植时间分早粳米、晚粳米，早籼米、晚籼米。

二、检测的意义

大米是人类赖以生存的食物，但是大米或稻谷在长期储存过程中，由于籽粒本身新陈代谢、各种酶的作用、微生物和仓储害虫侵害等原因，其化学组成和挥发物组分会不断发生变化，表现为失去原有的色、香、味，营养成分和食用品质下降，甚至产生有毒有害物质。新鲜度是样品与新鲜粮食相比较，观察其陈化程度的一个尺度，它能科学地反映样品的收获年限以及在储存期间品质劣变的程度。储存过程中大米品质变化不可逆转，因此，通过大米新鲜度的测定可以有效地检测大米的质量，判断其保存状态，保证消费者获得更加新鲜、安全的大米。

三、检测的方法

（一）方法一：感官检测

感官鉴别大米等谷类质量的优劣时，一般依据色泽、外观、气味、滋味等项目进行综合评价。眼睛观察可感知大米颗粒的饱满程度，是否完整均匀，质地的紧密与疏松程度，以及其本身固有的正常色泽，并且可以看到有无霉变、虫蛀、杂质、结块等异常现象，鼻嗅和口尝则能够体会到大米的气味和滋味是否正常，有无异臭异味。其中，注重观察其外观与色泽对大米的感官鉴别有着尤为重要的意义。

（1）色泽鉴别。

进行大米色泽鉴别时，应将样品在黑纸上撒一薄层，仔细观察其外观并注意有无虫蛀及杂质。

优质大米：呈青白色或精白色，具有光泽，呈半透明状。

次质大米：呈白色或微淡黄色，透明度差或不透明。

劣质大米：霉变的米粒色泽差，表面呈绿色、黄色、灰黑色或黑色等。

（2）外观鉴别。

优质大米：大小均匀，坚实丰满，粒面光滑、完整，很少有碎米、爆腰（米粒上有裂纹）、腹白（米粒上乳白色不透明的部分叫腹白，是由于稻谷未成熟，淀粉排列疏松，糊精较多而缺乏蛋白造成的。），无虫，不含杂质。

次质大米：米粒大小不均，饱满程度差，碎米较多，有爆腰和腹白，粒面发毛、生虫、有杂质。带壳粒含量超过 20 粒/kg。

劣质大米：有结块、发霉现象，表面可见霉菌丝，组织疏松。

(3) 气味鉴别。

进行大米气味的感官鉴别时，可取少量样品于手掌上，用嘴向其中哈一口热气，然后立即嗅其气味。

优质大米：具有正常的气味，无其他异味。

次质大米：微有异味。

劣质大米：有霉味、酸臭味、腐败味及其他异味。

(4) 滋味鉴别。

进行大米滋味的感官鉴别时，可取少量样品细嚼，或将其磨碎后再品尝。遇有可疑情况时，可将样品加水煮沸后再品尝。

优质大米：味佳，微甜，无任何异味。

次质大米：乏味或微有异味。

劣质大米：有酸味、苦味及其他不良滋味。

(二) 方法二：理化检测

大米随着储存时间的增长，其中的脂肪被氧化生成脂肪酸，从而使其酸度增加，pH值随之下降。目前，评定大米陈化的技术标准尚未出台，报批稿规定脂肪酸值>37%为陈化，新米的 pH 值为 6.5~6.8，而陈米的 pH 值为 5.8~6.8。37%相当于滴瓶标签色卡上“三年及三年以上米”的最后一个色阶，新鲜大米样品液颜色由红色转为绿色，陈化米样品液颜色由红色转为黄色甚至橙色。此法适用于米、米粉等米制品新鲜度的快速检测。

实训任务　大米新鲜度及新陈率的快速检测——理化检测

一、方法适用范围

大米新鲜度速测

适用于米、米粉等米制品新陈度的快速检测，技术指标为定性检测。

二、任务准备

(一) 试剂与仪器

除非另有规定，检测过程用水均为国家标准《分析实验实用的规格和试验方法》GB/T 6682—2008 规定的二级水，大米新鲜度快速检测试剂盒、1.5 mL 比色管、分析天平、药勺和小烧杯等。

(二) 样品前处理

大米原样处理即可。

三、操作步骤

（一）试纸法

（1）取一小勺大米（20 粒左右）于一张白纸上。

（2）在大米上方按试剂盒说明书要求加入“大米新鲜度测试液”，1 min 后观察大米颜色变化。

（二）试管法

（1）先将一定数量的大米放入比色管中。

（2）再加入一定量的“大米新鲜度测试液”，充分振摇 1 min 后观察大米颜色变化。

（3）判定标准。

新鲜大米为绿色，越新鲜颜色越绿；陈米为黄色至橙色，越不新鲜颜色越偏向于橙色。可对照标准色板进行判定。

【注意事项】

（1）试剂瓶底有沉淀，使用前需摇匀。

（2）10 min 内要完成结果定断，不能放置时间太长，否则可能影响结果定断的准确性。

（3）每次检测完毕后，塑料刻度吸管、管制瓶应清洗干净，晾干备用。

（4）新鲜度与储存条件有关，本检测结果表示正常储存条件下大米和米制品的新鲜度。本法为现场快速检测，精确定量需在实验室中进行。

（5）本试剂无毒，如有皮肤接触，冲洗干净即可。

四、任务总结与评价

（一）检测方案制定与准备

通过相关知识学习，解读试剂盒说明，小组完成检测方案制定，并依据方案完成工作准备、实施和结果判定（见表 6–1）。

表 6–1　检测方案

<table>
<tr><td>组长</td><td colspan="2"></td><td>组员</td><td></td></tr>
<tr><td>学习项目</td><td colspan="2"></td><td>学习时间</td><td></td></tr>
<tr><td>依据标准</td><td colspan="4"></td></tr>
<tr><td rowspan="3">准备内容</td><td>仪器设备
（规格、数量）</td><td colspan="3"></td></tr>
<tr><td>试剂耗材
（规格、浓度、数量）</td><td colspan="3"></td></tr>
<tr><td>样品</td><td colspan="3"></td></tr>
</table>

续表

任务分工	姓名	具体工作
具体步骤		

(二)检查与评价

学生完成本项目的学习，通过学生自评、小组互评来检查自己对本任务学习的掌握情况。指导教师在整个教学过程中，关注每个小组的检测过程及小组成员的操作情况，并对小组成员的动手能力进行评价。学生对所学的各项任务进行抽签决定考核的内容，并将具体的检查与评价填入表 6–2。

表 6–2 大米新鲜度检测任务总结与评价表

项目	评价标准	分值/分	学生自评	小组互评	教师评价
方案制定	查阅资料/标准，确定检测依据	5			
	协同合作制定方案并合理分工	5			
	相互沟通完成方案诊改	5			
准备工作	正确清洗及检查仪器	5			
	合理领取药品	5			
	正确取样	5			
	根据样品类型选择正确的方法进行试样制备	5			
试样制备与提取	正确处理新鲜样品，无污染	5			
	称样准确，天平操作规范	5			
	正确使用移液管或移液枪准确量取溶液	5			
	准确控制水浴温度和时间	5			
检测分析	试剂板使用正确、规范	5			
	规范操作进行样品平行测定	5			
	规范操作进行空白测定	5			
	数据记录正确、完整、整齐	5			
	合理做出判定、规范填写报告	10			

续表

项目	评价标准	分值/分	学生自评	小组互评	教师评价
结束工作	废液、废渣处理正确	5			
	仪器、试剂归置妥当，器皿清洗干净	5			
	分工合理、文明操作、按时完成	5			
合计		100			

任务二　大米中石蜡、矿物油的快速检测

案例导入

陈化米的表面色泽暗淡，加入石蜡、液体石蜡或其他矿物油混合后可使表面光滑亮丽，却掩盖了陈化米中可能存在的霉菌毒素。液体石蜡来源于石油分馏的产物，对人体的肠胃有刺激作用，食用后会导致腹部不适、腹泻，偶有恶心呕吐，甚至有致畸、致癌的危险。一些不法商贩为了牟取暴利，利用液体石蜡对原来色泽灰暗，甚至有霉点的大米进行“加工”，使陈米变得晶莹透亮，从而冒充新米在市场上销售，严重损害了消费者的经济利益和身体健康。

问题启发

为了掩盖大米为陈化粮，不法企业可能会实施哪些违法加工操作？大米中石蜡、矿物油的快速检测方法有哪些？在大米中石蜡、矿物油测定过程中需要注意哪些问题？

食品快速检测知识

一、简介

石蜡源于石油分离的产物，属于较高级的直链烷烃，而大米中油脂系高级脂肪酸的甘油酯，在加入速测试剂后，大米中的油脂被皂化后溶于水，而石蜡不会被皂化，呈现浑浊或有油状物析出。

二、检测意义

石蜡或液体石蜡源于石油分馏产物，属矿物油类。纯度较高的石蜡产品可用于医药和化妆品中，低级产品中所含杂质较高，如果掺入食品，对人体有害。

三、检测方法

大米中石蜡、矿物油的快速检测常规方法有物理法和试剂盒法。

实训任务　大米中石蜡、矿物油的快速检测——试剂盒法

一、方法适用范围

适用于陈化米中加入液体石蜡的快速检测。

二、任务准备

（一）试剂与仪器

除非另有规定，检测过程用水均为国家标准《分析实验室用水规格和试验方法》GB/T 6682—2008 规定的二级水，大米中石蜡、矿物油的快速检测试剂盒、10 mL 比色管、分析天平、药勺和小烧杯等。

（二）样品处理

大米原样处理即可。

三、操作步骤

（1）称取大米 1 g 加入 10 mL 比色管中，加入 5 滴指示剂 A 和指示剂 B 5 mL。
（2）比色管不加盖，于 80 ℃左右的水浴中加热，约 10 min。
（3）取出比色管，加入纯净水或蒸馏水 5 mL，不用摇动。
（4）静置观察。
（5）判定结果。
发现有白色浑浊现象时为阳性，证明陈化米中含有石蜡或矿物油，反之为阴性。

四、任务总结与评价

（一）检测方案制定与准备

通过相关知识学习，解读试剂盒说明，小组完成检测方案制定，并依据方案完成工作准备、实施和结果判定（见表 6-3）。

表 6-3　检测方案

组长		组员	
学习项目		学习时间	
依据标准			
准备内容	仪器设备 （规格、数量）		
	试剂耗材 （规格、浓度、数量）		
	样品		
任务分工	姓名	具体工作	
具体步骤			

（二）检查与评价

学生完成本项目的学习，通过学生自评、小组互评来检查自己对本任务学习的掌握情况。指导教师在整个教学过程中，关注每个小组的检测过程及小组成员的操作情况，并对小组成员的动手能力进行评价。学生对所学的各项任务进行抽签决定考核的内容，并将具体的检查与评价填入表 6-4。

表 6-4　大米中石蜡、矿物油的快速检测——试剂盒法任务总结与评价表

项目	评价标准	分值/分	学生自评	小组互评	教师评价
方案制定	查阅资料/标准，确定检测依据	5			
	协同合作制定方案并合理分工	5			
	相互沟通完成方案诊改	5			
准备工作	正确清洗及检查仪器	5			
	合理领取药品	5			
	正确取样	5			
	根据样品类型选择正确的方法进行试样制备	5			

续表

项目	评价标准	分值/分	学生自评	小组互评	教师评价
试样制备与提取	正确处理新鲜样品，无污染	5			
	称样准确，天平操作规范	5			
	正确使用移液管或移液枪准确量取溶液	5			
	准确控制水浴温度和时间	5			
检测分析	比色管使用正确、规范	5			
	规范操作进行样品平行测定	5			
	规范操作进行空白测定	5			
	数据记录正确、完整、整齐	5			
	合理做出判定、规范填写报告	10			
结束工作	废液、废渣处理正确	5			
	仪器、试剂归置妥当，器皿清洗干净	5			
	分工合理、文明操作、按时完成	5			
合计		100			

任务三　面粉中吊白块的快速检测

案例导入

白度是面粉及其制品色泽的重要指标，面粉加工精度越高颜色越白。面粉中含有类胡萝卜素等物质，故正常多呈乳白色或乳黄色，达到消费者心目中的“雪花白”是有一定难度的。长期以来，在面粉加工过程中一般都会添加一种叫作“过氧化苯甲酰”的面粉增白剂，以增加面粉的白度，并延长保质期。

问题启发

为了增加面粉白度，延长其保质期，不法企业可能会实施哪些违法加工操作？面粉中增白剂的快速检测方法有哪些？在面粉增白剂的测定过程中需要注意哪些问题？

食品快速检测知识

一、简介

在面粉生产中，为了使面粉颜色更白，降低成本，一些不法企业在面粉生产中添加

“吊白块”。吊白块又称雕白块，是工业漂白剂甲醛次硫酸氢钠的俗称，主要用于印染工业。虽然吊白块有增白作用，但由于其对人体健康的危害，我国禁止在食品中添加吊白块。

二、检测意义

为迎合消费者对白度的偏爱，一些不法企业在面粉中过量添加增白剂，或以假乱真、以次充好，非法加入吊白块、滑石粉、石膏粉等，这样做白度是提高了，蒸出的馒头、包子的确很白，但带给消费者的却是健康隐患。

三、检测方法

吊白块速测盒在检测时不再需要配制试剂，速测盒试剂与吊白块反应，可以马上生成紫红色物质，肉眼即可直接观察，反应专一性强，可以快速、准确地判定食品中有没有加入吊白块，便于有关部门和单位对吊白块的使用进行监督和检测，特别是满足基层和现场检测的需要。吊白块速测盒的工作原理是吊白块在酸性条件下（盐酸氯化钠溶液）释放出甲醛与二硝基苯肼反应生成紫红色二硝基苯腙。

实训任务　面粉中吊白块的快速检测——试剂盒法

一、方法适用范围

适用于腐竹、馒头、米、面、豆制品、白糖和榨菜等食品的快速检测。

二、任务准备

除非另有规定，检测过程用水均为国家标准《分析实验室用水规格和试验方法》GB/T 6682—2008 规定的二级水，吊白块快速检测试剂盒、10 mL 比色管、分析天平、药勺和小烧杯等。

三、操作步骤

（1）取面粉 2 g 于样品杯中，加纯净水或蒸馏水至 20 mL 刻度处，浸泡 10 min，期间搅拌数次，待测。

（2）取待测液 1 mL 于离心管中，依次加入检测液 A 3 滴，检测液 B 3 滴。

（3）盖上盖子后摇匀，反应 5 min 后加入检测液 C 1 滴，盖上盖子后摇匀，反应 5 min，观察颜色变化。溶液出现明显的紫红色，说明样品中含有吊白块，且颜色越深表示吊白块浓度越高，对照标准比色板可进行半定量判定。

四、任务总结与评价

（一）检测方案制定与准备

通过相关知识学习，解读试剂盒说明，小组完成检测方案制定，并依据方案完成工作准备、实施和结果判定（见表 6-5）。

表 6-5　检测方案

<table>
<tr><td>组长</td><td colspan="2"></td><td>组员</td><td></td></tr>
<tr><td>学习项目</td><td colspan="2"></td><td>学习时间</td><td></td></tr>
<tr><td>依据标准</td><td colspan="4"></td></tr>
<tr><td rowspan="3">准备内容</td><td>仪器设备
（规格、数量）</td><td colspan="3"></td></tr>
<tr><td>试剂耗材
（规格、浓度、数量）</td><td colspan="3"></td></tr>
<tr><td>样品</td><td colspan="3"></td></tr>
<tr><td rowspan="5">任务分工</td><td>姓名</td><td colspan="3">具体工作</td></tr>
<tr><td></td><td colspan="3"></td></tr>
<tr><td></td><td colspan="3"></td></tr>
<tr><td></td><td colspan="3"></td></tr>
<tr><td></td><td colspan="3"></td></tr>
<tr><td>具体步骤</td><td colspan="4"></td></tr>
</table>

（二）检查与评价

学生完成本项目的学习，通过学生自评、小组互评来检查自己对本任务学习的掌握情况。指导教师在整个教学过程中，关注每个小组的检测过程及小组成员的操作情况，并对小组成员的动手能力进行评价。学生对所学的各项任务进行抽签决定考核的内容，并将具体的检查与评价填入表 6-6。

表 6-6　面粉中吊白块的快速检测——试剂盒法任务总结与评价表

项目	评价标准	分值/分	学生自评	小组互评	教师评价
方案制定	查阅资料/标准，确定检测依据	5			
	协同合作制定方案并合理分工	5			
	相互沟通完成方案诊改	5			
准备工作	正确清洗及检查仪器	5			
	合理领取药品	5			
	正确取样	5			
	根据样品类型选择正确的方法进行试样制备	5			
试样制备与提取	正确处理新鲜样品，无污染	5			
	称样准确，天平操作规范	5			
	正确使用移液管或移液枪准确量取溶液	5			
	准确控制水浴温度和时间	5			
检测分析	比色卡使用正确、规范	5			
	规范操作进行样品平行测定	5			
	规范操作进行空白测定	5			
	数据记录正确、完整、整齐	5			
	合理做出判定、规范填写报告	10			
结束工作	废液、废渣处理正确	5			
	仪器、试剂归置妥当，器皿清洗干净	5			
	分工合理、文明操作、按时完成	5			
合计		100			

任务四　面粉中溴酸钾的快速检测

案例导入

长期以来，溴酸钾一直是面粉添加剂家族的重要成员，对面粉具有特殊、高效的改良效果。但其致癌性已被广泛证实：溴酸钾会引起慢性中毒，引发多种疾病。短期过量食用溴酸钾，会使人产生恶心、头晕、神经衰弱等中毒症状，给人体带来的危害显而易见。2005 年，我国全面禁用溴酸钾。

问题启发

不法企业为何会在面粉中加入溴酸钾，是为了改良面粉的哪些品质？面粉中溴酸钾的快速检测方法有哪些？在面粉中溴酸钾的测定过程中需要注意哪些问题？

食品快速检测知识

一、简介

溴酸钾具有毒性，使用少量即可引起呕吐和肾脏的损伤，加热至370 ℃分解为溴化钾和氧气，油炸或烘焙的温度条件下不能保证溴酸钾完全分解生成无毒的溴化钾，残留的溴酸钾会引起食物中毒。

二、检测意义

溴酸钾作为强筋剂加入面粉中，目的是增强面筋的弹性和韧性，改善面团流变学特性和机械加工性能，使面包有一定的含水量、比容以及均匀的孔结构而达到松软可口的目的。但近年的安全性研究发现，溴酸钾具有一定的毒性和致癌作用。所以要杜绝溴酸钾在面粉中的应用。

三、检测方法

面粉中溴酸钾与检测试剂反应，生成黄色至蓝紫色物质，颜色越深表明溴酸钾含量越高，因此可由颜色深浅来判断面粉中溴酸钾含量。

实训任务　面粉中溴酸钾的快速检测——试剂盒法

一、方法适用范围

适用于面粉、小麦粉等样品的检测。

二、任务准备

（一）试剂与仪器

除非另有规定，检测过程用水均为国家标准《分析实验用水规格和试验方法》GB/T 6682—2008 规定的二级水，溴酸钾快速检测试剂盒、10 mL 比色管、分析天平、药勺和小烧杯等。

（二）样品前处理

面粉原样处理即可。

三、操作步骤

（1）分别称取样品 0.5 g 于离心管中，加入蒸馏水 3.5 mL，摇匀后静置浸泡5 min。

（2）分别取上层清液 1 mL 加入离心管中，加入检测试剂 A 2 滴，摇匀后加入检测试剂 B 2 滴，摇匀。

（3）静置 5 min 后，观察颜色并与标准比色卡对照。

（4）将显色管与面粉中溴酸钾快速检测色阶卡进行比较，即可检出被测样品溴酸钾的含量。

（5）根据所测结果，判断样品中是否含有溴酸钾。

四、任务总结与评价

（一）检测方案制定与准备

通过相关知识学习，解读试剂盒说明，小组完成检测方案制定，并依据方案完成工作准备、实施和结果判定（见表 6-7）。

表 6-7　检测方案

<table>
<tr><td>组长</td><td colspan="2"></td><td>组员</td><td></td></tr>
<tr><td>学习项目</td><td colspan="2"></td><td>学习时间</td><td></td></tr>
<tr><td>依据标准</td><td colspan="4"></td></tr>
<tr><td rowspan="3">准备内容</td><td>仪器设备
（规格、数量）</td><td colspan="3"></td></tr>
<tr><td>试剂耗材
（规格、浓度、数量）</td><td colspan="3"></td></tr>
<tr><td>样品</td><td colspan="3"></td></tr>
<tr><td rowspan="5">任务分工</td><td>姓名</td><td colspan="3">具体工作</td></tr>
<tr><td></td><td colspan="3"></td></tr>
<tr><td></td><td colspan="3"></td></tr>
<tr><td></td><td colspan="3"></td></tr>
<tr><td></td><td colspan="3"></td></tr>
<tr><td>具体步骤</td><td colspan="4"></td></tr>
</table>

（二）检查与评价

学生完成本项目的学习，通过学生自评、小组互评来检查自己对本任务学习的掌握情况。指导教师在整个教学过程中，关注每个小组的检测过程及小组成员的操作情况，并对小组成员的动手能力进行评价。学生对所学的各项任务进行抽签决定考核的内容，并将具体的检查与评价填入表 6-8。

表 6-8　面粉中溴酸钾的快速检测——试剂盒法任务总结与评价表

项目	评价标准	分值/分	学生自评	小组互评	教师评价
方案制定	查阅资料/标准，确定检测依据	5			
	协同合作制定方案并合理分工	5			
	相互沟通完成方案诊改	5			
准备工作	正确清洗及检查仪器	5			
	合理领取药品	5			
	正确取样	5			
	根据样品类型选择正确的方法进行试样制备	5			
试样制备与提取	正确处理新鲜样品，无污染	5			
	称样准确，天平操作规范	5			
	正确使用移液管或移液枪准确量取溶液	5			
	准确控制水浴温度和时间	5			
检测分析	比色卡使用正确、规范	5			
	规范操作进行样品平行测定	5			
	规范操作进行空白测定	5			
	数据记录正确、完整、整齐	5			
	合理做出判定、规范填写报告	10			
结束工作	废液、废渣处理正确	5			
	仪器、试剂归置妥当，器皿清洗干净	5			
	分工合理、文明操作、按时完成	5			
合计		100			

项目七　食用油脂快速检测技术

学习目标

1. 掌握食用油脂中酸价、过氧化值快速检测方法；

2. 掌握食用油中掺入非食用油的快速检测方法和食用油中黄曲霉毒素 B_1 的快速检测方法；

3. 了解常见食用油脂类产品快速检测方法的应用范围和原理。

能力目标

1. 掌握食用油脂的快速检测技术；

2. 理解食用油脂快速检测技术的检测原理；

3. 能准确记录检测数据，分析、处理与判定检测结果。

《食品安全国家标准 植物油》
GB 2716—2018

专业目标

1. 立足本职，爱岗敬业，树立为人民健康严把质量关的情怀和责任感；

2. 拓宽学生视野，培养学生的独立思辨能力。

油脂是一类天然有机化合物，根据《油脂化学》（毕艳兰，2023）一书所述，概念上油脂习惯被定义为脂肪酸甘油三酯的混合物。对于一般油脂来说，其成分有98%左右为甘油三酯（triacylglycerols）；此外，还含有极少量的其他成分（如油脂伴随物）及非甘油三酯，如单甘酯和甘油二酯等，这就导致对油脂含义的理解存在差异。英文文献中常用“油脂”“脂肪”和“脂质（类脂）”来命名，但三者含义不同，其英文分别为 oil，fat 和 lipid。中文习惯用“油脂”这一说法。

国际食品法典委员会（CAC）曾对“食用油脂”有过较为全面的定义：食用油脂是指主要由脂肪酸甘油三酯构成的食品，它们来源于植物、动物或海洋生物，可含有少量其他脂质，如部分甘油酯或磷脂、不皂化物成分和天然存在于油脂中的游离脂肪酸，其物理或化学改性过程包括分提、酯交换和加氢（国际食物法典委员会标准 *Standard for Fat Spreads and Blencled Spreads* CODEX STAN 256—2007）。

食用油脂是居民食物中不可缺少的一部分，具有改善食品色泽及风味等作用，同时也是人体所需脂肪和能量的重要来源，对人体健康发挥着重要作用。食用油消耗量是衡量一个国家城乡居民生活水平的重要标志之一。我国食用油行业起步较晚，在中华人民共和国成立初期，由于生产能力有限、人均收入低等情况，食用油行业发展缓慢，无法满足人民的日常需求。随着经济快速发展和人口快速增长，我国食用油总产量和人均消费量也逐年增长；同时，我国的食用油消费结构也处于快速转型的时期。目前，我国居民食用油的消耗以植物油为主，常见市售食用油有大豆油、菜籽油、花生油、棉籽油、葵花籽油、芝麻油等。

任务一　食用油脂酸价的快速检测

案例导入

2021 年 11 月份，江苏省市场监管局抽检发现，泰州市××区××购物中心销售的标称杭州××有限公司生产的小浣熊油炸方便面（有肉任性烤味）（40 克/袋，小浣熊，2021-03-05），酸价（以脂肪计）不符合食品安全国家标准的规定，检验结果为 3.2 mg/g，标准值为≤1.8 mg/g。

问题启发

食用油脂酸价超过标准以后对人体会产生哪些危害？如何采用快速检测方法检测酸价？

食品快速检测知识

酸价超标是指食品中游离脂肪酸含量过高，超过正常范围。酸价超标的主要原因包括食用油储存不当，如受热、受光或氧化；食用油在加工过程不当，如温度过高、时间过长、使用劣质原料等。此外，食品中水分含量过高，食品保存不当（如受潮、受热等），食品中的某些成分含量会过高（如不饱和脂肪酸），这些因素都可能影响食品的酸价，出现酸价超标的现象。

这种现象在日常生活中并不罕见，其对健康的影响不容忽视。酸价超标会危害人体健康，比如食用酸价超标的食品可能会引起肠胃不适，如恶心、呕吐、腹泻等。严重的酸价超标可能导致贫血，因为酸价超标会影响人体对铁的吸收。此外，酸价超标的食品还可能对肝脏和肾脏造成一定的损害，需要引起警惕。

评价食用植物油是否符合国家卫生标准，常用的理化指标是酸价和过氧化值。国家标准检测方法分别使用酸碱滴定法和氧化还原滴定法。这两种方法需要对滴定液进行标定，因此需要在实验室中完成。采用显色法和试纸比色法不但加快了检测速度，而且解决了现场检测的问题。

实训任务 食用油脂酸价的快速检测——显色法

一、原理与适用范围

《食用植物油酸价、过氧化值的快速检测》KJ 201911

食用植物油经异丙醇溶解后，游离脂肪酸与氢氧化钾碱性溶液反应，每克植物油消耗氢氧化钾的毫克数，即为酸价的数值。

本方法适用于常温下为液态的食用植物油、食用植物调和油和食品煎炸过程中的各种食用植物油酸价的快速测定。

二、任务准备

（一）试剂及材料

（1）除另有规定外，本方法检测过程用水为国家标准《分析实验试用水规格和试验方法》GB/T 6682—2016 规定的二级水。

（2）异丙醇（C_3H_8O）。

（3）氢氧化钾（KOH）。

（4）酚酞（$C_{20}H_{14}O_4$）。

（5）氢氧化钾溶液：称取 0.08 g 氢氧化钾，用水定容到 100 mL，现用现配。

（6）酚酞溶液：称取酚酞 1.0 g，用 95%乙醇定容到 100 mL。

（7）百里酚酞溶液：称取百里酚酞 2.0 g，用 95%乙醇定容到 100 mL。

（二）仪器和设备

（1）移液器：5 mL 和 10 mL。

（2）天平：感量为 0.01 g。

（3）环境条件：温度为 15 ℃~35 ℃，湿度≤80%。

三、操作步骤

（一）试样的提取

称取（精确至 0.01 g）食用植物油试样 1 g，并将其置于锥形瓶中，加入异丙醇 5 mL，振摇使油溶解。

（二）样品的测定

在溶解油样的溶液中加入酚酞溶液 2~3 滴（深色油脂可加入百里酚酞溶液），食用植物油加入氢氧化钾溶液 3.74 mL，煎炸过程中的食用植物油加入氢氧化钾溶液 6.23 mL，振摇，观察颜色变化。

（三）质控试样的测定

每批样品测定应同时进行质控试验。

质控样品：采用典型样品基质或相似样品基质，经参比方法确认为阴性、阳性的质控样品。称取（精确至 0.01 g）质控试样 1 g，置于锥形瓶中，加入异丙醇 5 mL，振摇使油溶解。

之后按照样品的测定步骤同法操作。

（四）结果判定

观察样液的颜色，若液体颜色变为粉红色并于 30 s 内不褪色，说明样品中的酸价值低于标准值（阴性）。若液体颜色不变色或粉红色在 30 s 内褪色，说明样品中的酸价值高于标准值（阳性）。

阴性质控样的测定结果应为阴性，阳性质控试样的测定结果应均为阳性。

当检测结果为阳性时，应采用国家标准《食品安全国家标准 食品中酸价的测定》GB 5009.229—2016 中的方法进行确证，进一步确定样品中酸价的含量。

（五）性能指标

（1）检测限：食用植物油为 3 mg KOH/g；煎炸过程中的食用植物油为 5 mg KOH/g。

（2）灵敏度：灵敏度≥95%。

（3）特异性：特异性≥90%。

（4）假阴性率：假阴性率≤5%。

（5）假阳性率：假阳性率≤10%。

四、任务总结与评价

（一）检测方案制定及准备

通过相关知识学习，小组完成检测方案制定（见表 7-1），并依据方案完成工作准备。

表 7-1 检测方案

<table>
<tr><td>组长</td><td colspan="2"></td><td>组员</td><td></td></tr>
<tr><td>学习项目</td><td colspan="2"></td><td>学习时间</td><td></td></tr>
<tr><td>依据标准</td><td colspan="4"></td></tr>
<tr><td rowspan="3">准备内容</td><td>仪器设备
（规格、数量）</td><td colspan="3"></td></tr>
<tr><td>试剂耗材
（规格、浓度、数量）</td><td colspan="3"></td></tr>
<tr><td>样品</td><td colspan="3"></td></tr>
</table>

续表

	姓名	具体工作
任务分工		
具体步骤		

（二）检查与评价

学生完成本项目的学习，通过学生自评、小组互评来检查自己对本任务学习的掌握情况。指导教师在整个教学过程中，关注每个小组的检测过程及小组成员的操作情况，并对小组成员的动手能力进行评价。学生对所学的各项任务进行抽签决定考核的内容，并将具体的检查与评价填入表 7-2。

表 7-2 食用油脂酸价快速检测——显色法任务总结与评价表

项目	评价标准	分值/分	学生自评	小组互评	教师评价
方案制定	查阅资料/标准，确定检测依据	5			
	协同合作制定方案并合理分工	5			
	相互沟通完成方案诊改	5			
准备工作	正确清洗及检查仪器	5			
	合理领取药品	5			
	正确取样	5			
	根据样品类型选择正确的方法进行试样制备	5			
试样制备与提取	正确处理新鲜样品，无污染	5			
	称样准确，天平操作规范	5			
	正确使用移液管或移液枪准确量取溶液	5			
	准确控制水浴温度和时间	5			
检测分析	试剂板使用正确、规范	5			
	规范操作进行样品平行测定	5			
	规范操作进行空白测定	5			
	数据记录正确、完整、整齐	5			
	合理做出判定、规范填写报告	10			

续表

项目	评价标准	分值/分	学生自评	小组互评	教师评价
结束工作	废液、废渣处理正确	5			
	仪器、试剂归置妥当，器皿清洗干净	5			
	分工合理、文明操作、按时完成	5			
合计		100			

实训任务　食用油脂酸价快速检测——试纸比色法

一、原理与适用范围

食用植物油酸价、过氧化值的快速检测 KJ 201911

食用植物油酸败后产生了游离脂肪酸，游离脂肪酸与固化在试纸上的复合指示剂反应，试纸的颜色变化反映出食用植物油的酸败程度。

本方法适用于常温下为液态的食用植物油，食用植物调和油和食品煎炸过程中的各种食用植物油的酸价的快速测定。

油脂酸价速测

二、任务准备

（一）试剂及材料

（1）除另有规定外，本方法检测过程用水为国家标准《分析实验用水规格和试验方法》GB/T 6682—2016 规定的二级水。

（2）固化有复合指示剂的酸价试纸。

（二）仪器和设备

（1）恒温水浴锅。

（2）环境条件：温度为 15 ℃～35 ℃，湿度≤80%。

三、操作步骤

（一）试样的提取

用清洁、干燥的容器量取少量的食用植物油样品，将食用植物油样品的温度调整到 20 ℃～30 ℃。

（二）样品的测定

用塑料吸管吸取适量待测液，滴至试纸条的反应膜上（或将试纸直接插入待测液中浸泡 5 s 后取出），静置 90 s，从试纸侧面将多余的油样用吸水纸吸掉，与色阶卡进行对比。进行平行试验，两次测定结果应一致，即显色结果无肉眼可辨识差异。

（三）质控试样的测定

每次测定应同时进行质控试验。

质控样品：采用典型样品基质或相似样品基质，经参比方法确认为阴性、阳性的质控样品。

取少量质控试样，用清洁、干燥容器量取少量的食用植物油样品，将食用植物油样品的温度调整到 20 ℃~30 ℃。之后按照样品的测定步骤同法操作。

（四）结果判定

观察试纸条的颜色，与标准色阶卡进行比较，判定检测结果。颜色相同或相近的色块下的数值即本样品的检测值，如试纸的颜色在两色块之间，则取二者的中间值。按国家标准《食品安全国家标准 植物油》GB 2716—2018 的规定，食用植物油酸价颜色深于 3 mg/g 则为阳性样品，煎炸过程中的食用植物油酸价颜色深于 5 mg/g 则为阳性样品。其他食用植物油的结果判定以所执行的相应标准为准。酸价色阶卡如图 7-1 所示。

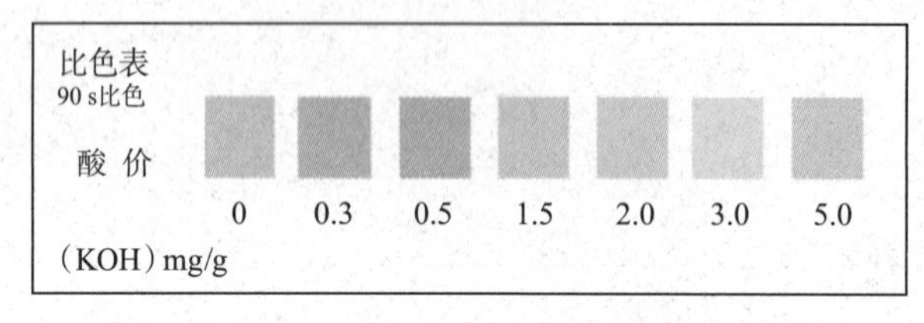

图 7-1　酸价色阶卡

阴性质控样的测定结果应为阴性，阳性质控试验测定结果应为阳性。

当检测结果为阳性时，应采用《食品安全国家标准食品中酸价的测定》GB 5009. 229—2016 中的方法确证，进一步确定试样中酸价的含量。

性能指标

（1）检测限：酸价为 0. 3 mg/g。

（2）灵敏度：灵敏度≥95%。

（3）特异性：特异性≥90%。

（4）假阴性率：假阴性率≤5%。

（5）假阳性率：假阳性率≤10%。

【注意事项】

本方法所述试剂、试剂盒信息及操作步骤是为方法使用者提供方便，在使用本方法时不作限定。方法使用者在使用替代试剂、试剂盒或操作步骤前，须对其进行考察，应满足本方法规定的各项性能指标。

色阶卡应确保在试剂盒保质期内不出现褪色或变色的情况。

四、任务总结与评价

（一）检测方案制定及准备

通过相关知识学习，小组完成检测方案制定（见表 7-3），并依据方案完成工作准备。

表 7-3 检测方案

<table>
<tr><td>组长</td><td colspan="2"></td><td>组员</td><td></td></tr>
<tr><td>学习项目</td><td colspan="2"></td><td>学习时间</td><td></td></tr>
<tr><td>依据标准</td><td colspan="4"></td></tr>
<tr><td rowspan="3">准备内容</td><td>仪器设备
（规格、数量）</td><td colspan="3"></td></tr>
<tr><td>试剂耗材
（规格、浓度、数量）</td><td colspan="3"></td></tr>
<tr><td>样品</td><td colspan="3"></td></tr>
<tr><td rowspan="5">任务分工</td><td>姓名</td><td colspan="3">具体工作</td></tr>
<tr><td></td><td colspan="3"></td></tr>
<tr><td></td><td colspan="3"></td></tr>
<tr><td></td><td colspan="3"></td></tr>
<tr><td></td><td colspan="3"></td></tr>
<tr><td>具体步骤</td><td colspan="4"></td></tr>
</table>

（二）检查与评价

学生完成本项目的学习，通过学生自评、小组互评来检查自己对本任务学习的掌握情况。指导教师在整个教学过程中，关注每个小组的检测过程及小组成员的操作情况，并对小组成员的动手能力进行评价。学生对所学的各项任务进行抽签决定考核的内容，并将具体的检查与评价填入表 7-4。

表 7-4 食用油脂酸价快速检测——试纸比色法任务总结与评价表

项目	评价标准	分值/分	学生自评	小组互评	教师评价
方案制定	查阅资料/标准，确定检测依据	5			
	协同合作制定方案并合理分工	5			
	相互沟通完成方案诊改	5			

续表

项目	评价标准	分值/分	学生自评	小组互评	教师评价
准备工作	正确清洗及检查仪器	5			
	合理领取药品	5			
	正确取样	5			
	根据样品类型选择正确的方法进行试样制备	5			
试样制备与提取	正确处理新鲜样品，无污染	5			
	称样准确，天平操作规范	5			
	正确使用移液管或移液枪准确量取溶液	5			
	准确控制水浴温度和时间	5			
检测分析	试剂板使用正确、规范	5			
	规范操作进行样品平行测定	5			
	规范操作进行空白测定	5			
	数据记录正确、完整、整齐	5			
	合理做出判定、规范填写报告	10			
结束工作	废液、废渣处理正确	5			
	仪器、试剂归置妥当，器皿清洗干净	5			
	分工合理、文明操作、按时完成	5			
合计		100			

任务二　食用油脂过氧化值的快速检测

案例导入

2022 年 11 月 11 日，广东省市场监督管理局组织抽检了肉制品、薯类和膨化食品等 6 类食品 1 151 批次样品，检出不合格样品 26 批次，其中 2 批次食用油脂制品存在过氧化值不合格问题。抽检公告显示，标称广州市皇钻油脂食品有限公司生产的高级起酥油食用油脂制品（12 kg/桶，2021-10-15），检出过氧化值（以脂肪计）为 0.22 g/100 g；标称广州金益食品有限公司生产的“厨奕居”食用乳化猪油（食用油脂制品）（14 L/桶，2022-02-20），检出过氧化值（以脂肪计）为 0.59 g/100 g。《食品安全国家标准 食用油脂制品》GB 15196—2015 中规定，食用油脂制品中含有的过氧化物含量应≤0.13 g/100 g。

问题启发

过氧化值超过标准以后会对人体产生哪些危害？如何采用快速检测方法检测过氧化值？

食品快速检测知识

过氧化值是表示油脂和脂肪酸等被氧化程度的一种指标。它是1 kg样品中的活性氧含量，以过氧化物的毫摩尔数表示。过氧化值超标的原因可能是产品用油已经变质，或者产品在储存过程中环境条件控制不当，导致油脂酸败；也可能是原料储存不当，未采取有效的抗氧化措施，使最终产品的油脂氧化。此外，植物油精炼不到位也可能造成食用油、油脂及其制品的过氧化值不合格。过氧化值是衡量油脂酸败的程度，一般来说过氧化值越高其酸败就越厉害。由于油脂氧化酸败产生的一些小分子物质会对人体产生不良的影响，如产生自由基等，所以长期食用过氧化值超标的食物对人体的健康非常不利。过氧化物可以破坏细胞膜结构，导致胃癌、肝癌、动脉硬化、心肌梗死、脱发和体重减轻等。

《食品安全国家标准 食品中过氧化值的测定》GB 5009.227—2023 中介绍了对食用植物油中过氧化值的检测方法和标准，测定方法主要是滴定法和电位滴定法。快速检测过氧化值的方法主要有显色法和试纸比色法。

实训任务　食用油脂过氧化值的快速检测——显色法

一、原理与适用范围

植物油经有机溶剂溶解后，加入碘化钾与过氧化物反应生成碘单质，用硫代硫酸钠标准溶液滴定析出的碘。通过硫代硫酸钠的用量计算样品中的过氧化值。

本方法适用于常温下为液态的食用植物油、食用植物调和油和食品煎炸过程中的各种食用植物油的过氧化值的快速测定。

《食用植物油酸价、过氧化值的快速检测》KJ 201911

二、任务准备

（一）试剂及材料

除另有规定外，本方法检测过程用水为国家标准《分析实验试用水规格和试验方法》GB/T 6682—2016 规定的二级水。

（1）异丙醇（C_3H_8O）。

（2）冰醋酸（CH_3COOH）。

（3）硫代硫酸钠溶液：称取五水合硫代硫酸钠 2.49 g（$Na_2S_2O_3 \cdot 5H_2O$），将其溶于 1 000 mL 水中，现用现配。

（4）碘化钾（KI）。

（5）指示剂（1%）：称取可溶性淀粉 0.5 g，加少量水调成糊状，边搅拌边倒入沸水 50 mL，再煮沸搅拌均匀后，放冷备用。

（二）仪器和设备

（1）移液器：1 mL 和 5 mL。

（2）天平：感量为 0.01 g。

（3）环境条件：温度为 15 ℃~35 ℃，湿度≤80%。

三、操作步骤

（一）试样的提取

称取（精确至 0.01 g）食用植物油试样 2 g，并将其置于玻璃瓶中，加入异丙醇 18 mL，振摇使油溶解。

（二）测定步骤

1. 样品的测定。

加入冰醋酸 3 mL，碘化钾 1 g，振荡 30 s，置于暗处反应 3 min。加入蒸馏水 20 mL，加入淀粉指示剂 1 mL，摇匀，再加入硫代硫酸钠溶液 3.94 mL，观察颜色变化。

2. 质控试样的测定。

每批样品测定应同时进行质控试验。

质控样品：采用典型样品基质或相似样品基质，经参比方法确认为阴性、阳性的质控样品。

称取（精确至 0.01 g）质控试样 2 g，并将其置于玻璃瓶中，加入异丙醇 18 mL，振摇使油溶解。之后按照样品测定步骤与样品同法操作。

（三）结果判定

观察样液的颜色，若为无色，说明样品中的过氧化值低于标准值（阴性）。若液体颜色仍为蓝色或棕色，说明样品中的过氧化值高于标准值（阳性）。

阴性质控样的测定结果应为阴性，阳性质控样的测定结果应为阳性。

当检测结果为阳性时，应采用《食品安全国家标准 食品中过氧化值的测定》GB 5009.227—2016 中的方法进行确证，进一步确定样品中过氧化值的含量。

（四）性能指标

（1）检测限：过氧化值 0.25 g/100 g。

（2）灵敏度：灵敏度≥95%。

（3）特异性：特异性≥90%。

（4）假阴性率：假阴性率≤5%。

（5）假阳性率：假阳性率≤10%。

四、任务总结与评价

（一）检测方案制定及准备

通过相关知识学习，小组完成检测方案制定（见表 7-5），并依据方案完成工作准备。

表 7-5 检测方案

<table>
<tr><td>组长</td><td colspan="2"></td><td>组员</td><td></td></tr>
<tr><td>学习项目</td><td colspan="2"></td><td>学习时间</td><td></td></tr>
<tr><td>依据标准</td><td colspan="4"></td></tr>
<tr><td rowspan="3">准备内容</td><td>仪器设备
（规格、数量）</td><td colspan="3"></td></tr>
<tr><td>试剂耗材
（规格、浓度、数量）</td><td colspan="3"></td></tr>
<tr><td>样品</td><td colspan="3"></td></tr>
<tr><td rowspan="5">任务分工</td><td>姓名</td><td colspan="3">具体工作</td></tr>
<tr><td></td><td colspan="3"></td></tr>
<tr><td></td><td colspan="3"></td></tr>
<tr><td></td><td colspan="3"></td></tr>
<tr><td></td><td colspan="3"></td></tr>
<tr><td>具体步骤</td><td colspan="4"></td></tr>
</table>

（二）检查与评价

学生完成本项目的学习，通过学生自评、小组互评来检查自己对本任务学习的掌握情况。指导教师在整个教学过程中，关注每个小组的检测过程及小组成员的操作情况，并对小组成员的动手能力进行评价。学生对所学的各项任务进行抽签决定考核的内容，并将具体的检查与评价填入表 7-6。

表 7-6　食用油脂过氧化值的快速检测——显色法任务总结与评价表

项目	评价标准	分值/分	学生自评	小组互评	教师评价
方案制定	查阅资料/标准，确定检测依据	5			
	协同合作制定方案并合理分工	5			
	相互沟通完成方案诊改	5			
准备工作	正确清洗及检查仪器	5			
	合理领取药品	5			
	正确取样	5			
	根据样品类型选择正确的方法进行试样制备	5			
试样制备与提取	正确处理新鲜样品，无污染	5			
	称样准确，天平操作规范	5			
	正确使用移液管或移液枪准确量取溶液	5			
	准确控制水浴温度和时间	5			
检测分析	试剂板使用正确、规范	5			
	规范操作进行样品平行测定	5			
	规范操作进行空白测定	5			
	数据记录正确、完整、整齐	5			
	合理做出判定、规范填写报告	10			
结束工作	废液、废渣处理正确	5			
	仪器、试剂归置妥当，器皿清洗干净	5			
	分工合理、文明操作、按时完成	5			
合计		100			

实训任务　食用油脂过氧化值的快速检测——试纸比色法

一、原理与适用范围

食用植物油中的过氧化物被固化在试纸上的过氧化物酶催化分解出氧，与联苯胺类化合物反应显色，试纸的颜色反映出食用植物油中过氧化值的量。

本方法适用于常温下为液态的食用植物油，食用植物调和油和食品煎炸过程中的各种食用植物油的过氧化值的快速测定。

二、任务准备

《食用植物油酸价、过氧化值的快速检测》KJ 201911

（一）试剂及材料

（1）除另有规定外，本方法检测过程用水为国家标准《分析实验试用水规格和试验方法》GB/T 6682—2016规定的二级水。

（2）固化有过氧化物酶的过氧化值试纸。

油脂过氧化值测定

（二）仪器和设备

（1）恒温水浴锅。

（2）环境条件：温度为 15 ℃~35 ℃，湿度≤80%。

三、操作步骤

（一）试样的提取

用清洁、干燥容器量取少量的食用植物油样品，将食用植物油样品的温度调整到 20 ℃~30 ℃。

（二）测定步骤

1. 样品的测定

用塑料吸管吸取适量待测液，滴至试纸条的反应膜上（或将试纸直接插入待测液浸泡 5 s 后取出），静置 90 s，从试纸侧面将多余的油样用吸水纸吸掉，与色阶卡进行对比。进行平行试验，两次测定结果应一致，即显色结果无肉眼可辨识差异。

2. 试样的测定

每次测定应同时进行质控试验。

质控样品：采用典型样品基质或相似样品基质，经参比方法确认为阴性、阳性的质控样品。

取少量质控试样，按照样品测定步骤同法操作。

（三）结果判定

观察试纸条的颜色，与标准色阶卡进行比较，判定检测结果。颜色相同或相近的色块下的数值即本样品的检测值，如试纸的颜色在两色块之间，则取两者的中间值。按《食品安全国宝标准 植物油》GB 2716—2018 的规定，食用植物油过氧化值颜色深于0. 25 g/100 g 为阳性样品。其他食用植物油的结果判定以所执行的相应标准为准。过氧化值色阶卡如图 7-2 所示。

阴性质控样的测定结果应为阴性，阳性质控样的测定结果应为阳性。

当检测结果为阳性时，应采用《食品安全国家标准 食品中过氧化值的测定》GB 5009. 227—2023 中的方法确证，进一步确定试样中过氧化值的含量。

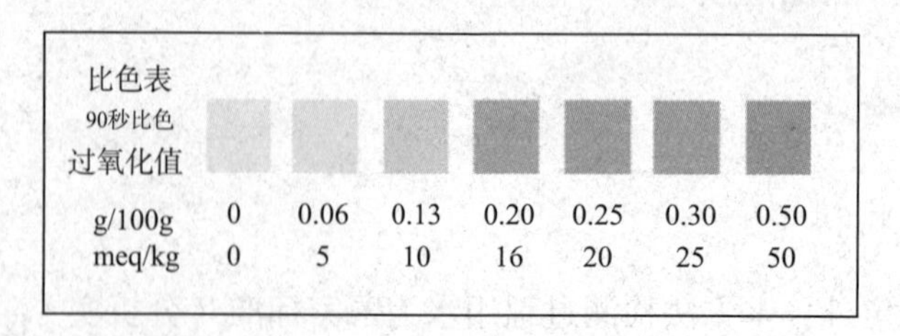

图 7-2 过氧化值色阶卡

（四）性能指标

（1）检测限：过氧化值为 0.3 mg/g。

（2）灵敏度：灵敏度≥95%。

（3）特异性：特异性≥90%。

（4）假阴性率：假阴性率≤5%。

（5）假阳性率：假阳性率≤10%。

【注意事项】

本方法所述试剂、试剂盒信息及操作步骤是为本方法的使用者提供方便，在使用本方法时不作限定。本方法的使用者在使用替代试剂、试剂盒或操作步骤前，须对其进行考察，应满足本方法规定的各项性能指标。

应确保色阶卡在试剂盒保质期内不出现褪色或变色的情况。

四、任务总结与评价

（一）检测方案制定及准备

通过相关知识学习，小组完成检测方案制定（见表 7-7），并依据方案完成工作准备。

表 7-7 检测方案

<table>
<tr><td>组长</td><td colspan="2"></td><td>组员</td><td></td></tr>
<tr><td>学习项目</td><td colspan="2"></td><td>学习时间</td><td></td></tr>
<tr><td>依据标准</td><td colspan="4"></td></tr>
<tr><td rowspan="3">准备内容</td><td>仪器设备
（规格、数量）</td><td colspan="3"></td></tr>
<tr><td>试剂耗材
（规格、浓度、数量）</td><td colspan="3"></td></tr>
<tr><td>样品</td><td colspan="3"></td></tr>
<tr><td rowspan="5">任务分工</td><td>姓名</td><td colspan="3">具体工作</td></tr>
<tr><td></td><td colspan="3"></td></tr>
<tr><td></td><td colspan="3"></td></tr>
<tr><td></td><td colspan="3"></td></tr>
<tr><td></td><td colspan="3"></td></tr>
</table>

续表

组长		组员	
具体步骤			

（二）检查与评价

学生完成本项目的学习，通过学生自评、小组互评来检查自己对本任务学习的掌握情况。指导教师在整个教学过程中，关注每个小组的检测过程及小组成员的操作情况，并对小组成员的动手能力进行评价。学生对所学的各项任务进行抽签决定考核的内容，并将具体的检查与评价填入表7-8。

表7-8 食用油脂过氧化值的快速检测——试纸比色法任务总结与评价表

项目	评价标准	分值/分	学生自评	小组互评	教师评价
方案制定	查阅资料/标准，确定检测依据	5			
	协同合作制定方案并合理分工	5			
	相互沟通完成方案诊改	5			
准备工作	正确清洗及检查仪器	5			
	合理领取药品	5			
	正确取样	5			
	根据样品类型选择正确的方法进行试样制备	5			
试样制备与提取	正确处理新鲜样品，无污染	5			
	称样准确，天平操作规范	5			
	正确使用移液管或移液枪准确量取溶液	5			
	准确控制水浴温度和时间	5			
检测分析	试剂板使用正确、规范	5			
	规范操作进行样品平行测定	5			
	规范操作进行空白测定	5			
	数据记录正确、完整、整齐	5			
	合理做出判定、规范填写报告	10			

续表

项目	评价标准	分值/分	学生自评	小组互评	教师评价
结束工作	废液、废渣处理正确	5			
	仪器、试剂归置妥当，器皿清洗干净	5			
	分工合理、文明操作、按时完成	5			
合计		100			

任务三　食用油中掺入非食用油的快速检测

案例导入

2013年5月13日，据中国之声《新闻纵横》报道，有业内人士爆料，香油掺假早已是行业里“公开的秘密”。一些便宜的香油大部分是用香精、色拉油勾兑出来的。更有甚者，用的是更为廉价的四级玉米油加香精、色素勾兑出来的，这些“芝麻油”和芝麻毫无关系。据报道，这些问题香油主要流向了农贸市场和饭店，消费者和品牌芝麻油企业却吃了大亏。特别是这一情况的持续已经影响了国内芝麻的种植，整个产业链出现危机。

香油又称芝麻油，应当是焙炒过的芝麻籽采用压榨、压滤、水代等工艺制取的具有浓郁香味的油品，所有成品芝麻油都必须由芝麻原油经精炼加工制成。由于芝麻油的制作成本高，一些不法商贩使用低价的食用油，或更为廉价的四级玉米油加香精、色素勾兑“芝麻油”从中牟取暴利。掺杂掺假的香油可能影响人体的消化、呼吸系统，还可能引起腹泻、呼吸困难等不适症状。

问题启发

如何进行食用油中掺入的非食用油的快速检测？

食品快速检测知识

一、食用油当中掺入桐油的定性检测

（一）三氧化锑-三氧甲烷界面法

取出油脂样品1 mL注入试管当中，而后沿着试管内壁加入1%三氧化锑-三氧甲烷溶液1 mL，在油脂和溶液分层完成之后，放置在40 ℃的水浴环境中加热10 min，对界面之间的颜色进行观察。假如界面出现紫红色或者深咖啡色，那么油脂样品中就包含桐油，也可以说是食用油中掺入了一定数量的桐油。在检测菜籽油、花生油等植物油中掺加0.5%以上的桐油时，这种方法的适用性比较强。

（二）亚硝酸法

取出油脂样品5滴左右滴入试管中，再加入石油醚2 mL，让试样溶解，再在溶解完成之后的溶液当中加入亚硝酸钠1 g，而后在试管当中放置5 mol/L硫酸1 mL，摇匀之后静置1 h。亚硝酸会让桐油发生氧化反应，并产生絮状物体，絮状物体起初呈白色，在放置一段时间之后就会变成黄色。油脂样品当中掺入1%桐油，那么溶液就会呈浑浊状态；掺入2%的桐油，就会产生絮状物，也可以将试验结果作为依据，确定食用油当中桐油的掺入量。

（三）硫酸法

在瓷片上滴几滴油脂样品，再在其中添加浓硫酸1滴。对反应现象进行观察：浓硫酸和桐油反应之后，会生成深红色固体，深红色固体的颜色会逐渐加深，最终形成炭黑色。这种方法在大豆油以及深色食用油当中的适用性比较强，假如对芝麻油中掺入的桐油进行检验，硫酸法的适用性并不是很强。

二、食用油中掺入蓖麻油的检验方法

（一）乙醇溶解法

取出油脂样品和无水乙醇各5 mL添加到最小刻度为0.1 mL的10 mL离心管中，在塞紧塞子之后，振荡2 min，让样品混合均匀之后以1 000 r/min的速度离心10 min，将离心管取出之后静置30 min，读取离心管下方油层体积。蓖麻油会和无水乙醇以任何比例相互融合，因此假如下方油层体积小于5 mL，那么就是在食用油中掺入了一定数量的蓖麻油。

（二）气味和沉淀法

蓖麻油在碱性介质中熔融之后会形成辛醇气味，熔融物质在酸性环境下会析出结晶。取出少量混匀试样放置在镍蒸发皿中，并在蒸发皿中添加一定数量氢氧化钠，缓慢加热促使其熔融。假如在熔融的过程中产生辛醇气味，那么食用油中就添加了蓖麻油。也可以在上文中所说的熔融物质中加水并溶解，而后在水中添加一定数量氯化镁溶液，让脂肪酸沉淀，再进行过滤，使用稀盐酸将滤液调节成酸性，假如有结晶析出，那么食用油中就掺入了蓖麻油。

任务四　食用油中黄曲霉毒素B1的快速检测

案例导入

海南省市场监督管理局网站发布了2020年第51期食品抽检信息，在海南省市场监督管理局组织抽检的食用农产品、肉制品10大类食品共1 179批次中，检出4批次食用油、油脂及其制品不合格，其中××花生榨油店2020年8月26日生产的花生油中黄曲霉毒素B1检出值为70.3 μg/kg，不符合≤20 μg/kg的国家标准要求，且超标3倍之多，为不合格产品。

问题启发

花生黄曲霉毒素B1超标后可能会造成哪些危害？如何采用快速检测方法检测黄曲霉毒素B1？

黄曲霉毒素最早于1960年被发现，是黄曲霉和寄生曲霉的次级代谢产物，种类繁多，目前已分离鉴定出12种以上，常见的有黄曲霉毒素B1、B2、G1、G2、M1、M2、B2a、G2a、BM2a和GM2a等，其中以黄曲霉毒素B1分布最广、毒性最强、危害最大。黄曲霉毒素的热稳定性非常好，常规烹调和加热法不易分解。黄曲霉毒素B1是天然存在的人类致癌物。长期食用黄曲霉毒素超标的植物油可能会对肝脏造成损伤。在天然食物中以黄曲霉毒素B1最为多见，危害性也最强，国家市场监督管理总局规定黄曲霉毒素B1是大部分食品的必检项目之一。黄曲霉毒素B1不合格的原因可能是个别企业原料采购和储运过程中环境条件高温潮湿，导致原料霉变、腐烂；也可能是企业在采购原料时没有严格挑选并进行相关检测，或是加工中没有采用精炼工艺或工艺控制不当等。食用油中黄曲霉毒素B1的快速检测主要采用胶体金免疫层析法。

实训任务　食用油中黄曲霉毒素B1的快速检测
——胶体金免疫层析法

一、原理与适用范围

该法采用竞争抑制免疫层析原理。样品中的黄曲霉毒素B1经提取后与胶体金标记的特异性抗体结合，抑制抗体和试纸条或检测卡中检测线（T线）上抗原的结合，从而导致检测线颜色深浅的变化。通过检测线与质控线（C线）颜色深浅的比较，对样品中黄曲霉毒素B1进行定性判定。

本方法适用于花生油、玉米油、大豆油及其他植物油脂等食用油中黄曲霉毒素B1的快速测定。

二、任务准备

（一）试剂及材料

除另有规定外，本方法检测过程用水为国家标准《分析实验试用水规格和试验方法》GB/T 6682—2016规定的二级水。

1. 试剂

（1）甲醇。

（2）十二水磷酸氢二钠。

（3）二水磷酸二氢钠。

（4）氯化钠。

（5）吐温-20。

（6）提取液：30%甲醇水或胶体金免疫层析检测试剂盒专用提取液，或根据产品使用说明书配置。

（7）稀释液：称取十二水磷酸氢二钠 2.9 g，二水磷酸二氢钠 0.296 g，氯化钠 4.5 g，溶解于 400 mL 水中，加入吐温-20 0.5 mL，用水稀释至 500 mL，混匀即成稀释液；或使用胶体金免疫层析检测试剂盒专用稀释液。

2. 标准溶液的配制

（1）黄曲霉毒素 B1 标准储备液（0.1 mg/ mL）：精密称取适量黄曲霉毒素 B1 标准品，置于 10 mL 容量瓶中，用甲醇溶解并稀释至刻度，摇匀，制成浓度为 0.1 mg/mL 的黄曲霉毒素 B1 标准储备液；或可直接购买黄曲霉毒素 B1 标准储备液。-20 ℃避光保存备用，有效期 3 个月。

（2）黄曲霉毒素 B1 标准中间液（10 μg/mL）：精密量取黄曲霉毒素 B1 标准储备液（0.1 mg/mL）1 mL，置于 10 mL 容量瓶中，用甲醇稀释至刻度，摇匀，制成浓度为 10 μg/mL的黄曲霉毒素 B1 标准中间液。临用新制。

3. 材料

黄曲霉毒素 B1 胶体金免疫层析试剂盒，适用基质为食用油。

（1）金标微孔（含胶体金标记的特异性抗体）。

（2）试纸条或检测卡。

（二）仪器和设备

（1）移液器：100 μL、200 μL 和 1 mL。

（2）涡旋混合器。

（3）离心机：转速≥4 000 r/min。

（4）电子天平：感量为 0.01 g。

（5）环境条件：温度为 15 ℃~35 ℃，湿度≤80%。

三、操作步骤

（一）试样制备

（1）试样选取。

取适量有代表性样品充分混匀。

（2）试样提取和净化。

称取 1 g 油样于离心管中，加入 2 mL 提取液并混合均匀。漩涡振荡 3 min，然后以 4 000 r/min转速离心 5 min 或静置 5~10 min，取下层清液备用。

依据检测样品种类及试剂盒说明书，用稀释液将下层清液稀释并涡旋混匀，得待测液。

（二）测定步骤

1. 试纸条与金标微孔测定步骤

吸取 100~200 μL 待测液于金标微孔中，抽吸 5~10 次使混合均匀，尽量不要有气泡，室温温育 3~5 min（根据配套说明书进行避光操作），将检测试纸条样品端垂直向下插入反应微孔中，温育 5~10 min，从微孔中取出试纸条，进行结果判定。

2. 检测卡测定步骤

吸取 100~150 μL 待测液并将其加到检测卡的加样孔中，温育 5~10 min，进行结果判定。

3. 质控试验

每批样品应同时进行空白试验和加标质控试验。

（1）空白试验。

称取空白试样，按照测定步骤与样品同法操作。

（2）加标质控试验。

花生油、玉米油样品：准确称取空白试样 100 g（精确至 0.01 g），置于 100 mL 玻璃溶液瓶中，加入 200 μL 曲霉毒素 B1 标准中间液（10 μg/mL），使试样中黄曲霉毒素 B1 的浓度为 20 μg/kg。按照测定步骤与样品同法操作。

其他油脂样品：准确称取空白试样 100 g（精确至 0.01 g）置于 100 mL 玻璃溶液瓶中，加入 100 μL 黄曲霉毒素 B1 标准中间液（10 μg/mL），使试样中黄曲霉毒素 B1 的浓度为 10 μg/kg。按照测定步骤与样品同法操作。

（三）结果判定

通过对比质控线（C 线）和检测线（T 线）的颜色深浅进行结果判定。目视结果判定如图 7-3 所示。

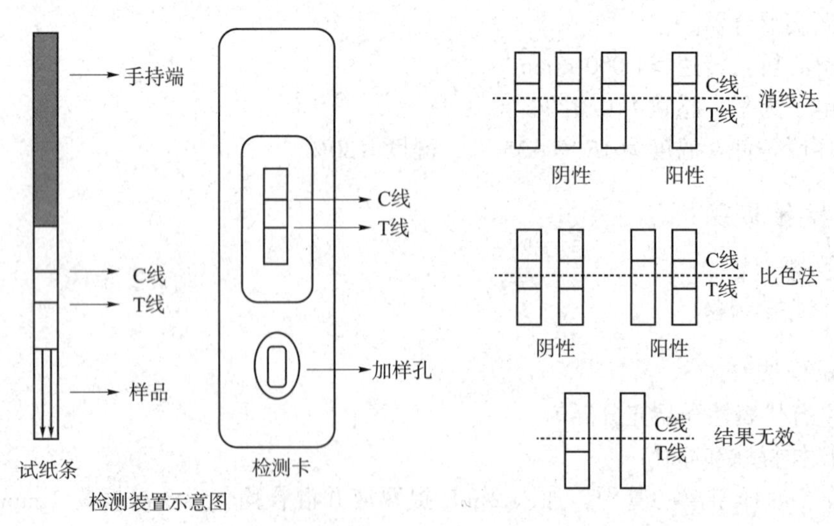

图 7-3　试纸条/检测卡目视结果判定示意图

1. 无效

质控线（C 线）不显色，表明操作不正确或试纸条检测卡无效。

2. 阳性结果

（1）消线法。检测线（T 线）不显色，质控线（C 线）显色，表明样品中黄曲霉毒素 B1 含量高于方法检测限，判定为阳性。

（2）比色法。检测线（T 线）颜色比质控线（C 线）颜色浅或几乎不显色，表明样品中黄曲霉毒素 B1 含量高于方法检测限，判定为阳性。

3. 阴性结果

（1）消线法。检测线（T 线）、质控线（C 线）均显色，表明样品中黄曲霉毒素 B1 含量低于方法检测限，判定为阴性。

（2）比色法。检测线（T 线）颜色比质控线（C 线）颜色深或者检测线（T 线）颜色与质控线（C 线）颜色相当，表明样品中黄曲霉毒素 B1 含量低于方法检测限，判定为阴性。

4. 质控试验要求

空白试验测定结果应为阴性，加标质控试验测定结果应为阳性。

5. 结论

黄曲霉毒素 B1 与其他几种黄曲霉毒素（黄曲霉毒素 B2、黄曲霉毒素 M1、黄曲霉毒素 M2、黄曲霉毒素 G1、黄曲霉毒素 G2）有交叉，当检测结果为阳性时，应对黄曲霉毒素 B1 结果进行确证。

（四）性能指标

（1）检测限：玉米油、花生油为 20 μg/kg；其他植物油脂为 10 μg/kg。

（2）灵敏度：灵敏度≥99%。

（3）特异性：特异性≥90%。

（4）假阴性率：假阳性率≤1%。

（5）假阳性率：假阳性率≤10%。

四、任务总结与评价

（一）检测方案制定及准备

通过相关知识的学习，小组完成检测方案制定（见表 7-9），并依据方案完成工作准备。

表 7-9　检测方案

<table>
<tr><td>组长</td><td colspan="2"></td><td>组员</td><td></td></tr>
<tr><td>学习项目</td><td colspan="2"></td><td>学习时间</td><td></td></tr>
<tr><td>依据标准</td><td colspan="4"></td></tr>
<tr><td rowspan="3">准备内容</td><td>仪器设备
（规格、数量）</td><td colspan="3"></td></tr>
<tr><td>试剂耗材
（规格、浓度、数量）</td><td colspan="3"></td></tr>
<tr><td>样品</td><td colspan="3"></td></tr>
<tr><td rowspan="5">任务分工</td><td>姓名</td><td colspan="3">具体工作</td></tr>
<tr><td></td><td colspan="3"></td></tr>
<tr><td></td><td colspan="3"></td></tr>
<tr><td></td><td colspan="3"></td></tr>
<tr><td></td><td colspan="3"></td></tr>
<tr><td>具体步骤</td><td colspan="4"></td></tr>
</table>

（二）检查与评价

学生完成本项目的学习，通过学生自评、小组互评来检查自己对本任务学习的掌握情况。指导教师在整个教学过程中，关注每个小组的检测过程及小组成员的操作情况，并对小组成员的动手能力进行评价。学生对所学的各项任务进行抽签决定考核的内容，并将具体的检查与评价填入表 7-10。

表 7-10　食用油中黄曲霉素 B1 的快速检测——胶体金免疫层析法任务总结与评价表

项目	评价标准	分值/分	学生自评	小组互评	教师评价
方案制定	查阅资料/标准，确定检测依据	5			
	协同合作制定方案并合理分工	5			
	相互沟通完成方案诊改	5			
准备工作	正确清洗及检查仪器	5			
	合理领取药品	5			
	正确取样	5			
	根据样品类型选择正确的方法进行试样制备	5			

续表

项目	评价标准	分值/分	学生自评	小组互评	教师评价
试样制备与提取	正确处理新鲜样品，无污染	5			
	称样准确，天平操作规范	5			
	正确使用移液管或移液枪准确量取溶液	5			
	准确控制水浴温度和时间	5			
检测分析	试剂板使用正确、规范	5			
	规范操作进行样品平行测定	5			
	规范操作进行空白测定	5			
	数据记录正确、完整、整齐	5			
	合理做出判定、规范填写报告	10			
结束工作	废液、废渣处理正确	5			
	仪器、试剂归置妥当，器皿清洗干净	5			
	分工合理、文明操作、按时完成	5			
合计		100			

思考题

1. 黄曲霉毒素有哪些危害？

2. 采用胶体金免疫层析法对食用油中黄曲霉毒素 B1 进行快速检测时，应有哪些注意事项？

3. 食用油脂过氧化值快速检测的原理是什么？

项目八　肉及肉制品快速检测技术

学习目标

1. 掌握肉与肉制品掺伪的鉴别和快速检测的主要方法：试纸法、实时荧光 PCR 法、速测卡法等；

2. 了解肉与肉制品掺伪的鉴别和快速检测技术的原理和应用；

3. 理解肉与肉制品掺伪的鉴别和快速检测技术的意义，增强食品卫生安全意识。

能力目标

1. 能运用食品快速检测技术进行肉与肉制品的鉴别和快速检测操作；

2. 能按要求准确完成肉与肉制品掺伪的鉴别和快速检验的记录；

3. 能按要求格式编写肉与肉制品快速检测报告。

专业目标

1. 增强学生食品安全意识，培养学生严谨细致的工作态度；

2. 增强学生的团队意识，培养学生协作沟通的能力。

肉是动物的肌肉组织和皮下脂肪组织的总称，泛指家畜、家禽的肉，主要指猪、牛、羊、鸡的肉，其次是兔、驴、马的肉。肉制品是指以鲜、冻畜禽肉为主要原料，经腌、腊、卤、酱、蒸、煮、熏、烤、烘焙、干燥、油炸、发酵、调制等工艺加工制作的产品，包括香肠制品、火腿制品、腌腊制品、酱卤制品、熏烧烤制品、调理肉制品、罐藏制品和其他肉糕类和肉冻类食品。肉与肉制品含有蛋白质、脂肪、铁等矿物质元素、脂溶性维生素等，是人类获取优质营养物质的主要途径之一。

《非洲猪瘟诊断技术》G/BT 18648—2020

随着我国经济的发展和人民生活水平的提高，我国民众的饮食结构正在发生显著变化。过去，我国民众的饮食以谷物为主，肉类消费较少。然而，随着收入的增加和生活质量的提高，人们开始更加注重饮食的质量和口感，对肉类的消费需求逐渐增加，各类肉制品的消费量也在逐年上升。饮食结构的变化对我国的肉类生产和加工行业产生了积极的影响，推动了肉制品加工业的快速发展。同时，随着人们越来越重视健康饮食，对高品质、健康肉制品的需求也越来越大。影响肉与肉制品安全的因素众多，如生物、化学、物理因素，动物疫病及人为掺假等。

肉与肉制品在生产、加工、储存和运输过程中，可能会受到各种微生物的污染，如细菌、霉菌等，这些微生物可能会产生毒素，影响肉与肉制品的品质和安全。肉与肉制品中残留的兽药、动物通过食物链摄入和富集的有毒元素、生产过程中使用的食品添加剂都有可能对人体健康带来潜在的危害。一些动物疫病，如口蹄疫、猪瘟等，可能会影响动物的生长和健康，并可能通过动物产品传播给人类，继而影响人类的身体健康。另外，一些不法分子在经济利益的驱使下，可能会采取各种手段来降低成本、提高产量和利润，如售卖病死猪肉、注水肉，用猪鸭肉伪造牛羊肉，甚至用非食用肉类伪装食用肉类，包括含瘦肉精的肉。这些非法肉及肉制品不仅违反了法律法规，也损害了消费者的权益和健康。建立准确、灵敏、快速的肉与肉制品检测技术对保障肉与肉制品安全、维护消费者的合法权益具有重要的意义。

任务一　注水肉的快速检测

案例导入

2017 年 8 月，辽宁省沈阳市某肉业有限公司实际经营者张某得知，蒋某某可以给待宰生猪打药注水，达到增加生猪出肉率的目的。张某遂雇佣蒋某某打药注水。

2017 年 8 月—2018 年 5 月，蒋某某先后雇佣高某某等 10 余人到张某的公司，通过给待宰生猪打药注水的方式达到获利目的，相关“注水肉”制品销售金额特别巨大。

最终，法院以生产、销售伪劣产品罪判处张某有期徒刑 15 年，并处罚金人民币 4 200 万元；其他被告人被判处有期徒刑 7~15 年不等，并处罚金。

问题启发

畜禽肉中水分含量超过多少可以判定为注水肉？食用注水肉对人体会产生什么危害？注水肉的检测方法有哪些？

食品快速检测知识

一、简介

注水肉是指通过人为借助注射器、皮管等器械给宰前或宰后的动物注入水分，增加肉质量的肉类。通过注水来增加肉的质量和体积，从而增加肉的总价值。注水肉在市场上很常见，尤其是在猪肉和牛肉等肉类中。

二、注水肉测定的检测意义

与正常肉相比，注水肉含有更多的水分，因此口感和营养价值都会受影响。同时，由于水中可能含有有害物质和病原微生物，注水肉也可能对消费者的健康造成潜在威胁。

三、检测方法

（一）感官检测

注水肉在注水后，肌肉呈水肿状态，表面湿润，指压弹性降低、复原缓慢或不能复原，并有水样液体渗出；畜肉的肌肉部分色泽变浅，呈淡红色。可通过观察肉的颜色、弹性、湿润程度等方法，鉴别注水肉。

（二）理化检测

注水肉中水分含量较高，可以通过检测样品中水分的含量来判定是否为注水肉。按照国家标准《畜禽肉水分限量标准》GB 18394—2020：猪肉的含水量>76%，牛肉、鸡肉>77%，羊肉含水量>78%，可判定为注水肉，或含水量超标。

实训任务　注水肉的快速检测——试纸法

一、方法适用范围

该法适用于畜禽肉中水分含量的快速检测，技术指标为定性检测。

二、任务准备

（一）试剂与材料

检测纸片、直尺、小刀、托盘等。

（二）样品前处理

畜禽肉原样处理即可。

三、检测步骤

（1）取待测的肌肉（瘦肉）样品。

（2）在样品横断面上切一个小口，将检测纸片插入 1~1.15 cm 深处，将两侧肉与试纸轻轻靠拢，约 2 min。

（3）测量肉表面以上部位的试纸吸水高度。

（4）判定结果。

四、判定标准

吸水高度大于 0.5 cm 以上的样品，可初步判定为注水肉，可按照《食品安全国家标准 食品中水分的测定》GB 5009.3—2016 中的方法进一步测定样品中水分含量。

五、任务实施

（一）任务实施报告撰写

通过相关知识学习，小组完成检测方案制定，并依据方案完成工作准备、实施和结果判定（见表 8-1）。

表 8-1 检测方案

<table>
<tr><td>组长</td><td colspan="2"></td><td>组员</td><td></td></tr>
<tr><td>学习项目</td><td colspan="2"></td><td>学习时间</td><td></td></tr>
<tr><td>依据标准</td><td colspan="4"></td></tr>
<tr><td rowspan="3">准备内容</td><td>仪器设备
（规格、数量）</td><td colspan="3"></td></tr>
<tr><td>试剂耗材
（规格、浓度、数量）</td><td colspan="3"></td></tr>
<tr><td>样品</td><td colspan="3"></td></tr>
<tr><td rowspan="5">任务分工</td><td>姓名</td><td colspan="3">具体工作</td></tr>
<tr><td></td><td colspan="3"></td></tr>
<tr><td></td><td colspan="3"></td></tr>
<tr><td></td><td colspan="3"></td></tr>
<tr><td></td><td colspan="3"></td></tr>
<tr><td>具体步骤</td><td colspan="4"></td></tr>
</table>

（二）检查与评价

学生完成本项目的学习，通过学生自评、小组互评来检查自己对本任务学习的掌握情况。指导教师在整个教学过程中，关注每个小组的检测过程及小组成员的操作情况，并对小组成员的动手能力进行评价。学生对所学的各项任务进行抽签决定考核的内容，并将具体的检查与评价填入表 8-2。

表 8-2　注水肉的快速检测——试纸法任务总结与评价表

项目	评价标准	分值/分	学生自评	小组互评	教师评价
方案制定	查阅资料/标准，确定检测依据	5			
	协同合作制定方案并合理分工	5			
	相互沟通完成方案诊改	5			
准备工作	正确清洗及检查仪器	5			
	合理领取药品	5			
	正确取样	5			
	根据样品类型选择正确的方法进行试样制备	5			
试样制备与提取	正确处理新鲜样品，无污染	5			
	称样准确，天平操作规范	5			
	正确使用移液管或移液枪准确量取溶液	5			
	准确控制水浴温度和时间	5			
检测分析	试剂板使用正确、规范	5			
	规范操作进行样品平行测定	5			
	规范操作进行空白测定	5			
	数据记录正确、完整、整齐	5			
	合理做出判定、规范填写报告	10			
结束工作	废液、废渣处理正确	5			
	仪器、试剂归置妥当，器皿清洗干净	5			
	分工合理、文明操作、按时完成	5			
合计		100			

实训任务　注水肉的快速检测——红外线干燥法（快速法）

一、检测依据

《畜禽肉水分限量标准》GB 18394—2020，用红外线加热将水分从样品中去除，再用干燥前后的质量差计算出水分含量。

二、方法适用范围

该方法适用于畜禽肉中水分含量的快速检测，技术指标为定量检测。

三、任务准备

（一）试剂与仪器

红外线快速水分分析仪：水分测定范围为0%~100%，读数精度0.01%，称量范围为0~30 g，称量精度为1 mg。

（二）样品前处理

从采样部位做切口，避开脂肪、筋、腱，割取的肌肉约200 g，放入密封容器中。冷却肉应去除表面风干的部分，冷冻肉应从样品内部取样。

四、检测步骤

（1）接通电源并打开开关，设定干燥加热温度为105 ℃，加热时间为自动，结果表示方式为0%~100%。

（2）打开样品室罩，取一样品盘置于红外线水分分析仪的天平架上，并回零。

（3）取出样品盘，从采样部位做切口并注意避开脂肪、筋、腱的肌肉，取出5 g样品均铺于盘上，再放回样品室，盖上样品室罩，开始加热，待完成干燥后，读取在数字显示屏上的水分含量。在配有打印机的状况下，可自动打印出水分含量。

五、结果计算

（1）非冷冻样品的水分含量，按式（1）进行计算：

$$X = \frac{m_1 - m_2}{m_1 - m_0} \times 100 \tag{1}$$

式中 X——非冷冻样品水分含量，g/100 g；

m_0——干燥后称量器、细玻璃棒和砂的总质量，g；

m_1——干燥前肉、称量器皿、细玻璃棒和砂的总质量，g；

m_2——干燥后肉、称量器皿、细玻璃棒和砂的总质量，g；

100——单位换算系数。

计算结果用两次平行测定的算术平均值表示，保留三位有效数字。

（2）冷冻样品或者有水分析出的，按式（2）进行计算：

$$W = \frac{(m_3 - m_4) + m_4 \times X}{m_3} \times 100 \tag{2}$$

式中 W——冷冻样品水分含量，g/100 g；

X——解冻后样品水分含量，即式（1）非冷冻样品水分含量，g/100 g；

m_3——解冻前样品的质量，g；

m_4——解冻后样品的质量，g；

100——单位换算系数。

计算结果用两次平行测定的算术平均值表示，保留三位有效数字。

在重复性条件下获得的两次独立测定结果的绝对差值不超过 1%。

六、判定标准

国家标准《畜禽肉水分限量标准》GB 18394—2020 规定：猪肉含水量>76%，牛肉、鸡肉含水量>77%，羊肉含水量>78%，可判为注水肉，或含水量超标。

七、任务实施

（一）任务实施报告撰写

通过相关知识学习，解读红外线快速水分分析仪说明书，小组完成检测方案制定（表 8-3），并依据方案完成工作准备、实施和结果判定（见表 8-3）。

表 8-3 检测方案

<table>
<tr><td>组长</td><td colspan="2"></td><td>组员</td><td></td></tr>
<tr><td>学习项目</td><td colspan="2"></td><td>学习时间</td><td></td></tr>
<tr><td>依据标准</td><td colspan="4"></td></tr>
<tr><td rowspan="3">准备内容</td><td>仪器设备
（规格、数量）</td><td colspan="3"></td></tr>
<tr><td>试剂耗材
（规格、浓度、数量）</td><td colspan="3"></td></tr>
<tr><td>样品</td><td colspan="3"></td></tr>
<tr><td rowspan="5">任务分工</td><td>姓名</td><td colspan="3">具体工作</td></tr>
<tr><td></td><td colspan="3"></td></tr>
<tr><td></td><td colspan="3"></td></tr>
<tr><td></td><td colspan="3"></td></tr>
<tr><td></td><td colspan="3"></td></tr>
<tr><td>具体步骤</td><td colspan="4"></td></tr>
</table>

（二）检查与评价

学生完成本任务的学习，通过自评、小组互评来检查自己对本任务学习的掌握情况。指导教师在整个教学过程中，关注每个小组的检测过程及小组成员的操作情况，并对小组成员的动手能力进行评价。学生对所学的各项任务进行抽签决定考核的内容，并将具体的检查与评价填入表 8-4。

表 8-4 注水肉的快速检测——红外线干燥法（快速法）任务总结与评价表

项目	评价标准	分值/分	学生自评	小组互评	教师评价
方案制定	查阅资料/标准，确定检测依据	5			
	协同合作制定方案并合理分工	5			
	相互沟通完成方案诊改	5			
准备工作	正确清洗及检查仪器	5			
	合理领取药品	5			
	正确取样	5			
	根据样品类型选择正确的方法进行试样制备	5			
试样制备与提取	正确处理新鲜样品，无污染	5			
	称样准确，天平操作规范	5			
	正确使用移液管或移液枪准确量取溶液	5			
	准确控制水浴温度和时间	5			
检测分析	试剂板使用正确、规范	5			
	规范操作进行样品平行测定	5			
	规范操作进行空白测定	5			
	数据记录正确、完整、整齐	5			
	合理做出判定、规范填写报告	10			
结束工作	废液、废渣处理正确	5			
	试剂归置妥当，器皿清洗干净	5			
	分工合理、文明操作、按时完成	5			
合计		100			

任务二　肉类掺伪的快速检测

案例导入

肉制品中常见的一种掺假物是猪肉和鸭肉混合，再加上羊尾油、黄油和淀粉等次要成分，这些原料通常被加工成假“羊肉卷”和“牛肉卷”，卖给餐饮业。一些不法企业还使用化学物质掩盖肉的气味和外观，并以高价卖给毫无戒心的消费者。这些行为不仅扰乱了市场秩序，严重损害了消费者的利益，还可能对人体健康造成危害，同时也带来了诸多的食品安全隐患。

问题启发

最可能出现掺假的肉类有哪些？如果摄入掺假的肉类，会对机体产生什么危害？如何避免购买到掺假的肉类？掺假的肉类可以通过哪些方法进行鉴别？

食品快速检测知识

随着经济社会的发展，人们的生活水平得到了显著提高，其饮食结构也在逐渐发生变化，肉制品在人们饮食中所占的比例呈现逐渐升高的趋势。一些不法商贩会在肉制品中掺入其他非肉类成分或者将低质量、廉价的肉类冒充高品质、高价格的肉制品，以牟取暴利。这些行为不仅扰乱了市场秩序，严重损害了消费者的利益，还可能对人体健康造成危害，同时也带来了诸多的食品安全隐患。

一、肉类掺假的鉴别方法

肉类掺假辨别的方法主要以蛋白质鉴定和核酸鉴定为基础。其中以蛋白质为基础的鉴定技术开发得比较早，主要运用的有十二烷基磺酸钠-聚丙烯酰胺凝胶电泳等电聚焦电泳和免疫学等方法。但是，食品中的肉类经过切碎、混合、蒸煮、熏烤等加工烹调过程后，就失去了原有的形态和质地，最重要的是加工处理也会改变肉类蛋白质的结构和稳定性，从而破坏物种特有的蛋白质和抗原决定部位。随着基于核酸的分子生物学鉴定方法的兴起和发展，由于核酸在肉制品经过加工后依然能够保留一部分，且该方法具有快速简便、灵敏度高、特异性强等特点，已成为肉制品中掺假研究的热点，即通过对肉制品提取有效的核酸物质，建立一个高特异性和高灵敏度的分子生物学方法，达到简单快捷地鉴定其中动物源性成分的目的。

通过先进的DNA基因检测技术等，可以提高肉类掺假的检测效率和准确性。这里介绍肉及肉制品中动物源性成分（猪、牛、羊、鸡、鸭等）的快速检测方法，适用于肉及肉制品中动物源性成分（猪、牛、羊、鸡、鸭等）掺假鉴别的快速检测，此法检测限为0.01%。

二、实时荧光PCR法快速检测肉类掺假的原理

国家标准《肉与肉制品中动物源性成分的快速测定 实时荧光PCR法》SB/T 10923—2012中采用PCR方法结合荧光探针检测技术，以目标动物的特异性基因片段为靶区域，设计特异性引物及荧光探针，实时监测PCR扩增产物的累积过程中荧光信号的变化，对动物核酸进行快速检测，从而判定目标源性成分的有无。

三、肉类掺假检测的注意事项

（1）加工后的肉制品样品可能含有盐、糖、植物色素和发酵产生等有色物质，会影响下游试验操作，应在均质样品前通过双蒸水洗涤方式尽量去除样品中的干扰物质；

（2）加样时应使样品完全落入反应液中，避免黏附于管壁上，加样后尽快压紧管盖。试剂准备和加样要在冰盒中进行。

实训任务　肉类掺伪快速检测——实时荧光 PCR 法

一、适用范围

该法适用于肉及肉制品中猪、牛、羊、马、驴、鸡、鸭、鹅、兔源性成分的定性检测。

二、任务准备

（一）试剂与仪器

除非另有规定，检测过程用水均为国家标准《分析实验室用水规格和试验方法》GB/T 6682—2008 规定的二级水、商品化动物源性成分检测试剂盒（PCR—荧光探针法）、荧光定量 PCR 仪、移液枪（2.5 μL、10 μL、100 μL、1 000 μL）、离心机、涡旋混匀器、天平（感量为 1 mg）、灭菌离心管（1.5 mL 或 2.0 mL）、灭菌 PCR 反应管（200 μL、100 μL）、冰盒等。

（二）样品前处理

取待测样品 200 g 均质处理，称取上述均质样品 50 mg 左右置于 1.5 mL 离心管内，加入样品处理液，振荡混匀 5 s，备用。

三、检测步骤

（一）扩增试剂准备

取出反应液Ⅰ、反应液Ⅱ、阳性对照品、阴性对照品，充分溶解后，振荡混匀 5 s，瞬时离心。若待检测的样品数为 n，取（n+2）份的反应液Ⅰ、反应液Ⅱ，充分混匀，分装于 PCR 反应管中备用，尽量避免出现气泡。

（二）加样

在分装有反应液的 PCR 反应管中分别加入待检样品 DNA、阳性对照品、阴性对照品，压紧管盖，混匀，瞬时离心。

注：加样时应使样品完全落入反应液中，避免黏附于管壁上，加样后尽快压紧管盖。试剂准备和加样应在冰盒中进行。

（三）测定

将反应管放入荧光定量 PCR 仪内，记录加样顺序。上机前将反应管盖紧，避免泄漏污染仪器。

按试剂盒提供的反应条件设置荧光 PCR 仪，根据荧光针标记选择荧光通道，开始检测。待检测完毕，判断检测通道有无 S 形扩增曲线，参照具体仪器使用说明进行基线设定和阈值设定，并读取 *C*t 值。

四、判定标准

（一）质控标准

阴性对照：检测通道无 S 形扩增曲线。阳性对照：检测通道有 S 形扩增曲线且 *C*t 值低于参考值。

若阳性对照和阴性对照的检测结果均符合上述要求，本次试验有效；否则试验无效，需重新检测。

（二）结果判定

若样品检测通道 *C*t 值低于参考值，且有 S 形扩增曲线，则说明该源性成分检测阳性。若样品检测通道 *C*t 值在参考值之间，则应复检，再根据复检结果另行判定。若样品的 *C*t 值大于参考值或无 *C*t 值且无 S 形扩增曲线，则报告该源性成分检测阴性。

注：*C*t 值的参考值请参照试剂盒说明书。

五、任务实施

（一）任务实施报告撰写

通过相关知识学习，解读试剂盒说明，小组完成检测方案制定，并依据方案完成工作准备、实施和结果判定（见表 8-5）。

表 8-5 检测方案

组长			组员	
学习项目			学习时间	
依据标准				
准备内容	仪器设备（规格、数量）			
	试剂耗材（规格、浓度、数量）			
	样品			
任务分工	姓名	具体工作		

具体步骤	

（二）检查与评价

学生完成本项目的学习，通过学生自评、小组互评来检查自己对本任务学习的掌握情况。指导教师在整个教学过程中，关注每个小组的检测过程及小组成员的操作情况，并对小组成员的动手能力进行评价。学生对所学的各项任务进行抽签决定考核的内容，并将具体的检查与评价填入表 8-6。

表 8-6 肉类掺假快速检测——实时荧光 PCR 法任务总结与评价表

项目	评价标准	分值/分	学生自评	小组互评	教师评价
方案制定	查阅资料/标准，确定检测依据	5			
	协同合作制定方案并合理分工	5			
	相互沟通完成方案诊改	5			
准备工作	正确清洗及检查仪器	5			
	合理领取药品	5			
	正确取样	5			
	根据样品类型选择正确的方法进行试样制备	5			
试样制备与提取	正确处理新鲜样品，无污染	5			
	称样准确，天平操作规范	5			
	正确使用移液管或移液枪准确量取溶液	5			
	准确控制水浴温度和时间	5			
检测分析	试剂板使用正确、规范	5			
	规范操作进行样品平行测定	5			
	规范操作进行空白测定	5			
	数据记录正确、完整、整齐	5			
	合理做出判定、规范填写报告	10			
结束工作	废液、废渣处理正确	5			
	仪器、试剂归置妥当，器皿清洗干净	5			
	分工合理、文明操作、按时完成	5			
合计		100			

任务三　肉类挥发性盐基氮的快速检测

案例导入

近年来，我国预制菜市场规模不断扩大。预制菜从供应餐厅向供应家庭拓展，逐渐走进千家万户，并在虎年春节迎来了爆发式增长。某线上买菜平台7天就卖出了300万份预制菜，每笔单价同比增长1倍。但是，预制菜食材不新鲜也遭到了许多消费者的投诉。肉类食品在腐败过程中，因蛋白质分解会产生氨以及胺类等碱性含氮物质。此类物质具有挥发性，其含量越高，表明氨基酸被破坏得越多，特别是蛋氨酸和酪氨酸，导致食物的营养价值大受影响。挥发性盐基氮是可反映原料鱼和肉的鲜度的主要指标。

问题启发

挥发性盐基氮（TVB-N）能够反映肉及肉制品的哪些指标？被检测样品的挥发性盐基氮含量高说明什么？

食品快速检测知识

随着生活水平的不断提高，消费者对肉制品品质的要求也越来越高。肉制品在储存、加工、运输及销售过程中，在酶和细菌的作用下，蛋白质分解产生氨以及胺类等碱性含氮物质，称为挥发性盐基氮。

一、挥发性盐基氮测定的意义

挥发性盐基氮具有挥发性，在肉制品贮藏过程中会逐渐累积，其含量可以反映肉制品的新鲜度和腐败程度。挥发性盐基氮的测定是评估肉制品质量的重要手段之一，肉及肉制品中挥发性盐基氮含量是划分肉类新鲜度等级的标准，《食品安全国家标准 鲜（冻）畜、禽产品》GB 2707—2016规定：畜肉挥发性盐基氮≤15 mg/100 g。挥发性盐基氮的含量越低，说明其新鲜度越高，质量越好。相反，如果挥发性盐基氮的含量过高，则说明肉制品已经开始腐败，可能会对人体健康造成危害。

挥发性盐基氮可以采用半微量定氮法或微量扩散法来测定，这种方法前处理烦琐、检测周期长、效率低。下面介绍检测速度快、操作简单的挥发性盐基氮试剂盒法。

二、肉类挥发性盐基氮的检测原理

肉样中挥发性盐基氮经过浸泡提取，在一定条件下与检测液可发生特异性反应，生成黄色的产物，在一定范围内，黄色的深浅与挥发性盐基氮的浓度成正比，颜色越深，含量越高。此法最低检测限1 mg/100 g。

三、肉类挥发性盐基氮检测的注意事项

(1) 试剂盒在阴凉处避光保存，若不小心将试剂溅到皮肤上时，要立即用清水冲洗干净；

(2) 比色皿洗净后可重复使用。

实训任务　肉类挥发性盐基氮的快速检测——试剂盒法

一、方法适用范围

该法适用于肉与肉制品样品中挥发性盐基氮的检测。

二、任务准备

(一) 试剂与仪器

除非另有规定，检测过程用水均为国家标准《分析实验室用水规格和试验方法》GB/T 6682—2008 规定的二级水，挥发性盐基氮快速检测试剂盒、1 cm 比色皿、小烧杯、药勺、分析天平等。

(二) 样品前处理

取待测肉与肉制品样品 20 g，切碎或研碎混合。

三、检测步骤

(1) 取样品 1 g 于杯中，加入蒸馏水 19 mL，静置 10~15 min，期间搅动数次，过滤得到滤液。

(2) 取洁净干燥的 1 cm 比色皿，加入蒸馏水 1.5 mL，再加入样品滤液 0.5 mL，混匀，加入 3 滴检测液 1 号和 3 滴检测液 2 号，混匀。

(3) 静置 5 min 后，观察颜色变化，并与色卡比对，颜色最接近的即为相应的挥发性盐基氮的浓度。

四、判定标准

(1) 将比色皿与挥发性盐基氮快速检测色阶卡进行比较，即可检出被测样品挥发性盐基氮的含量。

(2) 根据所测结果，判定样品是否新鲜。

五、任务实施

（一）任务实施报告撰写

通过相关知识学习，解读试剂盒说明，小组完成检测方案制定，并依据方案完成工作准备、实施和结果判定（见表 8-7）。

表 8-7　检测方案

<table>
<tr><td>组长</td><td colspan="2"></td><td>组员</td><td></td></tr>
<tr><td>学习项目</td><td colspan="2"></td><td>学习时间</td><td></td></tr>
<tr><td>依据标准</td><td colspan="4"></td></tr>
<tr><td rowspan="3">准备内容</td><td>仪器设备
（规格、数量）</td><td colspan="3"></td></tr>
<tr><td>试剂耗材
（规格、浓度、数量）</td><td colspan="3"></td></tr>
<tr><td>样品</td><td colspan="3"></td></tr>
<tr><td rowspan="5">任务分工</td><td>姓名</td><td colspan="3">具体工作</td></tr>
<tr><td></td><td colspan="3"></td></tr>
<tr><td></td><td colspan="3"></td></tr>
<tr><td></td><td colspan="3"></td></tr>
<tr><td></td><td colspan="3"></td></tr>
<tr><td>具体步骤</td><td colspan="4"></td></tr>
</table>

（二）检查与评价

学生完成本项目的学习，通过学生自评、小组互评来检查自己对本任务学习的掌握情况。指导教师在整个教学过程中，关注每个小组的检测过程及小组成员的操作情况，并对小组成员的动手能力进行评价。学生对所学的各项任务进行抽签决定考核的内容，并将具体的检查与评价填入表 8-8。

表 8-8　肉类挥发性盐基氮的快速检测——试剂盒法任务总结与评价表

项目	评价标准	分值/分	学生自评	小组互评	教师评价
方案制定	查阅资料/标准，确定检测依据	5			
	协同合作制定方案并合理分工	5			
	相互沟通完成方案诊改	5			

续表

项目	评价标准	分值/分	学生自评	小组互评	教师评价
准备工作	正确清洗及检查仪器	5			
	合理领取药品	5			
	正确取样	5			
	根据样品类型选择正确的方法进行试样制备	5			
试样制备与提取	正确处理新鲜样品，无污染	5			
	称样准确，天平操作规范	5			
	正确使用移液管或移液枪准确量取溶液	5			
	准确控制水浴温度和时间	5			
检测分析	试剂板使用正确、规范	5			
	规范操作进行样品平行测定	5			
	规范操作进行空白测定	5			
	数据记录正确、完整、整齐	5			
	合理做出判定、规范填写报告	10			
结束工作	废液、废渣处理正确	5			
	仪器、试剂归置妥当，器皿清洗干净	5			
	分工合理、文明操作、按时完成	5			
合计		100			

任务四　肉与肉制品中瘦肉精类药物残留快速检测

案例导入

2021 年 3·15 晚会报道，河北省××县肉羊养殖户在养羊过程中，为了提高羊瘦肉的产量，在饲料中偷偷加入了“瘦肉精”。加入“瘦肉精”的羊一只能多卖五六十元。而为了逃避监管部门的检查，运输过程中养殖户会在“瘦肉精”羊中混入几只没有喂养“瘦肉精”的“绿色羊”应付检查。养殖户明知“瘦肉精”是禁用药物，但为了提高产量、提高收益，置国家规定与人民群众生命安全于不顾，还是选择铤而走险使用“瘦肉精”。

问题启发

肉制品中使用瘦肉精对人体会产生什么危害？瘦肉精是某种具体的物质或者某一类物质，具体包括哪些药物？

食品快速检测知识

瘦肉精是一类药物的统称，任何能够抑制动物脂肪生成、促进瘦肉生长的物质都可以称为瘦肉精。能够实现此类功能的物质主要是一类叫作β-受体激动剂（也称β-兴奋剂）的药物，其中较常见的有盐酸克仑特罗、沙丁胺醇、莱克多巴胺、硫酸沙丁胺醇、盐酸多巴胺、西马特罗和硫酸特布他林等。此类药物进入动物体内后能够改变养分的代谢途径，促进动物肌肉生长，尤其是促进骨骼肌蛋白质的合成，加速脂肪的转化和分解，提高牲畜的瘦肉率。

由于瘦肉精可能对人体造成危害，世界各国都在加强对瘦肉精的监管和限制使用。为了保证畜产品质量安全，保护人类健康，许多国家都禁止在食源性动物的生产中使用盐酸克伦特罗等瘦肉精类药物。我国于2000年提出禁止使用瘦肉精类药物，但在畜牧业生产中瘦肉精的使用仍屡禁不止。2021年3月19日，农业农村部印发《关于开展“瘦肉精”专项整治行动的通知》，部署在全国范围开展为期三个月的瘦肉精专项整治行动，严厉打击违规使用瘦肉精的行为。

《动物组织中盐酸克伦特罗的残留测定 胶体金免疫层析法》DB 34/T 824—2020

一、瘦肉精对人体的危害

人体摄入含有大剂量瘦肉精的动物肉及内脏时，可能出现中毒症状。轻度中毒表现为心悸、双手颤动、眼睑肌肉震颤、烦躁不安等。随着病情加重或食用量增大，可能出现头痛、头晕、恶心、呕吐、骨骼肌震颤等症状。

此外，长期使用糖皮质激素治疗的人，如果摄入含瘦肉精的食物，可能出现低血钾等电解质紊乱现象，表现为肌无力、心律失常、吞咽及呼吸困难等。建议密切监测血钾浓度，并遵医嘱口服或静脉输注补钾药物治疗。

瘦肉精还可能加重高血压、甲状腺功能亢进、心脏病等原发疾病的病情，甚至可能危及生命。特别是瘦肉精中的盐酸克伦特罗，原本是一种在临床上被广泛使用的具有平喘作用的处方药，但由于其副作用太大，已经被禁用。长期摄入低剂量的克仑特罗会发生蓄积效应，导致哮喘发病率增加，并可能诱导染色体畸变或恶性肿瘤的发生。

二、瘦肉精快速检测卡（胶体金免疫层析法）检测原理

瘦肉精快速检测卡采用竞争抑制免疫层析原理，样品中若存在瘦肉精，与被胶体金标记的特异性抗体结合，抑制检测卡中检测线上抗原与抗体的结合，导致检测线（T线）颜色变化，与质控线（C线）颜色比较，对样品中瘦肉精进行定性判定。

三、肉与肉制品中瘦肉精类药物检测过程中的注意事项

(1) 快检法为现场快速检测方法，不合格样品应送实验室用标准方法加以确认。

(2) 测试前将未开封的检测卡放置室内，恢复至室温。

(3) 反应 5~10 min 后对照结果评判表，30 min 后判定结果无效。

实训任务　肉与肉制品中瘦肉精类药物的快速检测——速测卡法

一、方法适用范围

该法适用于肉与肉制品中瘦肉精类药物的快速检测。

二、任务准备

(一) 试剂与仪器

瘦肉精快速检测卡、天平 (感量 0.01 g)、水浴锅、离心机、一次性塑料吸管和离心管等。

(二) 样品处理

取适量具有代表性样品的可食部分，充分混匀。

三、检测步骤

(1) 取 4~5 g 肉置于 50 mL 离心管中，放入 90 ℃以上水浴锅中加热 5 min 以上至有液汁浸出，取出离心管放至室温。

(2) 若条件具备，将离心管放入离心机中，以 4 000 r/min 转速离心 5 min 后，取上层清液为待检液；或将离心管静置 15 min 以上。检测时应尽量取上层清液。

(3) 用一次性取样滴头吸取待检液体，滴入加样孔，每孔 3 滴 (约 70 μL)，滴加液体时，不能使液体溢出加样孔。

(4) 静置反应 5~10 min 后，观察现象。

四、判定标准

阴性：T 线比 C 线颜色深或一样，判定阴性或未检出。

阳性：T 线比 C 线颜色浅或 T 线无显色，判定样品中瘦肉精含量高于检测限。

无效：未出现 C 线，说明操作过程不正确或试剂失效。

五、任务实施

（一）任务实施报告撰写

通过相关知识学习，解读试剂盒说明，小组完成检测方案制定，并依据方案完成工作准备、实施和结果判定（见表 8-9）。

表 8-9　检测方案

组长		组员	
学习项目		学习时间	
依据标准			
准备内容	仪器设备 （规格、数量）		
	试剂耗材 （规格、浓度、数量）		
	样品		
任务分工	姓名	具体工作	
具体步骤			

（二）检查与评价

学生完成本项目的学习，通过学生自评、小组互评来检查自己对本任务学习的掌握情况。指导教师在整个教学过程中，关注每个小组的检测过程及小组成员的操作情况，并对小组成员的动手能力进行评价。学生对所学的各项任务进行抽签决定考核的内容，并将具体的检查与评价填入表 8-10。

表 8-10　肉与肉制品中瘦肉精类药物的快速检测——速测卡法任务总结与评价表

项目	评价标准	分值/分	学生自评	小组互评	教师评价
方案制定	查阅资料/标准，确定检测依据	5			
	协同合作制定方案并合理分工	5			
	相互沟通完成方案诊改	5			

续表

项目	评价标准	分值/分	学生自评	小组互评	教师评价
准备工作	正确清洗及检查仪器	5			
	合理领取药品	5			
	正确取样	5			
	根据样品类型选择正确的方法进行试样制备	5			
试样制备与提取	正确处理新鲜样品，无污染	5			
	称样准确，天平操作规范	5			
	正确使用移液管或移液枪准确量取溶液	5			
	准确控制水浴温度和时间	5			
检测分析	试剂板使用正确、规范	5			
	规范操作进行样品平行测定	5			
	规范操作进行空白测定	5			
	数据记录正确、完整、整齐	5			
	合理做出判定、规范填写报告	10			
结束工作	废液、废渣处理正确	5			
	仪器、试剂归置妥当，器皿清洗干净	5			
	分工合理、文明操作、按时完成	5			
合计		100			

思考题

1. 红外线干燥法快速检测注水肉的原理是什么？
2. 实时荧光 PCR 法测定肉与肉制品中动物源性成分的原理是什么？
3. 挥发性盐基氮检测盒测定肉类挥发性盐基氮的原理是什么？

项目九　乳及乳制品快速检测技术

学习目标

1. 了解乳及乳制品掺伪的类别及掺伪对人体健康的危害；
2. 掌握乳及乳制品掺伪的鉴别及快速检测方法；
3. 理解乳及乳制品掺伪快速检测技术的意义，增强食品安全质量意识。

能力目标

1. 能运用快速检测技术对乳及乳制品进行掺伪快速检测的操作；
2. 能按要求准确完成乳及乳制品快速检测试验的设计；
3. 能按要求编写乳及乳制品快速检测报告。

专业目标

1. 增强学生的食品安全意识，杜绝食品掺伪，牢固树立“食以安为先”的理念；
2. 增强学生的团队意识，提高学生的协作沟通能力；
3. 培养学生实事求是、科学严谨的试验态度，提高学生的数据分析和处理能力。

乳及乳制品是人类重要而优质的蛋白质来源，它不仅提供了丰富的必需氨基酸等营养物质，还能补充钙和维生素 D、维生素 B_{12}及脂肪等微量成分，因此一直是人们日常饮食的重要组成部分。乳及乳制品主要包括液体乳类、固体乳粉类、炼乳类、干酪类、乳脂肪及其他乳制品，市场上常见的产品有各类牛奶、酸奶、奶粉、奶酪、干酪、乳冰激凌、稀奶油制品等。随着乳及乳制品种类的增多，乳制品安全问题也越来越受到社会关注。

目前，我国乳品工业飞速发展，市场竞争日趋激烈，优质奶源的争夺成为各乳品企业竞争的焦点之一。一些奶农为了短期经济利益，常常会在鲜奶中掺伪。掺伪主要是以次充好、违法添加非食品物质等，这种做法一方面使得乳及乳制品营养成分下降，另一方面对消费者的健康造成威胁。因此，为保护企业利益及消费者健康权益，维护社会秩序及市场公平，对乳及乳制品的掺伪进行简单、快捷、高灵敏度的检测是十分必要的。

任务一　乳及乳制品中蛋白质含量的快速检测

案例导入

2022年4月22日，国家市场监督管理总局通报，××超市股份有限公司福建福州××路超市销售的，××乳业委托××乳业生产的1批次草莓味酸奶优乳饮料（250 mL/盒，2021-10-4），蛋白质检测值为0.95±0.03 g/100 g，低于“≥1 g/100 g”的标准值。涉事超市对检验结果提出异议并申请复检，复检维持初检结果。据市场监督管理总局解读，饮料中蛋白质含量不达标的原因，可能是原辅料质量控制不严，也可能是生产加工过程中搅拌不均匀，还可能是企业未按产品执行标准要求进行添加。

问题启发

蛋白质是牛奶的主要成分，且牛奶中的蛋白质是完全蛋白质，由于含有人体必需的氨基酸，所以营养价值很高。乳制品也被人们称为营养价值较高的饮用品，那么市面上售卖的乳制品中蛋白质含量是否能够达标呢？

蛋白质是乳及乳制品的重要组成部分，测定蛋白质的方法有凯氏定氮法、双缩脲分光光度比色法、染料结合分光光度比色法、水杨酸比色法、折光法、旋光法及近红外光谱法等。

实训任务　乳制品中蛋白质含量的快速测定——BCA检测试剂盒

详见项目二中任务五的实训任务：乳制品中蛋白质含量的快速测定——BCA检测试剂盒。

任务二　乳及乳制品中脂肪含量的快速检测

案例导入

英国《柳叶刀》杂志刊载的一篇研究文章在国内营养学界引起了广泛的关注。这项研究分析了21个国家和地区13万人9年随访的数据后得出结论：每天摄入3份全脂牛奶制品或有助心脏健康，降低心血管疾病和早逝风险。结果还显示，全脂牛奶制品和低脂牛奶制品区别不大，都有益于身体健康。

问题启发

纵观这几年的国外研究，其都指向了一个方向：饱和脂肪对心血管健康的负面影响或遭“妖魔化”。随着我国临床血脂异常检出率的增高，富含饱和脂肪酸的全脂牛奶被认为有害健康，低脂牛奶、脱脂牛奶被提倡。那么，对于全脂牛奶，我们到底需要“逃离”还是“追捧”？如何做到乳及乳制品中脂肪含量的快速测定？

如本书项目二中任务三中所阐述的那样，食品中脂肪含量的测定方法有很多种，具体包括索氏提取法和酸水解法等。

实训任务　乳制品中脂肪含量的快速测定——试剂盒法

详见项目二中任务三的实训任务：乳制品中脂肪含量的快速测定——试剂盒法。

任务三　乳及乳制品掺伪的快速检测

案例导入

2022 年 9 月，常某详细打听到假奶粉的生产过程，便打算“大干一番”。他来到管城回族区某村租了一间厂房，在网上购得搅拌机与封装机，又从商场购入大量某进口品牌原装奶粉、该品牌空包装袋以及植脂末、玉米糊精，在没有任何生产资质的情况下开始了“发财之旅”。常某以为自己做得天衣无缝，但很快就被食品药品监督管理部门注意到了。2022 年 10 月 13 日，管城回族区市场监督管理局执法人员来到常某的小作坊突击检查，当场查获假冒奶粉 134 袋，价值逾 8.5 万元。

公安机关立案侦查后，将案件移送管城回族区检察院审查起诉。办案检察官经审查认为，常某未经注册商标所有权人许可，在同一种商品上使用与其注册商标相同的商标，已涉嫌假冒注册商标罪。此外，常某生产的假奶粉虽然无毒，但经检测，奶粉中的蛋白质、脂肪含量均不符合国家有关标准，侵犯了不特定公民的身体健康，损害了社会公共利益，依法应当承担相应的民事责任，遂对常某提起刑事附带民事公益诉讼。

法院审理后，依法作出相应判决。常某自知违法，悔不当初，当庭认罪服判。

问题启发

上述案例中添加的东西虽然无毒无害，但奶粉中的蛋白质、脂肪含量均不符合国家有关标准，严重侵犯了不特定公民的身体健康，损害了社会公共利益，属于违法行为。我们应该从多个方面入手，如加强食品安全监管、提高消费者教育水平、促进企业自律诚信经营以及应用现代技术手段等，来共同维护食品市场的秩序和消费者的权益。乳品中掺伪的快速检测方法有哪些？在测定乳品掺伪的过程中需要注意哪些问题？

新鲜的牛乳一般都是白色或者稍带点微黄色，呈现一种比较均匀、胶态的流体，具有独特的奶香味，口感稍甜，没有异味，有一定的醇香味。

乳及其制品掺伪是指通过非法手段向乳制品中掺入其他物质，以改变其物理性状、营养成分或掩盖其真实质量，从而谋取不正当利益的行为。这种行为不仅损害了消费者的权益，也对乳制品行业的健康发展造成了威胁。

乳制品掺伪的手段多种多样。一些不法商家可能会向乳制品中加水以稀释其浓度，或者加入碳酸钠、明矾等化学物质来调节酸度，甚至使用铵盐、蔗糖等物质来提高密度。更为恶劣的是，一些商家可能会添加三聚氰胺等有毒物质来提高乳蛋白的含量，严重危害消费者的健康。

乳及其制品掺伪是一个严重的社会问题，需要各方共同努力来打击和预防。只有通过加强监管、增强消费者意识和推广先进的检测技术，才能确保乳制品的安全和品质，维护消费者的权益。

实训任务　鲜牛乳含水量的测定

一、原理与适用范围

通常，鲜牛乳的含水量为 87.5%。在 4 ℃~20 ℃的温度下，鲜牛乳的正常密度在 1.028~1.032 kg/L之间。当牛乳中掺水后，其比重就会下降。

二、任务准备

（一）试剂与仪器

乳稠计、量筒 200 mL、温度计。

（二）样品前处理

液体鲜牛乳原样处理即可。

三、操作步骤

将 200 mL 鲜牛乳充分混匀，沿量筒壁慢慢倒入，避免产生气泡。将乳稠计轻轻插入量筒内牛乳中心，使其缓缓下沉，注意不要与筒壁碰撞。静置 2~3 min 后，读数。平行测定 3 次，取平均值。同时测定牛乳温度，如果牛乳温度与乳稠计的标注温度不符，需要根据温度进行校正。

（1）根据牛乳的温度和乳稠计的读数，折算出乳稠计在 20 ℃的读数。

（2）牛乳密度 X=乳稠计折算读数/1 000+1

（3）记入表格（见表9-1）。

表9-1 鲜牛乳含水量的测定值

	第一次测量	第二次测量	第三次测量
乳稠计读数			
牛乳密度	$X_1=$	$X_2=$	$X_3=$
平均值计算公式	$\overline{X}=(X_1+X_2+X_3)/3$		
平均值			

四、结果判定

（1）计算出牛乳的密度为相对密度值。相对密度值低于1.028的牛乳即为异常牛奶，低于1.026可视为掺水牛奶。

（2）牛乳的密度会受奶牛的品种、饲喂情况、产奶量、季节、气温、挤奶时间间隔等的影响，因此要判定牛奶掺水要综合考虑各种因素，根据需要可到挤奶现场测定，做出正确的判定。

（3）牛乳密度的降低与加入的水量成正比例，每加入10%的水可使密度降低0.002 9。因此，牛奶加水的比例可用公式推算。

五、任务总结与评价

（一）检测方案制定及准备

通过相关知识学习，小组完成检测方案制定（见表9-2），并依据方案完成工作准备。

表9-2 检测方案

组长		组员	
学习项目		学习时间	
依据标准			
准备内容	仪器设备（规格、数量）		
	试剂耗材（规格、浓度、数量）		
	样品		
任务分工	姓名	具体工作	

续表

具体步骤	

（二）检查与评价

学生完成本项目的学习，通过学生自评、小组互评来检查自己对本任务学习的掌握情况。指导教师在整个教学过程中，关注每个小组的检测过程及小组成员的操作情况，并对小组成员的动手能力进行评价。学生对所学的各项任务进行抽签决定考核的内容，并将具体的检查与评价填入表 9-3。

表 9-3　鲜牛乳含水量的测定任务总结与评价表

项目	评价标准	分值/分	学生自评	小组互评	教师评价
方案制定	查阅资料/标准，确定检测依据	5			
	协同合作制定方案并合理分工	5			
	相互沟通完成方案诊改	5			
准备工作	正确清洗及检查仪器	5			
	合理领取药品	5			
	正确取样	5			
	根据样品类型选择正确的方法进行试样制备	5			
试样制备与提取	正确处理新鲜样品，无污染	5			
	取样准确，量筒操作规范	5			
	正确使用乳稠计进行测定	5			
	准确对乳稠计进行温度校正	5			
检测分析	乳稠计读数正确、规范	5			
	规范操作进行样品平行测定	5			
	数据记录正确、完整、整齐	10			
	合理做出判定、规范填写报告	10			
结束工作	废液、废渣处理正确	5			
	仪器、试剂归置妥当，器皿清洗干净	5			
	分工合理、文明操作、按时完成	5			
合计		100			

拓展任务　液体牛乳中掺伪豆浆的测定

一、检测原理

豆浆中含有皂角素，可溶解在热水或酒精中，然后与氢氧化钠（或氢氧化钾）生成黄色化合物，据此进行检测。

二、任务准备

（一）试剂与仪器

100 mL 三角瓶、移液管。
醇醚混合液：乙醇和乙醚等体积混合；25%氢氧化钠溶液。

（二）样品前处理

液体牛乳原样处理即可。

三、操作步骤

吸取待检纯乳样品 5 mL 于三角瓶中，加入 8 mL 醇醚混合液后，再加入 25%的氢氧化钠溶液 2 mL，振荡摇匀；5～10 min 后观察牛奶的颜色变化。同时做纯牛乳对照试验。

四、判定标准

若掺入 10%以上的豆浆，则三角瓶中的液体呈微黄色；纯牛乳呈乳白色。

五、任务总结与评价

（一）检测方案制定及准备

通过相关知识学习，小组完成检测方案制定（见表 9-4），并依据方案完成工作准备。

表 9-4　检测方案

<table>
<tr><td>组长</td><td colspan="2"></td><td>组员</td><td></td></tr>
<tr><td>学习项目</td><td colspan="2"></td><td>学习时间</td><td></td></tr>
<tr><td>依据标准</td><td colspan="4"></td></tr>
<tr><td rowspan="3">准备内容</td><td>仪器设备
（规格、数量）</td><td colspan="3"></td></tr>
<tr><td>试剂耗材
（规格、浓度、数量）</td><td colspan="3"></td></tr>
<tr><td>样品</td><td colspan="3"></td></tr>
</table>

续表

<table>
<tr><td rowspan="5">任务分工</td><td>姓名</td><td>具体工作</td></tr>
<tr><td></td><td></td></tr>
<tr><td></td><td></td></tr>
<tr><td></td><td></td></tr>
<tr><td></td><td></td></tr>
<tr><td>具体步骤</td><td colspan="2"></td></tr>
</table>

（二）检查与评价

学生完成本项目的学习，通过学生自评、小组互评来检查自己对本任务学习的掌握情况。指导教师在整个教学过程中，关注每个小组的检测过程及小组成员的操作情况，并对小组成员的动手能力进行评价。学生对所学的各项任务进行抽签决定考核的内容，并将具体的检查与评价填入表9-5。

表9-5　液体牛乳中掺伪豆浆测定任务总结与评价表

项目	评价标准	分值/分	学生自评	小组互评	教师评价
方案制定	查阅资料/标准，确定检测依据	5			
	协同合作制定方案并合理分工	5			
	相互沟通完成方案诊改	5			
准备工作	正确清洗及检查仪器	5			
	合理领取药品	5			
	正确取样	5			
	根据样品类型选择正确的方法进行试样制备	5			
试样制备与提取	正确处理新鲜样品，无污染	5			
	取样准确；	5			
	正确使用移液管或移液枪准确量取溶液	5			
	准确加入各项试剂。	5			
检测分析	规范操作进行样品平行测定	5			
	规范操作进行对照试验测定	5			
	数据记录正确、完整、整齐	10			
	合理做出判定、规范填写报告	10			

续表

项目	评价标准	分值/分	学生自评	小组互评	教师评价
结束工作	废液、废渣处理正确	5			
	仪器、试剂归置妥当，器皿清洗干净	5			
	分工合理、文明操作、按时完成	5			
合计		100			

拓展任务　液体牛乳中掺伪淀粉、糊精的测定

一、检测原理

糊精是淀粉的水解产物，根据水解度的不同，遇碘液可以呈现棕色、棕紫色、紫色的化合物。淀粉经糊化后，遇碘液呈现蓝色。

二、任务准备

（一）试剂与仪器

试管、移液管、容量瓶，滴管、分析天平、水浴锅。

碘液：称取固体碘 2 g 和碘化钾 4 g，加水溶解并定容至 100 mL 容量瓶中，摇匀后将其置于棕色试剂瓶中备用。

（二）样品前处理

液体牛乳原样处理即可。

三、操作步骤

（1）糊精的检测：吸取待检纯乳样品 3 mL 于试管中，加入碘液 5 滴，混匀后观察试管中的颜色变化。

（2）淀粉的检测：吸取待检纯乳样品 3 mL 于另一试管中，沸水浴中加热 10 min，冷却后加入碘液 10 滴，混匀后观察试管中的颜色变化。

四、判定标准

如果试管颜色变为棕色、紫色或者是棕紫色，可确定牛乳中含有糊精；如果样品试管出现灰色或者灰蓝色，或者出现灰色或灰蓝色沉淀，可确定牛乳中含有淀粉。

（1）正常乳粉的颜色应为黄色或者淡黄色。

（2）试管出现颜色的深浅与糊精或者淀粉量大的增大而加深或者沉淀增多。

（3）糊精的检出限为 0.5%，淀粉的检出限为 2%。

五、任务总结与评价

（一）检测方案制定及准备

通过相关知识学习，小组完成检测方案制定（见表9-6），并依据方案完成工作准备。

表 9-6 检测方案

<table>
<tr><td>组长</td><td colspan="2"></td><td>组员</td><td></td></tr>
<tr><td>学习项目</td><td colspan="2"></td><td>学习时间</td><td></td></tr>
<tr><td>依据标准</td><td colspan="4"></td></tr>
<tr><td rowspan="3">准备内容</td><td>仪器设备
（规格、数量）</td><td colspan="3"></td></tr>
<tr><td>试剂耗材
（规格、浓度、数量）</td><td colspan="3"></td></tr>
<tr><td>样品</td><td colspan="3"></td></tr>
<tr><td rowspan="5">任务分工</td><td>姓名</td><td colspan="3">具体工作</td></tr>
<tr><td></td><td colspan="3"></td></tr>
<tr><td></td><td colspan="3"></td></tr>
<tr><td></td><td colspan="3"></td></tr>
<tr><td></td><td colspan="3"></td></tr>
<tr><td>具体步骤</td><td colspan="4"></td></tr>
</table>

（二）检查与评价

学生完成本项目的学习，通过学生自评、小组互评来检查自己对本任务学习的掌握情况。指导教师在整个教学过程中，关注每个小组的检测过程及小组成员的操作情况，并对小组成员的动手能力进行评价。学生对所学的各项任务进行抽签决定考核的内容，并将具体的检查与评价填入表9-7。

表 9-7 液体牛乳中掺伪淀粉、糊精的测定任务总结与评价表

项目	评价标准	分值/分	学生自评	小组互评	教师评价
方案制定	查阅资料/标准，确定检测依据	5			
	协同合作制定方案并合理分工	5			
	相互沟通完成方案诊改	5			

续表

项目	评价标准	分值/分	学生自评	小组互评	教师评价
准备工作	正确清洗及检查仪器	5			
	合理领取药品	5			
	正确取样	5			
	根据样品类型选择正确的方法进行试样制备	5			
试样制备与提取	正确处理新鲜样品，无污染	5			
	取样准确；	5			
	正确使用移液管或移液枪准确量取溶液	5			
	准确控制水浴温度和时间。	5			
检测分析	规范操作进行样品平行测定	5			
	规范操作进行对照试验测定	5			
	数据记录正确、完整、整齐	10			
	合理做出判定、规范填写报告	10			
结束工作	废液、废渣处理正确	5			
	仪器、试剂归置妥当，器皿清洗干净	5			
	分工合理、文明操作、按时完成	5			
合计		100			

拓展任务　液体牛乳中掺伪尿素的测定

一、检测原理

亚硝酸盐和尿素在酸性溶液中会发生反应逸出二氧化碳气体，亚硝酸盐与格里斯试剂也会发生偶氮反应生成紫红色染料，掺伪尿素的牛奶因亚硝酸盐消耗不会有该反应的发生。因此，若牛奶加入格里斯试剂呈现白色或浅粉色则说明有掺伪尿素。

二、任务准备

（一）试剂与仪器

试管、棕色试剂瓶、移液管、分析天平。

格里斯试剂：称取酒石酸 89 g，对氨基苯磺酸 10 g 及 a-萘胺各 1 g，混合研磨成粉末，储存于棕色瓶中；浓硫酸；1%的亚硝酸钠溶液。

（二）样品前处理

液体牛乳原样处理即可。

三、操作步骤

量取乳样 3 mL 于试管中，加入 1%的亚硝酸钠溶液及浓硫酸各 1 mL，混匀，放置 5 min，待泡沫消失后，加入格里斯试剂 0.5 g，摇匀，观察颜色变化，同时做正常乳的对照试验。

四、判定标准

（1）观察颜色变化，和对照试验比较，如牛奶呈现黄色，说明有掺伪尿素，正常牛乳为紫色。

（2）本方法的检测灵敏度为 0.01%，被检乳最少不能低于 2.5 mL。

五、任务总结与评价

（一）检测方案制定及准备

通过相关知识学习，小组完成检测方案制定（见表 9-8），并依据方案完成工作准备。

表 9-8 检测方案

<table>
<tr><td>组长</td><td colspan="2"></td><td>组员</td><td></td></tr>
<tr><td>学习项目</td><td colspan="2"></td><td>学习时间</td><td></td></tr>
<tr><td>依据标准</td><td colspan="4"></td></tr>
<tr><td rowspan="3">准备内容</td><td>仪器设备
（规格、数量）</td><td colspan="3"></td></tr>
<tr><td>试剂耗材
（规格、浓度、数量）</td><td colspan="3"></td></tr>
<tr><td>样品</td><td colspan="3"></td></tr>
<tr><td rowspan="5">任务分工</td><td>姓名</td><td colspan="3">具体工作</td></tr>
<tr><td></td><td colspan="3"></td></tr>
<tr><td></td><td colspan="3"></td></tr>
<tr><td></td><td colspan="3"></td></tr>
<tr><td></td><td colspan="3"></td></tr>
<tr><td>具体步骤</td><td colspan="4"></td></tr>
</table>

（二）检查与评价

学生完成本项目的学习，通过学生自评、小组互评来检查自己对本任务学习的掌握情况。指导教师在整个教学过程中，关注每个小组的检测过程及小组成员的操作情况，并对小组成员的动手能力进行评价。学生对所学的各项任务进行抽签决定考核的内容，并将具体的检查与评价填入表 9–9。

表 9–9 液体牛乳中掺伪尿素的测定任务总结与评价表

项目	评价标准	分值/分	学生自评	小组互评	教师评价
方案制定	查阅资料/标准，确定检测依据	5			
	协同合作制定方案并合理分工	5			
	相互沟通完成方案诊改	5			
准备工作	正确清洗及检查仪器	5			
	合理领取药品	5			
	正确取样	5			
	根据样品类型选择正确的方法进行试样制备	5			
试样制备与提取	正确处理新鲜样品，无污染	5			
	称样准确，天平操作规范	5			
	正确使用移液管或移液枪准确量取溶液	5			
	准确控制时间	5			
检测分析	规范操作进行样品平行测定	5			
	规范操作进行对照试验测定	5			
	数据记录正确、完整、整齐	10			
	合理做出判定、规范填写报告	10			
结束工作	废液、废渣处理正确	5			
	仪器、试剂归置妥当，器皿清洗干净	5			
	分工合理、文明操作、按时完成	5			
合计		100			

拓展任务　液体牛乳中掺伪牛尿的测定

一、检测原理

哺乳动物尿中含有肌酐，在碱性条件下，肌酐与苦味酸反应会生成红色或橙色复合苦味酸肌酐，呈红褐色。

二、任务准备

（一）试剂与仪器

试管、移液管、滴管。

饱和苦味酸溶液：称取苦味酸 3 g，加入蒸馏水 200 mL，溶解放入棕色试剂瓶中；10% NaOH 溶液。

（二）样品前处理

液体鲜牛乳原样处理即可。

三、操作步骤

移取待检测牛乳 3 mL，加入 10%的 NaOH 溶液 4 滴，混匀，加入饱和苦味酸 0.6 mL，静置 5 min 后观察现象。同时做正常乳的对照试验。

四、判定标准

观察颜色变化，和对照试验相比，若牛乳呈现褐色则说明有掺伪牛尿。

五、任务总结与评价

（一）检测方案制定及准备

通过相关知识学习，小组完成检测方案制定（见表 9-10），并依据方案完成工作准备。

表 9-10 检测方案

<table>
<tr><td>组长</td><td colspan="2"></td><td>组员</td><td></td></tr>
<tr><td>学习项目</td><td colspan="2"></td><td>学习时间</td><td></td></tr>
<tr><td>依据标准</td><td colspan="4"></td></tr>
<tr><td rowspan="3">准备内容</td><td>仪器设备
（规格、数量）</td><td colspan="3"></td></tr>
<tr><td>试剂耗材
（规格、浓度、数量）</td><td colspan="3"></td></tr>
<tr><td>样品</td><td colspan="3"></td></tr>
<tr><td rowspan="5">任务分工</td><td>姓名</td><td colspan="3">具体工作</td></tr>
<tr><td></td><td colspan="3"></td></tr>
<tr><td></td><td colspan="3"></td></tr>
<tr><td></td><td colspan="3"></td></tr>
<tr><td></td><td colspan="3"></td></tr>
</table>

续表

具体步骤	

(二) 检查与评价

学生完成本项目的学习，通过学生自评、小组互评来检查自己对本任务学习的掌握情况。指导教师在整个教学过程中，关注每个小组的检测过程及小组成员的操作情况，并对小组成员的动手能力进行评价。学生对所学的各项任务进行抽签决定考核的内容，并将具体的检查与评价填入表 9-11。

表 9-11 液体牛乳中掺伪牛尿的测定任务总结与评价表

项目	评价标准	分值/分	学生自评	小组互评	教师评价
方案制定	查阅资料/标准，确定检测依据	5			
	协同合作制定方案并合理分工	5			
	相互沟通完成方案诊改	5			
准备工作	正确清洗及检查仪器	5			
	合理领取药品	5			
	正确取样	5			
	根据样品类型选择正确的方法进行试样制备	5			
试样制备与提取	正确处理新鲜样品，无污染	5			
	准确加入各项试剂	5			
	正确使用移液管或移液枪准确量取溶液	5			
	准确控制时间	5			
检测分析	规范操作进行样品平行测定	5			
	规范操作进行对照试验测定	5			
	数据记录正确、完整、整齐	10			
	合理做出判定、规范填写报告	10			
结束工作	废液、废渣处理正确	5			
	试剂归置妥当，器皿清洗干净	5			
	分工合理、文明操作、按时完成	5			
合计		100			

拓展任务　液体牛乳中掺伪氯化钠的测定

一、检测原理

一般鲜牛乳的氯离子含量为0.09%~0.14%，如果氯离子含量超过0.14%，加入硝酸银和铬酸钾溶液后，全部银离子会被沉淀成氯化银，使溶液显示铬酸钠溶液的黄色。如果牛乳中氯离子含量少于0.14%，则会出现铬酸银的红色沉淀。

二、任务准备

（一）试剂与仪器

试管、移液管、滴管。

0.01 mol/L硝酸银溶液；10%的铬酸钾溶液。

（二）样品前处理

液体鲜牛乳原样处理即可。

三、操作步骤

在试管中加入硝酸银溶液5 mL，铬酸钾溶液2滴，加入待检测鲜牛乳1 mL，摇匀，静置5 min观察颜色变化。同时做正常乳的对照试验。

四、判定标准

如果牛奶红色褪去，呈现黄色，说明牛乳中可能掺伪氯化钠。

（1）试剂10%的铬酸钾用量必须准确，否则会影响结果的准确性。

（2）有时试验摇匀会出现棕红色，放置几分钟后红色会转变为黄色，所以一定要静置一段时间后再观察颜色变化。

五、任务总结与评价

（一）检测方案制定及准备

通过相关知识学习，小组完成检测方案制定（见表9-12），并依据方案完成工作准备。

表 9-12　检测方案

<table>
<tr><td>组长</td><td colspan="2"></td><td>组员</td><td></td></tr>
<tr><td>学习项目</td><td colspan="2"></td><td>学习时间</td><td></td></tr>
<tr><td>依据标准</td><td colspan="4"></td></tr>
<tr><td rowspan="3">准备内容</td><td>仪器设备
（规格、数量）</td><td colspan="3"></td></tr>
<tr><td>试剂耗材
（规格、浓度、数量）</td><td colspan="3"></td></tr>
<tr><td>样品</td><td colspan="3"></td></tr>
<tr><td rowspan="5">任务分工</td><td>姓名</td><td colspan="3">具体工作</td></tr>
<tr><td></td><td colspan="3"></td></tr>
<tr><td></td><td colspan="3"></td></tr>
<tr><td></td><td colspan="3"></td></tr>
<tr><td></td><td colspan="3"></td></tr>
<tr><td>具体步骤</td><td colspan="4"></td></tr>
</table>

（二）检查与评价

学生完成本项目的学习，通过学生自评、小组互评来检查自己对本任务学习的掌握情况。指导教师在整个教学过程中，关注每个小组的检测过程及小组成员的操作情况，并对小组成员的动手能力进行评价。学生对所学的各项任务进行抽签决定考核的内容，并将具体的检查与评价填入表 9-13。

表 9-13　液体牛乳中掺伪氯化钠的测定任务总结与评价表

项目	评价标准	分值/分	学生自评	小组互评	教师评价
方案制定	查阅资料/标准，确定检测依据	5			
	协同合作制定方案并合理分工	5			
	相互沟通完成方案诊改	5			
准备工作	正确清洗及检查仪器	5			
	合理领取药品	5			
	正确取样	5			
	根据样品类型选择正确的方法进行试样制备	5			

续表

项目	评价标准	分值/分	学生自评	小组互评	教师评价
试样制备与提取	正确处理新鲜样品，无污染	5			
	准确加入各项试剂	5			
	正确使用移液管或移液枪准确量取溶液	5			
	准确控制时间。	5			
检测分析	规范操作进行样品平行测定	5			
	规范操作进行对照试验测定	5			
	数据记录正确、完整、整齐	10			
	合理做出判定、规范填写报告	10			
结束工作	废液、废渣处理正确	5			
	仪器、试剂归置妥当，器皿清洗干净	5			
	分工合理、文明操作、按时完成	5			
合计		100			

拓展任务　液体牛乳中掺伪蔗糖的测定

一、检测原理

糖类在硫酸的作用下脱水生成糠醛或糠醛衍生物，后者与蒽酮缩合成蓝绿色化合物。

二、任务准备

（一）试剂与仪器

试管、移液管、水浴锅。

蒽酮试剂：称取 0.1 g 蒽酮，溶解于 100 mL 硫酸溶液（体积比 3∶1）中，临用时配制。

（二）样品前处理

液体鲜牛乳原样处理即可。

三、操作步骤

量取乳样 1 mL 于试管中，加入蒽酮试剂 2 mL，混匀，水浴加热后 5 min 内观察颜色变化，同时做纯牛乳对照试验。

四、判定标准

当溶液变为蓝绿色，说明样品中掺有蔗糖。

五、任务总结与评价

（一）检测方案制定及准备

通过相关知识学习，小组完成检测方案制定（见表 9-14），并依据方案完成工作准备。

表 9-14 检测方案

<table>
<tr><td>组长</td><td colspan="2"></td><td>组员</td><td></td></tr>
<tr><td>学习项目</td><td colspan="2"></td><td>学习时间</td><td></td></tr>
<tr><td>依据标准</td><td colspan="4"></td></tr>
<tr><td rowspan="3">准备内容</td><td>仪器设备
（规格、数量）</td><td colspan="3"></td></tr>
<tr><td>试剂耗材
（规格、浓度、数量）</td><td colspan="3"></td></tr>
<tr><td>样品</td><td colspan="3"></td></tr>
<tr><td rowspan="5">任务分工</td><td>姓名</td><td colspan="3">具体工作</td></tr>
<tr><td></td><td colspan="3"></td></tr>
<tr><td></td><td colspan="3"></td></tr>
<tr><td></td><td colspan="3"></td></tr>
<tr><td></td><td colspan="3"></td></tr>
<tr><td>具体步骤</td><td colspan="4"></td></tr>
</table>

（二）检查与评价

学生完成本项目的学习，通过学生自评、小组互评来检查自己对本任务学习的掌握情况。指导教师在整个教学过程中，关注每个小组的检测过程及小组成员的操作情况，并对小组成员的动手能力进行评价。学生对所学的各项任务进行抽签决定考核的内容，并将具体的检查与评价填入表 9-15。

表 9-15　液体牛乳中掺伪蔗糖的测定任务总结与评价表

项目	评价标准	分值/分	学生自评	小组互评	教师评价
方案制定	查阅资料/标准，确定检测依据	5			
	协同合作制定方案并合理分工	5			
	相互沟通完成方案诊改	5			
准备工作	正确清洗及检查仪器	5			
	合理领取药品	5			
	正确取样	5			
	根据样品类型选择正确的方法进行试样制备	5			
试样制备与提取	正确处理新鲜样品，无污染	5			
	准确加入各项试剂	5			
	正确使用移液管或移液枪准确量取溶液	5			
	准确控制水浴温度和时间	5			
检测分析	规范操作进行样品平行测定	5			
	规范操作进行对照试验测定	5			
	数据记录正确、完整、整齐	10			
	合理做出判定、规范填写报告	10			
结束工作	废液、废渣处理正确	5			
	仪器、试剂归置妥当，器皿清洗干净	5			
	分工合理、文明操作、按时完成	5			
合计		100			

拓展任务　液体牛乳中掺伪芒硝的测定

一、检测原理

正常牛乳中一般不含硫酸根。掺伪芒硝的奶中硫酸根含量很高，当加入红色的玫瑰红酸钠时，硫酸根离子与钡离子生成更为稳定的硫酸钠沉淀，使玫瑰红酸钡的红色褪去。

二、任务准备

（一）试剂与仪器

试管、移液管、滴管。

0.2%玫瑰红酸钠溶液：称取固体玫瑰红酸钠 0.2 g，加水溶解，定容到 100 mL 棕色容量瓶中，摇匀备用；1%氯化钡溶液；20%的乙酸溶液。

（二）样品前处理

液体鲜牛乳原样处理即可。

三、操作步骤

试管中加入乳样 3 mL，加入乙酸溶液 4 滴，混匀后，加入氯化钡溶液 5 滴，玫瑰红酸钠溶液 1 滴。混匀，5 min 后观察颜色变化。同时做纯牛乳对照试验。

四、判定标准

牛乳中的红色褪去，出现不同深度的黄色，则可以判定牛乳中掺伪芒硝。

（1）有时刚摇匀会出现棕红色，放置几分钟后，转为黄色，因此要静置 5 min 后观察结果。

（2）玫瑰红酸钠溶液不太稳定，因此要现用现配。

五、任务总结与评价

（一）检测方案制定及准备

通过相关知识学习，小组完成检测方案制定（见表 9-16），并依据方案完成工作准备。

表 9-16　检测方案

<table>
<tr><td>组长</td><td colspan="2"></td><td>组员</td><td></td></tr>
<tr><td>学习项目</td><td colspan="2"></td><td>学习时间</td><td></td></tr>
<tr><td>依据标准</td><td colspan="4"></td></tr>
<tr><td rowspan="3">准备内容</td><td>仪器设备
（规格、数量）</td><td colspan="3"></td></tr>
<tr><td>试剂耗材
（规格、浓度、数量）</td><td colspan="3"></td></tr>
<tr><td>样品</td><td colspan="3"></td></tr>
<tr><td rowspan="5">任务分工</td><td>姓名</td><td colspan="3">具体工作</td></tr>
<tr><td></td><td colspan="3"></td></tr>
<tr><td></td><td colspan="3"></td></tr>
<tr><td></td><td colspan="3"></td></tr>
<tr><td></td><td colspan="3"></td></tr>
</table>

续表

具体步骤	

（二）检查与评价

学生完成本项目的学习，通过学生自评、小组互评来检查自己对本任务学习的掌握情况。指导教师在整个教学过程中，关注每个小组的检测过程及小组成员的操作情况，并对小组成员的动手能力进行评价。学生对所学的各项任务进行抽签决定考核的内容，并将具体的检查与评价填入表9-17。

表9-17　液体牛乳中掺伪芒硝的测定任务总结与评价表

项目	评价标准	分值/分	学生自评	小组互评	教师评价
方案制定	查阅资料/标准，确定检测依据	5			
	协同合作制定方案并合理分工	5			
	相互沟通完成方案诊改	5			
准备工作	正确清洗及检查仪器	5			
	合理领取药品	5			
	正确取样	5			
	根据样品类型选择正确的方法进行试样制备	5			
试样制备与提取	正确处理新鲜样品，无污染	5			
	正确配制溶液	5			
	正确使用移液管或移液枪准确量取溶液	5			
	准确控制时间	5			
检测分析	规范操作进行样品平行测定	5			
	规范操作进行对照试验测定	5			
	数据记录正确、完整、整齐	10			
	合理做出判定、规范填写报告	10			
结束工作	废液、废渣处理正确	5			
	仪器、试剂归置妥当，器皿清洗干净	5			
	分工合理、文明操作、按时完成	5			
合计		100			

拓展任务　液体牛乳中掺碱的测定

一、检测原理

牛乳的酸度通常在16~18 °T，如果原料乳的酸度低于16 °T，需要做掺碱检测。麝香草酚蓝指示剂的变色范围是pH值6~8，溶液中颜色由黄色变为蓝色。如果牛乳中掺入碱性物质，氢离子浓度发生变化，会引起麝香草酚蓝显示不同的颜色。

二、任务准备

（一）试剂与仪器

试管、移液管、滴管。

麝香草酚蓝乙醇溶液，所用试剂为当天使用当天配置，使用时用标准NaOH调至pH值为7。

（二）样品前处理

液体鲜牛乳原样处理即可。

三、操作步骤

取样牛乳5 mL于试管中，倾斜试管，沿试管壁小心加入0.04%的麝香草酚蓝乙醇溶液5滴。将试管缓慢倾斜转动2~3周，使试管与牛乳相互接触，但不要使两者互相混合。然后将试管垂直，静止2~3 min，观察两液面交界处环层指示剂颜色。同时用纯鲜牛乳做对照试验。

四、判定标准

根据下列表格进行判定。

含碱量	环层颜色	掺伪定断
牛乳中无碳酸钠	环层显黄色	合格乳
牛乳中含有0.03%的碳酸钠	环层显黄绿色	异常乳
牛乳中含有0.05%的碳酸钠	环层显浅绿色	严重异常乳
牛乳中含有0.1%的碳酸钠	环层显绿色	严重异常乳
牛乳中含有0.3%的碳酸钠	环层显深绿色	严重异常乳
牛乳中含有0.5%的碳酸钠	环层显青绿色	严重异常乳
牛乳中含有0.7%的碳酸钠	环层显浅蓝色	严重异常乳
牛乳中含有1.0%的碳酸钠	环层显蓝色	严重异常乳

五、任务总结与评价

（一）检测方案制定及准备

通过相关知识学习，小组完成检测方案制定（见表 9-18），并依据方案完成工作准备。

表 9-18　检测方案

<table>
<tr><td>组长</td><td colspan="2"></td><td>组员</td><td></td></tr>
<tr><td>学习项目</td><td colspan="2"></td><td>学习时间</td><td></td></tr>
<tr><td>依据标准</td><td colspan="4"></td></tr>
<tr><td rowspan="3">准备内容</td><td>仪器设备
（规格、数量）</td><td colspan="3"></td></tr>
<tr><td>试剂耗材
（规格、浓度、数量）</td><td colspan="3"></td></tr>
<tr><td>样品</td><td colspan="3"></td></tr>
<tr><td rowspan="5">任务分工</td><td>姓名</td><td colspan="3">具体工作</td></tr>
<tr><td></td><td colspan="3"></td></tr>
<tr><td></td><td colspan="3"></td></tr>
<tr><td></td><td colspan="3"></td></tr>
<tr><td></td><td colspan="3"></td></tr>
<tr><td>具体步骤</td><td colspan="4"></td></tr>
</table>

（二）检查与评价

学生完成本项目的学习，通过学生自评、小组互评来检查自己对本任务学习的掌握情况。指导教师在整个教学过程中，关注每个小组的检测过程及小组成员的操作情况，并对小组成员的动手能力进行评价。学生对所学的各项任务进行抽签决定考核的内容，并将具体的检查与评价填入表 9-19。

表 9-19　液体牛乳中掺碱的测定任务总结与评价表

项目	评价标准	分值/分	学生自评	小组互评	教师评价
方案制定	查阅资料/标准，确定检测依据	5			
	协同合作制定方案并合理分工	5			
	相互沟通完成方案诊改	5			

续表

项目	评价标准	分值/分	学生自评	小组互评	教师评价
准备工作	正确清洗及检查仪器	5			
	合理领取药品	5			
	正确取样	5			
	根据样品类型选择正确的方法进行试样制备	5			
试样制备与提取	正确处理新鲜样品，无污染	5			
	正确配制溶液	5			
	正确使用移液管或移液枪准确量取溶液	5			
	准确控制时间	5			
检测分析	规范操作进行样品平行测定	5			
	规范操作进行对照试验测定	5			
	数据记录正确、完整、整齐	10			
	合理做出判定、规范填写报告	10			
结束工作	废液、废渣处理正确	5			
	仪器、试剂归置妥当，器皿清洗干净	5			
	分工合理、文明操作、按时完成	5			
合计		100			

任务四　乳及其制品中三聚氰胺的快速检测

案例导入

2008 年 9 月 1 日，甘肃省兰州市某解放军医院收治了首例患有肾结石的婴幼儿，随后有越来越多的婴幼儿出现肾结石等异常情况。据该医院调查，这些婴幼儿在发病前都食用过三鹿集团生产的婴幼儿奶粉。随后，同一品牌的奶粉在全国范围内被发现含有三聚氰胺。

卫生部通报显示，截至 2008 年 12 月底，全国共有约 2 240.1 万人接受了免费筛查，有近 30 万儿童被确诊为患有肾结石等病症，其中数千人住院治疗，严重影响了儿童的身体健康。

事情发生后，政府相关部门立即展开了调查。调查结果显示，三鹿集团生产的婴幼儿奶粉中确实掺有三聚氰胺以增加奶粉的蛋白含量，并有伪造检验报告等情况。这种做法是非法和危险的，因为三聚氰胺是一种不能被食用的化工原料，不能作为食品添加剂使用。

尽管政府下令在全国范围内召回三鹿集团生产的婴幼儿奶粉，并停止其生产和销售，但“三鹿奶粉”事件还是对社会产生了深远的影响。该事件引起了全社会对食品安全问题的关注，使人们更加重视食品的质量和安全。该事件也导致了国内乳制品行业的信誉危机，许多消费者对国产乳制品失去了信心，导致了国产乳制品市场的萎缩，也促使政府加强了对乳制品行业的监管。

问题启发

这次事件不仅给该品牌带来了巨大的经济损失和声誉影响，也引发了公众对食品安全问题的担忧和关注。乳品中三聚氰胺的快速检测方法有哪些？在测定乳品中三聚氰胺的过程中需要注意哪些问题？

三聚氰胺，学名三氨三嗪，是一种重要的氮杂环有机化工原料。由于国家标准中蛋白质含量检测方法的缺陷，三聚氰胺常被不法商人或奶农添加到乳品中，以提升检测中的蛋白质含量指标，因此三聚氰胺也称为“蛋白精 ”。长期摄入三聚氰胺的乳制品，会造成生殖、泌尿系统的损害，膀胱、肾部结石，并可进一步诱发膀胱癌。一般成年人身体会排出部分的三聚氰胺，但婴幼儿因身体功能不健全，三聚氰胺排出困难，容易在肾脏堆积造成严重的肾结石，影响身体发育。我国禁止在食品中非法添加三聚氰胺。2008 年“三鹿奶粉”事件后，三聚氰胺的检测技术越来越成熟，目前市场上便捷的检测技术主要是试剂盒法。本项目介绍酶联免疫吸附试验法，可实现定性和定量分析。

实训任务　液体牛乳中掺入三聚氰胺的测定

一、检测原理及适用范围

三聚氰胺试剂盒采用间接竞争 ELISA 方法，在酶标板的微孔条上预包被偶联抗原，当样品加入各个微孔中后，样品中残留的三聚氰胺和微孔条上预包被的偶联抗原竞争抗三聚氰胺抗体，加入酶标二抗后，用 TMB 底物显色，样品吸光值与其残留物三聚氰胺的含量负相关，与标准曲线比较再乘以其对应的稀释倍数，即可得出样品中三聚氰胺的含量。适用于生乳、成品乳及乳粉中三聚氰胺的测定。

《原料乳与乳制品中三聚氰胺检测方法》GB/T 22388—2008

二、任务准备

（一）试剂与仪器

微量移液器（量程为 20~200 μL）；酶标仪（带 450 nm 波长），离心机、离心管、小烧杯。

三聚氰胺（MEL）酶免检测试剂盒，乙腈。

（二）样品前处理

液体鲜牛乳原样处理即可。

三、操作步骤

（1）制备：生乳、成品乳等液体乳品，直接称取 2.0 g，酸乳等较稠乳品混匀后称取 2.0 g，加水 5 mL 混匀，乳粉等固体样品称取 2.0 g 加入 10 mL 蒸馏水溶解，混匀备用。

（2）提取：制备好的样品中加入 15 mL 乙腈，振荡提取 5 min，沉淀去除蛋白质。加入蒸馏水至 25 mL，以 4 000 r/min 转速离心 5 min，提取上层清液待用。

（3）加样：分别设空白孔，标准孔和待测样品孔。空白孔加样品稀释液 100 μL，余孔分别加入标准品或待测样品 50 μL，注意不要有气泡。将样品加于酶标板孔底部，然后在标准孔、待测样品孔加入 50 μL 稀释好的酶标物工作液，尽量不触及孔壁，轻轻晃动混匀，酶标板加盖，于 37 ℃反应指定时间。

（4）清洗：温育后，弃去孔内液体，甩干，清洗若干次。每次清洗浸泡 1～2 min，甩干。

（5）显色：依次序在每孔加入底物溶液 90 μL，37 ℃避光显色（蓝色）。

（6）终止：依次序每孔加入终止液 50 μL，终止反应（蓝色转为黄色）。

（7）检测：用酶联仪在 450 nm 波长下依序检测各孔的光密度，加终止液后 15 min 内检测完毕。

四、判定标准

以标准物的浓度为横坐标，OD 值为纵坐标，在半对数坐标轴上绘制标准曲线。根据样品的 OD 值由标准曲线查出相应的浓度，乘以稀释倍数。

（1）检测限：1 ppb C_{10}^{-9}

（2）试剂盒应在 2 ℃～8 ℃冷藏保存，切勿冷冻。

（3）试剂盒在有效期前使用。

（4）酶联反应应严格控制时间，因此加液顺序应为相同。

五、任务总结与评价

（一）检测方案制定及准备

通过相关知识学习，小组完成检测方案制定（见表 9-20），并依据方案完成工作准备。

表 9-20　检测方案

组长		组员	
学习项目		学习时间	
依据标准			

续表

<table>
<tr><td rowspan="3">准备内容</td><td>仪器设备
（规格、数量）</td><td></td></tr>
<tr><td>试剂耗材
（规格、浓度、数量）</td><td></td></tr>
<tr><td>样品</td><td></td></tr>
<tr><td rowspan="5">任务分工</td><td>姓名</td><td>具体工作</td></tr>
<tr><td></td><td></td></tr>
<tr><td></td><td></td></tr>
<tr><td></td><td></td></tr>
<tr><td></td><td></td></tr>
<tr><td>具体步骤</td><td colspan="2"></td></tr>
</table>

（二）检查与评价

学生完成本项目的学习，通过学生自评、小组互评来检查自己对本任务学习的掌握情况。指导教师在整个教学过程中，关注每个小组的检测过程及小组成员的操作情况，并对小组成员的动手能力进行评价。学生对所学的各项任务进行抽签决定考核的内容，并将具体的检查与评价填入表 9–21。

表 9–21　液体牛乳中掺入三聚氰胺的测定任务总结与评价表

项目	评价标准	分值/分	学生自评	小组互评	教师评价
方案制定	查阅资料/标准，确定检测依据	5			
	协同合作制定方案并合理分工	5			
	相互沟通完成方案诊改	5			
准备工作	正确清洗及检查仪器	5			
	合理领取药品	5			
	正确取样	5			
	根据样品类型选择正确的方法进行试样制备	5			
试样制备与提取	正确处理新鲜样品，无污染	5			
	正确称取或量取样品	5			
	正确提取待测样	5			
	准确控制温度和时间	5			

续表

项目	评价标准	分值/分	学生自评	小组互评	教师评价
检测分析	规范操作进行样品平行测定	5			
	规范操作进行对照试验测定	5			
	数据记录正确、完整、整齐	10			
	合理做出判定、规范填写报告	10			
结束工作	废液、废渣处理正确	5			
	仪器、试剂归置妥当，器皿清洗干净	5			
	分工合理、文明操作、按时完成	5			
合计		100			

思考题

1. 若在乳粉中掺入淀粉或糊精应如何快速检测？
2. 牛乳中掺伪蔗糖对后期加工品质有何影响？
3. 有颜色的乳品中尿素该如何测定？
4. 牛乳中掺伪尿素的快速检测，如若颜色不稳定，应如何操作？
5. 三聚氰胺试剂盒快速检测的操作步骤有哪些？

项目十　水产品及水产制品掺伪的鉴别和快速检测技术

学习目标

1. 了解我国水产品安全的现状及其快速检测技术的标准；
2. 熟悉水产品快速检测项目及其试验原理；
3. 掌握水产品快速检测方法的操作与注意事项等。

能力目标

1. 能正确使用水产品快速检测的标准和方法；
2. 能熟练操作水产品快速检测项目的样品处理、测试，报告出具等。

专业目标

1. 培养学生终身学习的能力和理想信念，提高学生的独立思考能力；
2. 提升学生的职业精神，培养学生的创新精神。

我国是水产品产量最大的国家之一，每年有很多的水产品出口，但各种污染物导致的水产品安全问题却致使我国水产品的出口量越来越低。快速检测技术是一种能够在短时间内对水产品样品进行现场检测和污染物排查筛选的检测技术。目前对于水产品有毒有害物质的检测技术有很多，但是常规的检测技术具有较大的缺陷，如检测时间长，检测精度低，成本高，操作烦琐等。快速检测技术不仅便捷、灵敏，可以有效检测出有毒有害物质，还可以做到现场检测、快速筛查。因此，学习水产品中常见危害物的快速检测技术具有重要意义。

任务一　三文鱼掺伪的快速检测

案例导入

2018 年 5 月，央视财经一则“中国市场三分之一的三文鱼来自青海龙羊峡”的报道，将三文鱼推向了舆论的风口浪尖。人们就虹鳟鱼是否属于三文鱼的话题展开了激烈的争论。由于淡水养殖的虹鳟鱼与生活在大西洋海水里的鲑鱼感染寄生虫的风险不同，因此消费者对于自己食用的三文鱼是否安全产生了极大的担心，他们非常关心自己购买的三文鱼是否属于大西洋鲑鱼。

问题启发

那么大西洋鲑鱼和虹鳟鱼有何区别？又如何对三文鱼物种进行鉴别呢？

1. 大西洋鲑鱼和虹鳟鱼的区别

（1）物种分类不同。虹鳟鱼为鲑形目、鲑科、太平洋鲑属，而大西洋鲑为鲑形目、鲑科、鲑属。

（2）分布地区不同。虹鳟鱼原产地为北美洲太平洋沿岸及堪察加半岛一带，主要栖息于冷而清澈的上游源头、小溪、小河以及大河或湖泊中。大西洋鲑原产地为大西洋北部地区，即北美东北部、不列颠群岛、欧洲斯堪的纳维亚半岛沿岸地区。

（3）产品外观不同。大西洋鲑的鱼皮为银色和黑色，层次分明、干净，而虹鳟的鱼皮为银色、黑色以及棕色，颜色比较杂乱，并且在鱼皮的中间部位有红色条纹。大西洋鲑的脂肪纹路（白色线条）较宽，并且线条边缘较为模糊，而虹鳟鱼的脂肪纹路较细，并且线条边缘很硬（即红白相间明显）。

2. 三文鱼物种鉴别的检测方法

可通过产品外观采用目视法进行鉴别，也可采用分子生物学方法，包括实时荧光 PCR 法、普通 PCR 法和等温 PCR 法等。由于目前我国还没有三文鱼物种鉴别相关的检测标准和产品标准，分子生物学方法仅为参考方法，读者可自行查阅。

任务二　水发产品中甲醛的快速检测

案例导入

案例：2022 年 9 月 7 日，淮安市清江浦区人民法院组成 7 人合议庭，公开开庭、集中审理 4 起生产、销售有毒、有害食品的刑事附带民事公益诉讼案件。

根据公诉机关指控，4 起案件被告人在淮安市清江浦区某菜场水发区摊位销售水发鱿鱼等食品。4 名被告人在明知国家禁止在鱿鱼等水发产品中添加有毒、有害的非食品原料甲醛的情况下，为防止其生产、销售的水发鱿鱼腐烂变质，仍在鱿鱼中添加甲醛。经淮安海关综合技术服务中心检测，4 名被告人当日销售的水发鱿鱼中甲醛含量分别为 91.82 mg/kg、216.16 mg/kg 、3283 mg/kg 、7 501 mg/kg。公诉机关认为，4 起案件的被告人在销售的食品中掺入有毒、有害的非食品原料，其行为均违反了《中华人民共和国刑法》第一百四十四条之规定，犯罪事实清楚，证据确实、充分，均应以生产、销售有毒、有害食品罪追究刑事责任。

4 起案件的被告人为了谋取非法利益，在食品中添加有毒、有害的非食品原料并销售给消费者，侵害了不特定消费者的生命健康安全，严重损害了社会公共利益，根据《中华人民共和国民法典》第一百七十九条、《中华人民共和国食品安全法》第一百四十八条第二款的规定，应承担支付销售价款 10 倍的惩罚性赔偿金并公开赔礼道歉的侵权责任。4 起案件将择期宣判。

问题启发

甲醛浸泡的水产品有什么危害？如何辨别“甲醛水产品”？

食品快速检测知识

甲醛为无色气体，有刺激性气味，易溶于水和乙醚，水溶液浓度最高可达55%。低浓度时不易察觉，很容易被其他气味所掩盖，如空气清新剂等；浓度较高时，有强烈刺激性和窒息性的气味，对人眼、鼻等有刺激作用。甲醛是严重危害人体健康的有毒气体，较多地出现在质量不达标的家具和装修材料中。长期处于甲醛浓度较高的环境中，患者可能会出现头晕、头痛、流泪、恶心呕吐，咳嗽胸闷、白血病等情况，严重的会导致死亡。2017年10月27日，世界卫生组织国际癌症研究机构公布的致癌物清单中，将甲醛列在一类致癌物中。人类接触甲醛的主要途径为经呼吸道吸入、经口食入和经皮肤接触。甲醛蒸汽对神经系统有刺激作用，当吸入人体时，可引起失明和中毒。急性中毒是由接触高浓度甲醛蒸汽引起的，以损害眼和呼吸系统为主，表现为视物模糊、持续性头痛、咳嗽、声音嘶哑、胸痛、呼吸困难等症状，甚至因昏迷、血压下降、休克而危及生命。

实训任务　水发产品中甲醛的快速检测——AHMT法（比色卡法）

一、原理与适用范围

《水发产品中甲醛的快速检测》KJ 201904

试样中的甲醛经提取后，在碱性条件下与4-氨基-3-联氨-5-巯基-1，2，4-三氮杂茂（AHMT）发生缩合，再被高碘酸钾氧化成6-巯基-S-三氮杂茂［4，3-b］-S-四氮杂苯的紫红色络合物，其颜色的深浅在一定范围内与甲醛含量正相关，通过色阶卡进行目视比色，对试样中的甲醛进行定性判定。

本方法规定了水发产品及其浸泡液中甲醛的快速检测方法。本方法适用于银鱼、鱿鱼、牛肚、竹笋等水发产品及其浸泡液中甲醛的快速测定。

二、任务准备

（一）试剂及材料

除另有规定外，本方法检测过程用水为国家标准《分析实验室用水规格和试验方法》GB/T 6682—2016规定的二级水。

1. 试剂和配制

（1）氢氧化钾、盐酸、亚铁氰化钾、乙酸锌、冰乙酸、乙二胺四乙酸二钠、高碘酸钾、4-氨基-3-联氨-5-巯基-1，2，4-三氮杂茂（AHMT）。

（2）氧化钾溶液（5 mol/L）：称取氢氧化钾 280.5 g，用水溶解并定容至 1 000 mL，混匀。

（3）氢氧化钾溶液（0.2 mol/L）：称取氢氧化钾 11.22 g，用水溶解并定容至 1 000 mL。混匀。

（4）盐酸溶液（0.5 mol/L）：量取盐酸 41 mL，用水稀释并定容至 1 000 mL，混匀。

（5）亚铁氰化钾溶液（106 g/L）：称取亚铁氰化钾 10.6 g，用水溶解并定容至 100 mL，混匀。

（6）乙酸锌溶液（220 g/L）：称取乙酸锌 22 g，加入 3 mL 冰乙酸溶解，用水稀释并定容至 100 mL，混匀。

（7）乙二胺四乙酸二钠溶液（100 g/ L）：称取乙二胺四乙酸二钠 10 g，用 5 mol/L 氢氧化钾溶液溶解，并定容至 100 mL，混匀。

（8）AHMT 溶液（5g/L）：称取 4-氨基-3-联氨-5-巯基-1，2，4-三氮杂茂 0.5 g，用 0.5 mol/L 盐酸溶液溶解，并定容至 100 mL，混匀后置于棕色瓶中，有效期为 6 个月。

（9）高碘酸钾溶液（15 g/L）：称取高碘酸钾 1.5 g，用氢氧化钾 0.2 mol/L 溶液溶解，并定容至 100 mL，混匀。

2. 参考物质

甲醛参考物质的中文名称、英文名称、CAS 登录号、分子式、相对分子量如表 10-1 所示。

表 10-1 甲醛参考物质的中文名称、英文名称、CAS 登录号、分子式、相对分子量

中文名称	英文名称	CAS 登录号	分子式	相对分子量
甲醛	Formaldehyde	50-00-0	HCHO	30.03

3. 标准溶液配制

甲醛标准储备液（100 μg/mL）：安瓿瓶封装，冷藏、避光、干燥条件下保存。使用前恢复至室温，摇匀备用。安瓿瓶打开后应一次性使用完毕。

甲醛标准工作液（10 μg/mL）：吸取甲醛标准储备液（100 μg/mL）1.0 mL，置于 10 mL容量瓶中，用水稀释至刻度，摇匀，临用前配制。

4. 材料

（1）甲醛快速检测试剂盒（AHMT 法——比色卡法）：适用基质为水发产品及其浸泡液的检测，需在阴凉、干燥、避光条件下保存。

（2）滤纸：中速定性滤纸。

（二）仪器和设备

（1）移液器：200 μL、1 mL、5 mL。

（2）涡旋混合器。

（3）电子天平或手持式天平：感量为0.01 g。

（4）离心机：转速≥4 000 r/min。

（5）环境条件：温度为 15 ℃~35 ℃，湿度≤80%。

三、分析步骤

（一）试样制备

取适量有代表性试样的可食部分或浸泡液，固体试样剪碎混匀，液体试样需充分混匀。

（二）试样的提取

准确称取试样 1 g（精确至 0.01 g）或吸取试样 1 mL，置于 15 mL 离心管中，加水定容至 10 mL，涡旋提取 1 min，静置 5 min，取上层清液作为提取液（如上层清液浑浊，加入亚铁氰化钾溶液 1 mL 和乙酸锌溶液 1 mL，涡旋混匀，以 4 000 r/min 转速离心 5 min 或用滤纸过滤，取上层清液或滤液作为提取液）。

（三）测定步骤

准确移取提取液 2 mL 于 5 mL 离心管中，加入 0.4 mL 乙二胺四乙酸二钠溶液和 0.4 mL AHMT 溶液，涡旋混匀后静置 10 min，再加入 0.1 mL 高碘酸钾溶液，涡旋混匀后静置 5 min，立即与标准色阶卡目视比色，10 min 内判定结果。进行平行试验，两次测定结果应一致，即显色结果无肉眼可辨识差异。

（四）质控试验

每批试样应同时进行空白试验和加标质控试验。用色阶卡和质控试验同时对检测结果进行控制。

1. 空白试验

称取空白试样 1 g（精确至 0.01 g）或吸取空白试样 1 mL，按照分析步骤与试样同法操作。

2. 加标质控试验

准确称取空白试样 1 g（精确至 0.01 g）或吸取空白试样 1 mL，并将其置于 15 mL 离心管中，加入 0.5 mL 甲醛标准工作液（10 μg/mL），使试样中甲醛含量为 5 mg/kg，按照分析步骤与试样同法操作。

四、结果判定要求

观察检测管中样液颜色，与标准色阶卡比较判定试样中甲醛的含量。颜色浅于检出限（5 mg/kg）则为阴性试样；颜色接近或深于 5 mg/kg 则为阳性试样。甲醛色阶卡如图 10-1 所示。

质控试验要求：空白试验测定结果应为阴性，质控试验测定结果应与比色卡第二点（5 mg/kg 或 5 mg/L）颜色一致。

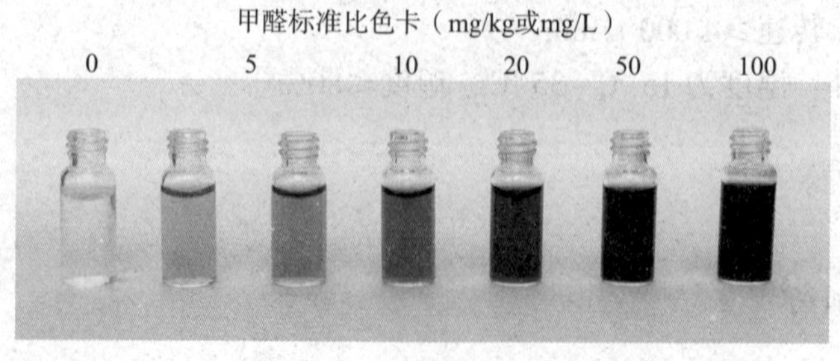

图 10-1　甲醛标准色阶卡

（一）结论

由于色阶卡目视判定存在一定误差，为尽量避免出现假阴性结果，读数时遵循就高不就低的原则。当测定结果为阳性时，应对结果进行确证。

（二）性能指标

（1）检测限：5 mg/kg 或 5 mg/L。
（2）灵敏度：灵敏度≥95%。
（3）特异性：特异性≥85%。
（4）假阴性率：假阴性率≤5%。
（5）假阳性率：假阳性率≤15%。

五、任务总结与评价

（一）检测方案制定及准备

通过相关知识学习，小组完成检测方案制定（见表 10-2），并依据方案完成工作准备。

表 10-2　检测方案

<table>
<tr><td>组长</td><td colspan="2"></td><td>组员</td><td></td></tr>
<tr><td>学习项目</td><td colspan="2"></td><td>学习时间</td><td></td></tr>
<tr><td>依据标准</td><td colspan="4"></td></tr>
<tr><td rowspan="3">准备内容</td><td>仪器设备
（规格、数量）</td><td colspan="3"></td></tr>
<tr><td>试剂耗材
（规格、浓度、数量）</td><td colspan="3"></td></tr>
<tr><td>样品</td><td colspan="3"></td></tr>
<tr><td rowspan="5">任务分工</td><td>姓名</td><td colspan="3">具体工作</td></tr>
<tr><td></td><td colspan="3"></td></tr>
<tr><td></td><td colspan="3"></td></tr>
<tr><td></td><td colspan="3"></td></tr>
<tr><td></td><td colspan="3"></td></tr>
</table>

续表

具体步骤	

（二）检查与评价

学生完成本项目的学习，通过学生自评、小组互评来检查自己对本任务学习的掌握情况。指导教师在整个教学过程中，关注每个小组的检测过程及小组成员的操作情况，并对小组成员的动手能力进行评价。学生对所学的各项任务进行抽签决定考核的内容，并将具体的检查与评价填入表 10-3。

表 10-3　水发产品中甲醛的快速检测——AHMT 法（比色卡法）任务总结与评价表

项目	评价标准	分值/分	学生自评	小组互评	教师评价
方案制定	查阅资料/标准，确定检测依据	5			
	协同合作制定方案并合理分工	5			
	相互沟通完成方案诊改	5			
准备工作	正确清洗及检查仪器	5			
	合理领取药品	5			
	正确取样	5			
	根据样品类型选择正确的方法进行试样制备	5			
试样制备与提取	正确处理新鲜样品，无污染	5			
	称样准确，天平操作规范	5			
	正确使用移液管或移液枪准确量取溶液	5			
	准确控制水浴温度和时间	5			
检测分析	试剂板使用正确、规范	5			
	规范操作进行样品平行测定	5			
	规范操作进行空白测定	5			
	数据记录正确、完整、整齐	5			
	合理做出判定、规范填写报告	10			
结束工作	废液、废渣处理正确	5			
	仪器、试剂归置妥当，器皿清洗干净	5			
	分工合理、文明操作、按时完成	5			
合计		100			

实训任务　水发产品中甲醛的快速检测——AHMT 法（分光光度法）

《水发产品中甲醛的快速检测》
KJ 201904

一、原理与适用范围

试样中的甲醛经提取后，在碱性条件下与4-氨基-3-联氨-5-巯基-1，2，4-三氮杂茂（AHMT）发生缩合，再被高碘酸钾氧化成6-巯基-S-三氮杂茂［4，3-b］-S-四氮杂苯的紫红色络合物，其颜色的深浅在一定范围内与甲醛含量成正相关，用分光光度计在550 nm处测定吸光度值，与标准系列比较定量，得到试样中甲醛的含量。

本方法规定了水发产品及其浸泡液中甲醛的快速检测方法。本方法适用于银鱼、鱿鱼、牛肚、竹笋等水发产品及其浸泡液中甲醛的快速测定。

二、任务准备

（一）试剂及材料

1. 试剂

同 AHMT 法（比色卡法）。

2. 参考物质

同 AHMT 法（比色卡法）。

3. 标准溶液的配制

同 AHMT 法（比色卡法）。

4. 材料

甲醛快速检测试剂盒（AHMT 法——分光光度法）：适用基质为水发产品及其浸泡液，需在阴凉、干燥、避光条件下保存。

滤纸：中速定性滤纸。

（二）仪器和设备

（1）移液器：200 μL、1 mL、5 mL。
（2）涡旋混合器；电子天平或手持式天平：感量为0.01 g。
（3）离心机：转速≥4 000 r/min。
（4）分光光度计或相应商品化测定仪。
（5）环境条件：温度为15 ℃~35 ℃，湿度≤80%。

三、分析步骤

（一）试样制备

同 AHMT 法（比色卡法）。

（二）试样的提取

同 AHMT 法（比色卡法）。

（三）测定步骤

准确移取提取液 2 mL 置于 5 mL 离心管中，另准确吸取 10 μg/mL 的甲醛标准工作液0 mL、0.1 mL、0.2 mL、0.4 mL、0.6 mL、0.8 mL、1.0 mL（相当于 0 μg、1 μg、2 μg、4 μg、6 μg、8 μg、10 μg 甲醛）分别置于 5 mL 带刻度的具塞刻度试管中，加水定容至2 mL，涡旋混匀。在标准管和试样管中分别加入 0.4 mL 乙二胺四乙酸二钠溶液和 0.4 mL AHMT 溶液，涡旋混匀静置 10 min，再加入 0.1 mL 高碘酸钾溶液，静置 5 min 后用 1 cm 比色杯，以零管调节零点，于波长 550 nm 处测定吸光度，绘制标准曲线比较，同时做试剂空白试验。

（四）质控试验

每批试样应同时进行空白试验和加标质控试验。

1. 空白试验

称取空白试样 1 g（精确至 0.01 g）或吸取空白试样 1.0 mL，按照实训方法与试样同法操作。

2. 加标质控试验

准确称取空白试样 1 g（精确至 0.01 g）或吸取空白试样 1.0 mL，置于 15 mL 离心管中，加入甲醛标准工作液（10 μg/mL）0.5 mL，使试样中甲醛含量为 5 mg/kg，按照分析步骤与试样同法操作。

3. 分析结果的表述

（1）结果计算如下。

试样中甲醛的含量按式（10-1）计算：

$$X = \frac{(\rho - \rho_0) \times 1\,000}{m \times \frac{V_1}{V} \times 1\,000} \tag{10-1}$$

式中 X——试样中甲醛的含量，mg/kg 或 mg/L；

ρ——由标准曲线得到的试样提取液中甲醛的含量，μg；

ρ_0——由标准曲线得到的空白提取液中甲醛的含量，μg；

V——试样定容体积，mL；

V_1——测定用试样体积，mL；

m——试样的取样量，g 或 mL；

1 000——单位换算系数。

计算结果保留两位有效数字。

（2）结果判定如下。

当测定结果≥5 mg/kg 或 5 mg/L 时，结果判定为阳性，阳性结果的试样需要重复检测 2 次以上。

（3）质量控制要求如下。

空白试验测定结果应为阴性，加标质控试验测定结果回收率≥60%。

4. 结论

当测定结果为阳性时，应对结果进行确证。

【性能指标】

（1）检测限：5 mg/kg 或 5 mg/L。

（2）灵敏度：灵敏度≥95%。

（3）特异性：特异性≥85%。

（4）假阴性率：假阴性率≤5%。

（5）假阳性率：假阳性率≤15%。

四、任务总结与评价

（一）检测方案制定及准备

通过相关知识学习，小组完成检测方案制定（见表 10-4），并依据方案完成工作准备。

表 10-4　检测方案

<table>
<tr><td>组长</td><td colspan="2"></td><td>组员</td><td></td></tr>
<tr><td>学习项目</td><td colspan="2"></td><td>学习时间</td><td></td></tr>
<tr><td>依据标准</td><td colspan="4"></td></tr>
<tr><td rowspan="3">准备内容</td><td>仪器设备
（规格、数量）</td><td colspan="3"></td></tr>
<tr><td>试剂耗材
（规格、浓度、数量）</td><td colspan="3"></td></tr>
<tr><td>样品</td><td colspan="3"></td></tr>
<tr><td rowspan="5">任务分工</td><td>姓名</td><td colspan="3">具体工作</td></tr>
<tr><td></td><td colspan="3"></td></tr>
<tr><td></td><td colspan="3"></td></tr>
<tr><td></td><td colspan="3"></td></tr>
<tr><td></td><td colspan="3"></td></tr>
<tr><td>具体步骤</td><td colspan="4"></td></tr>
</table>

（二）检查与评价

学生完成本项目的学习，通过学生自评、小组互评来检查自己对本任务学习的掌握情况。指导教师在整个教学过程中，关注每个小组的检测过程及小组成员的操作情况，并对

小组成员的动手能力进行评价。学生对所学的各项任务进行抽签决定考核的内容，并将具体的检查与评价填入表10-5。

表10-5　水发产品中甲醛的快速检测——AHMT法（分光光度法）任务总结与评价表

项目	评价标准	分值/分	学生自评	小组互评	教师评价
方案制定	查阅资料/标准，确定检测依据	5			
	协同合作制定方案并合理分工	5			
	相互沟通完成方案诊改	5			
准备工作	正确清洗及检查仪器	5			
	合理领取药品	5			
	正确取样	5			
	根据样品类型选择正确的方法进行试样制备	5			
试样制备与提取	正确处理新鲜样品，无污染	5			
	称样准确，天平操作规范	5			
	正确使用移液管或移液枪准确量取溶液	5			
	准确控制水浴温度和时间	5			
检测分析	试剂板使用正确、规范	5			
	规范操作进行样品平行测定	5			
	规范操作进行空白测定	5			
	数据记录正确、完整、整齐	5			
	合理做出判定、规范填写报告	10			
结束工作	废液、废渣处理正确	5			
	试剂归置妥当，器皿清洗干净	5			
	分工合理、文明操作、按时完成	5			
合计		100			

实训任务　水产品中甲醛的快速检测——乙酰丙酮法（分光光度法）

《水发产品中甲醛的快速检测》KJ 201904

一、原理与适用范围

试样中的甲醛经提取后，在沸水浴条件下与乙酰丙酮发生反应，生成黄色物质，其颜色的深浅在一定范围内与甲醛含量正相关，用分光光度计在

413 nm处测定吸光度值，与标准系列比较定量，得到试样中甲醛的含量。

本方法规定了水发产品及其浸泡液中甲醛的快速检测方法。本方法适用于银鱼、鱿鱼、牛肚、竹笋等水发产品及其浸泡液中甲醛的快速测定。

二、任务准备

（一）试剂及材料

除另有规定外，本方法检测用水为国家标准《分析实验室用水规格和试验方法》GB/T 6682—2016 规定的二级水。

1. 试剂

无水乙酸钠（CH_3COONa）、乙酰丙酮（$C_5H_8O_2$）、乙酰丙酮溶液：称取无水乙酸钠 25 g 溶于适量水中，移入 100 mL 容量瓶中，加乙酰丙酮 0.40 mL 和冰乙酸 3.0 mL，加水定容至刻度，混匀，移至棕色试剂瓶中，2 ℃~8 ℃保存，有效期 1 个月。

2. 参考物质

同 AHMT 法（分光光度法）。

3. 标准溶液配制

同 AHMT 法（分光光度法）。

4. 材料

甲醛快速检测试剂盒（乙酰丙酮法——分光光度法）：适用基质为水发产品及其浸泡液，需在阴凉、干燥、避光条件下保存。

滤纸：中速定性滤纸。

（二）仪器及设备

（1）移液器：200 μL、1 mL、5 mL。

（2）涡旋混合器。

（3）电子天平或手持式天平：感量为0.01 g。

（4）离心机：转速≥4 000 r/min。

（5）水浴锅。

（6）分光光度计或相应商品化测定仪。

（7）环境条件：温度为 15 ℃~35 ℃，湿度≤80%。

三、分析步骤

（一）试样制备

同 AHMT 法（分光光度法）。

（二）试样的提取

同 AHMT 法（分光光度法）。

（三）测定步骤

准确移取提取液 2 mL 置于 5 mL 离心管中，另准确吸取 10 μg/mL 的甲醛标准工作液 0 mL、0.1 mL、0.2 mL、0.4 mL、0.6 mL、0.8 mL、1 mL（相当于 0 μg、1 μg、2 μg、4 μg、6 μg、8 μg、10 μg 甲醛）分别置于 5 mL 带刻度的具塞试管中，加水定容至 2 mL，涡旋混匀。在标准管和试样管中分别加入 0.2 mL 乙酰丙酮溶液，涡旋混匀后沸水浴 5 min，取出冷却至室温后用 1 cm 比色杯，以零管调节零点，在波长 413 nm 处测定吸光度，绘制标准曲线比较。同时做试剂空白试验。

（四）质控试验

每批试样应同时进行空白试验和加标质控试验。

1. 空白试验

称取空白试样 1 g（精确至 0.01 g）或吸取空白试样 1 mL，按照分析步骤与试样同法操作。

2. 加标质控试验

准确称取空白试样 1 g（精确至 0.01g）或吸取空白试样 1 mL，置于 15 mL 离心管中，加入甲醛标准工作液（10 μg/mL）0.5 mL，使试样中甲醛含量为 5 mg/kg，按照分析步骤与试样同法操作。

3. 分析结果的表述

（1）结果计算：同 AHMT 法（分光光度法）。
（2）结果判定：同 AHMT 法（分光光度法）。
（3）质量控制要求：同 AHMT 法（分光光度法）。

4. 结论

当测定结果为阳性时，应对结果进行确证。

【性能指标】

（1）检测限：5 mg/kg 或 5 mg/L。
（2）灵敏度：灵敏度≥95%。
（3）特异性：特异性≥85%。
（4）假阴性率：假阴性率≤5%。
（5）假阳性率：假阳性率≤15%。

【方法说明】

本方法所述试剂、试剂盒信息及操作步骤是为方法使用者提供方便，在使用本方法时不作限定。方法使用者在使用替代试剂、试剂盒或操作步骤前，须对其进行考察，应满足本方法规定的各项性能指标。

本方法参比标准为国家标准《水产品中甲醛的测定》SC/T 3025—2006 或其他现行有效的甲醛检测标准。

四、任务总结与评价

（一）检测方案制定及准备

通过相关知识学习，小组完成检测方案制定（见表 10-6），并依据方案完成工作准备。

表 10-6　检测方案

<table>
<tr><td>组长</td><td colspan="2"></td><td>组员</td><td></td></tr>
<tr><td>学习项目</td><td colspan="2"></td><td>学习时间</td><td></td></tr>
<tr><td>依据标准</td><td colspan="4"></td></tr>
<tr><td rowspan="3">准备内容</td><td>仪器设备
（规格、数量）</td><td colspan="3"></td></tr>
<tr><td>试剂耗材
（规格、浓度、数量）</td><td colspan="3"></td></tr>
<tr><td>样品</td><td colspan="3"></td></tr>
<tr><td rowspan="5">任务分工</td><td>姓名</td><td colspan="3">具体工作</td></tr>
<tr><td></td><td colspan="3"></td></tr>
<tr><td></td><td colspan="3"></td></tr>
<tr><td></td><td colspan="3"></td></tr>
<tr><td></td><td colspan="3"></td></tr>
<tr><td>具体步骤</td><td colspan="4"></td></tr>
</table>

（二）检查与评价

学生完成本项目的学习，通过学生自评、小组互评来检查自己对本任务学习的掌握情况。指导教师在整个教学过程中，关注每个小组的检测过程及小组成员的操作情况，并对小组成员的动手能力进行评价。学生对所学的各项任务进行抽签决定考核的内容，并将具体的检查与评价填入表 10-7。

表 10-7　水发食品中甲醛的快速检测——乙酰丙酮法（分光光度法）任务总结与评价表

项目	评价标准	分值/分	学生自评	小组互评	教师评价
方案制定	查阅资料/标准，确定检测依据	5			
	协同合作制定方案并合理分工	5			
	相互沟通完成方案诊改	5			
准备工作	正确清洗及检查仪器	5			
	合理领取药品	5			
	正确取样	5			
	根据样品类型选择正确的方法进行试样制备	5			

续表

项目	评价标准	分值/分	学生自评	小组互评	教师评价
试样制备与提取	正确处理新鲜样品，无污染	5			
	称样准确，天平操作规范	5			
	正确使用移液管或移液枪准确量取溶液	5			
	准确控制水浴温度和时间	5			
检测分析	试剂板使用正确、规范	5			
	规范操作进行样品平行测定	5			
	规范操作进行空白测定	5			
	数据记录正确、完整、整齐	5			
	合理做出判定、规范填写报告	10			
结束工作	废液、废渣处理正确	5			
	仪器、试剂归置妥当，器皿清洗干净	5			
	分工合理、文明操作、按时完成	5			
合计		100			

任务三　水产品中孔雀石绿、结晶紫的快速检测

案例导入

2022 年 5 月 5 日，香港特区食物环境卫生署食物安全中心公布，从东涌一新鲜粮食店抽取的白鳝样品检测出了孔雀石绿。

2022 年 4 月，重庆市市场监督管理局在食品抽检中发现，云阳县北城天天见购物中心销售的黄辣丁，孔雀石绿不符合农业农村部公告第 250 号要求。

2022 年 4 月，湖北武汉市江岸区市场监督管理局通报，武汉市江岸区许多果蔬店经营的泥鳅，经抽样检验，孔雀石绿项目不符合农业农村部公告第 250 号要求。

问题启发

孔雀石绿有什么危害？如何检测孔雀石绿？

食品快速检测知识

孔雀石绿，是人工合成的有机化合物，是一种有毒的三苯甲烷类化学物，既是染料，也是杀真菌、杀细菌、杀寄生虫的药物，长期超量食用可致癌，无公害水产养殖领域国家

明令禁止添加。早在2002年，农业部就将孔雀石绿列入《食品动物禁用的兽药及其化合物清单》。但多年来，"孔雀石绿"事件却屡禁不止。

实训任务　水产品中孔雀石绿的快速检测——胶体金免疫层析法

一、原理与适用范围

样品中孔雀石绿、隐色孔雀石绿经有机试剂提取，吸附剂净化，正己烷除脂后，加入氧化剂将隐色孔雀石绿氧化成为孔雀石绿，经浓缩复溶后，孔雀石绿与胶体金标记的特异性抗体结合，抑制抗体和检测卡中检测线（T线）上抗原的结合，从而导致检测线颜色深浅的变化。通过检测线与控制线（C线）颜色深浅比较，对样品中孔雀石绿和隐色孔雀石绿总量进行定性判定。

《水产品中孔雀石绿的快速检测 胶体金免疫层析法》
KJ 201701

本方法规定了水产品及其养殖用水中孔雀石绿和隐色孔雀石绿总量的胶体金免疫层析快速检测方法。本方法适用于鱼肉及养殖用水中孔雀石绿和隐色孔雀石绿总量的快速测定。

二、任务准备

（一）试剂和材料

除另有规定外，本方法检测用水为国家标准《分析实验室用水规格和试验方法》GB/T 6682—2016规定的二级水。

1. 试剂

正己烷，乙腈，冰乙酸，盐酸，吐温-20，氯化钠，对甲苯磺酸，无水乙酸钠，盐酸羟胺，无水硫酸钠，中性氧化铝（层析用，100~200目），二氯二氰基苯醌，氯化钾，磷酸二氢钾，十二水合磷酸氢二钠。

（1）饱和氯化钠溶液：称取氯化钠200 g，加水500 mL，超声使其充分溶解。

（2）盐酸羟胺溶液（0.25 g/ mL）：称取盐酸羟胺2.5 g，用水溶解并稀释至10 mL，混匀。

（3）乙酸盐缓冲液：称取无水乙酸钠4.95 g及对甲苯碳酸0.95 g溶解于950 mL水中，用冰乙酸调节溶液pH值为4.5，用水稀释至1 L，混匀。

（4）二氯二氰基苯醌溶液（0.001 mol/L）：称取0.0 227 g二氯二氰基苯醌置于100 mL棕色容量瓶中，用乙腈溶解并稀释至刻度，混匀。4℃避光保存。

（5）复溶液：称取氯化钠8 g、氯化钾0.2 g、磷酸二氢钾0.27 g及十二水合磷酸氢二钠2.87 g溶解于900 mL水中，加入吐温-20 0.5 mL，混匀，用盐酸调节pH值为7.4，用水稀释至 1 L，混匀。

2. 参考物质

孔雀石绿、隐色孔雀石绿参考物质的中文名称、英文名称、CAS 登录号、分子式、分子量见如 10-8 所示，纯度均≥90%。

表 10-8 孔雀石绿、隐色孔雀石绿参考物质的中文名称、英文名称、CAS 登录号、分子式、分子量

序号	中文名称	英文名称	CAS 登录号	分子式	分子量
1	孔雀石绿	MalachiteGreen	569-64-2	$C_{23}H_{25}ClN_2$	364.91
2	隐色孔雀石绿	LeucomalachiteGreen	129-73-7	$C_{23}H_{26}N_2$	330.47

3. 标准溶液配制

（1）孔雀石绿、隐色孔雀石绿标准储备液（1 mg/mL）：精密称取适量孔雀石绿、隐色孔雀石绿参考物质，分别置于 10 mL 容量瓶中，用乙腈溶解并稀释至刻度，摇匀，分别制成浓度为 1 mg/mL 的孔雀石绿和隐色孔雀石绿标准储备液。-20 ℃避光保存，有效期为 1 个月。

（2）孔雀石绿标准中间液 A（1 μg/mL）：精密量取孔雀石绿标准储备液（1 mg/mL）0.1 mL，置于 100 mL 容量瓶中，用乙腈稀释至刻度，摇匀，制成浓度为 1 μg/mL 的孔雀石绿标准中间液 A。临用新制。

（3）孔雀石绿标准中间液 B（100 ng/mL）：精密量取孔雀石绿标准中间液 A（1 μg/mL）1 mL，置于 10 mL 容量瓶中，用乙腈稀释至刻度，摇匀，制成浓度为 100 ng/mL 的孔雀石绿标准中间液 B。临用新制。

（4）隐色孔雀石绿标准中间液 A（1 μg/mL）：精密量取隐色孔雀石绿标准储备液（1 mg/mL）0.1 mL，置于 100 mL 容量瓶中，用乙腈稀释至刻度，摇匀，制成浓度为 1 μg/mL的隐色孔雀石绿标准中间液 A。临用新制。

（5）隐色孔雀石绿标准中间液 B（100 ng/mL）：精密量取隐色孔雀石绿标准中间液 A（1 μg/mL）1 mL，置于 10 mL 容量瓶中，用乙腈稀释至刻度，摇匀，制成浓度为 100 ng/mL的隐色孔雀石绿标准中间液 B。临用新制。

4. 材料

免疫胶体金试剂盒：适用基质为水产品或养殖用水，金标微孔，试纸条或检测卡。

（二）仪器和设备

（1）移液器：200 μL、1 mL 和 10 mL。

（2）涡旋混合器。

（3）电子天平或手持式天平：感量为0.01 g。

（4）离心机：转速≥4 000 r/min。

（5）氮吹浓缩仪。

（6）环境条件：温度为 15 ℃~35 ℃，湿度≤80%。

三、操作步骤

（一）试样制备

取适量有代表性样品的可食部分或养殖用水，固体样品充分粉碎混匀，液体样品需充分混匀。

（二）试样的提取与净化

1. 水产品

准确称取试样 2 g（精确至 0.01 g）置于 15 mL 具塞离心管中，用红色油性笔标记，依次加入饱和氯化钠溶液 1 mL，盐酸羟胺溶液 0.2 mL，乙酸盐缓冲液 2 mL 及乙腈 6 mL，涡旋提取 2 min。加入 1 g 无水硫酸钠，1 g 中性氧化铝，涡旋混合 1 min，以 4 600 r/min 转速离心 5 min。准确移取 5 mL 上层清液于 15 mL 离心管中，加入 1 mL 正己烷，充分混匀，以4 600 r/min转速离心 1 min。准确移取下层液 4 mL 于 15 mL 离心管中，加入二氯二氰基苯醌溶液 100 μL，涡旋混匀，反应 1 min，于 55 ℃水浴中氮气吹干。精密加入复溶液 200 μL，涡旋混合 1 min，作为待测液，立即测定。

2. 养殖用水

量取试样 2mL 并将其置于离心管中，以 4 600 r/min 转速离心 5 min，移取上层清液 200 μL 作为待测液。

（三）测定步骤

1. 试纸条与金标微孔测定步骤

吸取全部样品待测液于金标微孔中，抽吸 5~10 次使混合均匀，室温温育 3~5 min，将试纸条吸水海绵端垂直向下插入金标微孔中，温育 5~8 min，从微孔中取出试纸条，进行结果判定。

2. 检测卡与金标微孔测定步骤

吸取全部样品待测液于金标微孔中，抽吸 5~10 次使混合均匀，室温温育 3~5 min，将金标微孔中全部溶液滴加到检测卡上的加样孔中，温育 5~8 min，进行结果判定。

（四）质控试验

每批样品应同时进行空白试验和加标质控试验。

1. 空白试验

称取空白试样，按照实训方法与样品同法操作。

2. 加标质控试验

（1）水产品。

称取适量空白试样或 2 g（精确至 0.01 g）并将其置于 15 mL 具塞离心管中，加入 100 μL或适量孔雀石绿标准中间液 B（100 ng/mL），使孔雀石绿浓度为 2 μg/kg，按照分析步骤与样品同法操作。

准确称取空白试样 2 g 或适量（精确至 0.01 g）置于 15 mL 具塞离心管中，加入 100 μL或适量隐色孔雀石绿标准中间液 B（100 ng/mL），使隐色孔雀石绿浓度为 2 μg/kg，按照分析步骤与样品同法操作。

（2）养殖用水。

准确量取空白试样 2 mL（精确至 0.01 g）置于 15 mL 具塞离心管中，加入 100 μL 孔雀石绿标准中间液 B（100 ng/mL），使孔雀石绿浓度为 2 μg/L，按照分析步骤与样品同法操作。

（五）结果判定

通过对比质控线（C 线）和检测线（T 线）的颜色深浅进行结果判定。目视判定示意图如图 10-2 所示。

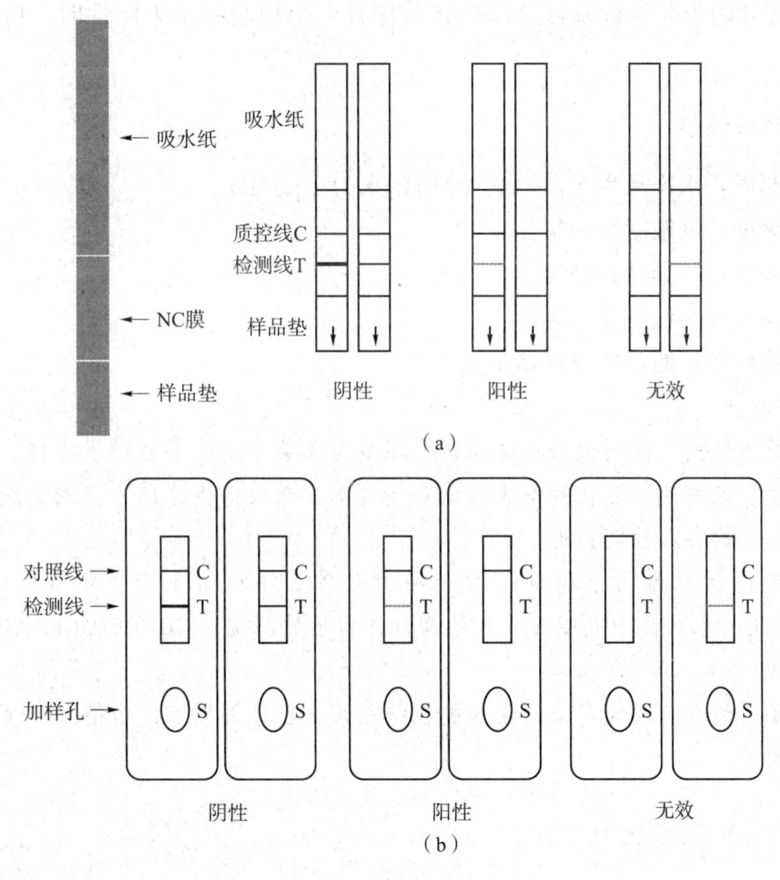

图 10-2 目视判定示意图

（a）试纸条；（b）检测卡

1. 无效

质控线（C 线）不显色，表明不正确操作或试纸条/检测卡无效。

2. 阳性结果

检测线（T线）不显色或检测线（T线）颜色比质控线（C线）颜色浅，表明样品中孔雀石绿和隐色孔雀石绿总量高于方法检测限，判定为阳性。

3. 阴性结果

检测线（T线）颜色比质控线（C线）颜色深或者检测线（T线）颜色与质控线（C线）颜色相当，表明样品中孔雀石绿和隐色孔雀石绿总量低于方法检测限，判定为阴性。

4. 质控试验要求

空白试验测定结果应为阴性，加标质控试验测定结果应均为阳性。

（六）结论

孔雀石绿和隐色孔雀石绿总量以孔雀石绿计，当检测结果为阳性时，应对结果进行确证。

（七）性能指标

（1）检测限：水产品为2 μg/kg，养殖用水为2 μg/L。

（2）灵敏度：灵敏度≥99%。

（3）特异性：特异性≥85%。

（4）假阴性率：假阴性率≤1%。

（5）假阳性率：假阳性率≤15%。

【方法说明】

本方法所述试剂、试剂盒信息及操作步骤是为了给方法使用者提供方便，在使用本方法时不做限定。方法使用者在使用替代试剂、试剂盒或操作步骤前，须对其进行考察，应满足本方法规定的各项性能指标。

本方法参比标准为国家标准《水产品中孔雀石绿和结晶紫残留量的测定》GB/T 19857—2005或《水产品中孔雀石绿和结晶紫残留量的测定》GB/T 20361—2006（包括所有的修改单）。

本方法使用试剂盒可能与结晶紫和隐色结晶紫存在交叉反应，当结果判定为阳性时应对结果进行确证。

四、任务总结与评价

（一）检测方案制定及准备

通过相关知识学习，小组完成检测方案制定（见表10-9），并依据方案完成工作准备。

表 10-9　检测方案

<table>
<tr><td>组长</td><td colspan="2"></td><td>组员</td><td></td></tr>
<tr><td>学习项目</td><td colspan="2"></td><td>学习时间</td><td></td></tr>
<tr><td>依据标准</td><td colspan="4"></td></tr>
<tr><td rowspan="3">准备内容</td><td>仪器设备
（规格、数量）</td><td colspan="3"></td></tr>
<tr><td>试剂耗材
（规格、浓度、数量）</td><td colspan="3"></td></tr>
<tr><td>样品</td><td colspan="3"></td></tr>
<tr><td rowspan="5">任务分工</td><td>姓名</td><td colspan="3">具体工作</td></tr>
<tr><td></td><td colspan="3"></td></tr>
<tr><td></td><td colspan="3"></td></tr>
<tr><td></td><td colspan="3"></td></tr>
<tr><td></td><td colspan="3"></td></tr>
<tr><td>具体步骤</td><td colspan="4"></td></tr>
</table>

（二）检查与评价

学生完成本项目的学习，通过学生自评、小组互评来检查自己对本任务学习的掌握情况。指导教师在整个教学过程中，关注每个小组的检测过程及小组成员的操作情况，并对小组成员的动手能力进行评价。学生对所学的各项任务进行抽签决定考核的内容，并将具体的检查与评价填入表 10-10。

表 10-10　水产品中孔雀石绿、结晶紫的快速检测——胶体金免疫层析法任务总结与评价表

<table>
<tr><td>项目</td><td>评价标准</td><td>分值/分</td><td>学生自评</td><td>小组互评</td><td>教师评价</td></tr>
<tr><td rowspan="3">方案制定</td><td>查阅资料/标准，确定检测依据</td><td>5</td><td></td><td></td><td></td></tr>
<tr><td>协同合作制定方案并合理分工</td><td>5</td><td></td><td></td><td></td></tr>
<tr><td>相互沟通完成方案诊改</td><td>5</td><td></td><td></td><td></td></tr>
<tr><td rowspan="4">准备工作</td><td>正确清洗及检查仪器</td><td>5</td><td></td><td></td><td></td></tr>
<tr><td>合理领取药品</td><td>5</td><td></td><td></td><td></td></tr>
<tr><td>正确取样</td><td>5</td><td></td><td></td><td></td></tr>
<tr><td>根据样品类型选择正确的方法进行试样制备</td><td>5</td><td></td><td></td><td></td></tr>
</table>

续表

项目	评价标准	分值/分	学生自评	小组互评	教师评价
试样制备与提取	正确处理新鲜样品，无污染	5			
	称样准确，天平操作规范	5			
	正确使用移液管或移液枪准确量取溶液	5			
	准确控制水浴温度和时间	5			
检测分析	试剂板使用正确、规范	5			
	规范操作进行样品平行测定	5			
	规范操作进行空白测定	5			
	数据记录正确、完整、整齐	5			
	合理做出判定、规范填写报告	10			
结束工作	废液、废渣处理正确	5			
	仪器、试剂归置妥当，器皿清洗干净	5			
	分工合理、文明操作、按时完成	5			
合计		100			

任务四　水产品中硝基呋喃类代谢物的快速检测

案例导入

据央广网北京2018年12月4日消息，北京市市场监督管理局近日组织了对肉制品、白酒、灭菌/巴氏乳、牛肉及副产品、蔬菜、水产品、餐饮食品7类食品共521批次样品进行抽检，其中合格样品515批次，不合格样品6批次。

标称北京盛世祥瑞商贸有限公司供货，北京兴基伟业投资管理有限公司兴基铂尔曼饭店经营的河虾，不合格项目为呋喃西林代谢物，检测实测值为26.1 μg/kg，标准值规定为不得检出。本次抽检的不合格河虾样品中，水产品中检出呋喃西林代谢物的原因可能是养殖户为防治病害而违规使用。

问题启发

硝基呋喃类代谢物有什么危害？如何检测水产品中硝基呋喃类代谢物？

食品快速检测知识

硝基呋喃类药物属于抗生素，曾广泛应用于畜禽及水产养殖业，治疗由大肠杆菌或沙门氏菌所引起的肠炎、疥疮、赤鳍病、溃疡病等。《兽药地方标准废止目录》（农业农村部公告第 560 号）规定呋喃西林为禁止使用的药物，在动物性食品中不得检出。

实训任务　水产品中硝基呋喃类代谢物的快速检测——胶体金免疫层析法

一、原理与适用范围

《水产品中硝基呋喃类代谢物的快速检测 胶体金免疫层析法》KJ 201705

样品中硝基呋喃类代谢物经衍生处理后，其衍生物与胶体金标记的特异性抗体结合，抑制抗体和检测卡/试纸条中检测线（T 线）上硝基呋喃类代谢物-BSA 偶联物的免疫反应，从而导致检测线颜色深浅的变化。通过检测线与控制线（C 线）颜色深浅比较，对样品中硝基呋喃类代谢物进行定性判定。

本方法规定了水产品中硝基呋喃类代谢物的快速检测方法。

本方法适用鱼肉、虾肉、蟹肉等水产品中呋喃唑酮代谢物（AOZ）、呋喃它酮代谢物（AMOZ）、呋喃西林代谢物（SEM）、呋喃妥因代谢物（AHD）的快速测定。

二、任务准备

（一）试剂和材料

除另有规定外，本方法检测用水均为国家标准《分析实验用水和试验方法》GB/T 6682—2016 规定的二级水。

1. 试剂

盐酸、三水合磷酸氢二钾、氢氧化钠、甲醇、乙醇、乙腈、邻硝基苯甲醛、三羟甲基氨基甲烷、乙酸乙酯、正己烷。

（1）邻硝基苯甲醛溶液（10 mol/ L）：准确称取邻硝基苯甲醛 0. 15 g，用甲醇溶解并定容至 100 mL。

（2）磷酸氢二钾溶液（0. 1 mol/L）：准确称取三水合磷酸氢二钾 22. 822 g，用水溶解并定容至 1 000 mL。

（3）氢氧化钠溶液（1 mol/L）：准确称取氢氧化钠 39. 996 g，用水溶解并稀释至1 000 mL。

（4）盐酸溶液（1 mo/L）：取盐酸 10 mL 加入 110 mL 水中。

（5）三羟甲基氨基甲烷溶液（10 mmol/L）：准确称取三羟甲基氨基甲烷 1. 211 g，溶于80 mL水中，加入盐酸（约 42 mL）调 pH 值至 8. 0 后用水定容至 1 L。

2. 参考物质

硝基呋喃类代谢物参考物质的中文名称、英文名称、CAS 登录号，分子式，相对分子量如表 10-11 所示，纯度≥99%。

表 10-11　硝基呋喃类代谢物参考物质的中文名称、英文名称、CAS 登录号，分子式、相对分子量

中文名称	英文名称	CAS 登录号	分子式	相对分子量
3-氨基-2-恶唑烷酮	3-anmino-2-oxazolidinone，AOZ	80-65-9	$C_3H_6N_2O_2$	102.09
5-甲基吗啉-3-氨基-2-唑烷基酮	5-morpholine-methyl-3-amino-2-oxazolidinone，AMOZ	43056-63-9	$C_8H_{15}N_3O_3$	201.22
1-氨基—2-乙内酰脲盐酸盐	1-Aminohydantoinhydrochloride，AHD	2827-56-7	$C_3H_5N_3O_2 \cdot HCl$	151.55
氨基脲盐酸盐	semicarbazidhydrochloride，SEM	563-41-7	$NH_2CONHNH_2 \cdot HCl$	111.53

3. 标准溶液的配制

标准储备液：分别准确称取适量参考物质（精确至 0.0 001 g），用乙腈溶解，配制成 100 mg/L 的标准储备液。-20 ℃冷冻避光保存，有效期 12 个月。

混合中间标准溶液：准确移取标准储备液 1 mL 于 100 mL 容量瓶中，用乙腈定容至刻度，配制成浓度为 1 mg/L 的混合中间标准溶液。4 ℃冷藏避光保存，有效期 3 个月。

混合标准工作溶液：准确移取 0.1 mL 混合中间标准溶液于 10 mL 容量瓶中，用乙腈定容至刻度，配制成浓度为 0.01 mg/L 的混合标准工作溶液。4 ℃冷藏避光保存，有效期 1 个月。

4. 材料

AOZ 试剂盒（含胶体金试纸条或检测卡及配套的试剂）；AMOZ 试剂盒（含胶体金试纸条或检测卡及配套的试剂）；SEM 试剂盒（含胶体金试纸条或检测卡及配套的试剂）；AHD 试剂盒（含胶体金试纸条或检测卡及配套的试剂）；固相萃取柱（强明离子交换型）：规格 1 mL，填装量为 60 mg。

（二）仪器和设备

（1）电子天平：感量分别为 0.1 g 和 0.0 001 g。
（2）均质容器。
（3）水浴箱。
（4）离心机。
（5）氮吹仪或空气吹干仪。
（6）移液枪：10 μL，100 μL、1 000 μL、5 000 μL。
（7）涡旋振荡仪。
（8）胶体金读数仪（可选），固相萃取装置（可选）。
（9）环境条件：温度 15 ℃~35 ℃，湿度≤80%。

三、操作步骤

（一）试样制备

按照方法要求，称取一定量具有代表性样品可食部分（注：甲壳类，试样制备时须去

除头部)，用于后续实验。

(二) 试样提取和净化

称取适量的匀浆样品（以试剂盒操作说明书要求来定，精确至0.01 g）于50 mL离心管。

1. 方法一（液液萃取法）

称取均质组织样品（2±0.05）g于50 mL离心管中，依次加入4 mL去离子水、1 mol/L盐酸5 mL和邻硝基苯甲醛溶液0.2 mL 10 mmol/L，充分振荡3 min；将上述离心管在60℃水浴下孵育60 min；依次加入0.1 mol/L磷酸氢二钾溶液5 mL，1 mol/L氢氧化钠溶液0.4 mL，乙酸乙酯6 mL，充分混合3 min，在室温（20 ℃~25 ℃）下以4 000 r/min转速离心5 min；移取离心后的上层清液3 mL于5 mL离心管中，60 ℃下氮气/空气吹干：向吹干的离心管中加入正己烷2 mL，振荡1 min，然后加入10 mmol/L三羟甲基氨基甲烷溶液0.5 mL，充分混匀30 s，室温下4 000 r/min，离心3 min（或静置至明显分层）；下层溶液即为待测液。

2. 方法二（固相萃取法）

称取（6±0.05）g均质组织样品于50 mL离心管中，依次加入去离子水4 mL、1 mol/L盐酸5 mL和10 mmol/L邻硝基苯甲醛溶液0.2 mL，充分振荡3 min；将上述离心管在60 ℃水浴下孵育60 min；依次加入0.1 mol/L磷酸氢二钾溶液5 mL，1 mol/L氢氧化钠溶液0.4 mL，乙酸乙酯6 mL，充分混合3 min，在室温（20 ℃~25 ℃）下以4 000 r/min转速离心5 min；移取离心后的上层清液3 mL于15 mL离心管中，加入10%乙酸乙酯-乙醇溶液10 mL，上下颠倒混合4~5次，4 000 r/min转速离心1 min（底部会有部分沉淀）。连接好固相萃取装置，并在固相萃取柱上方连接30 mL注射器针筒，将上述上层清液全部倒入30 mL针筒中，用手缓慢推压注射器活塞，控制液体流速约为1滴/s，使注射器中的液体全部流过固相萃取柱，再重复推压注射器活塞2次，以尽可能将固相萃取柱中的溶液去除干净。将固相萃取柱下方的接液管更换为洁净的离心管，再向固相萃取柱中加10 mmol/L三羟甲基氨基甲烷溶液1 mL。用手缓慢推压注射器活塞，控制液体流速约为1滴/s，使固相萃取柱中的液体全部流至离心管中后，离心管中的液体即为待测液。

(三) 测定步骤

1. 试纸条与金标微孔测定步骤

吸取适量样品待测液于金标微孔中，抽吸5~10次混合均匀，室温（20 ℃~25 ℃）温育5 min，将试纸条吸水海绵端垂直向下插入金标微孔中，温育3~6 min，从微孔中取出试纸条，进行结果判定。

2. 检测卡测定步骤

吸取适量样品待测液于检测卡的样品槽中，室温（20 ℃~25 ℃）温育5~10 min，直接进行结果判定。

（四）质控试验

每批样品应同时进行空白试验和加标质控试验。

1. 空白试验

称取空白试样，按照以上步骤与样品同法操作。

2. 加标质控试验

准确称取空白样品适量（精确至 0.01 g）置于 50 mL 具塞离心管中，加入适量硝基呋喃类代谢物标准工作液，使其浓度为 0.5 μg/kg，按照以上步骤与样品同法操作。

（五）结果判定

结果的判定也可使用胶体金读数仪判定，读数仪的具体操作与判定原则请参照读数仪的使用说明书。采用目视法对结果进行判定，目视判定示意图如图 12-3 和图 12-4 所示。

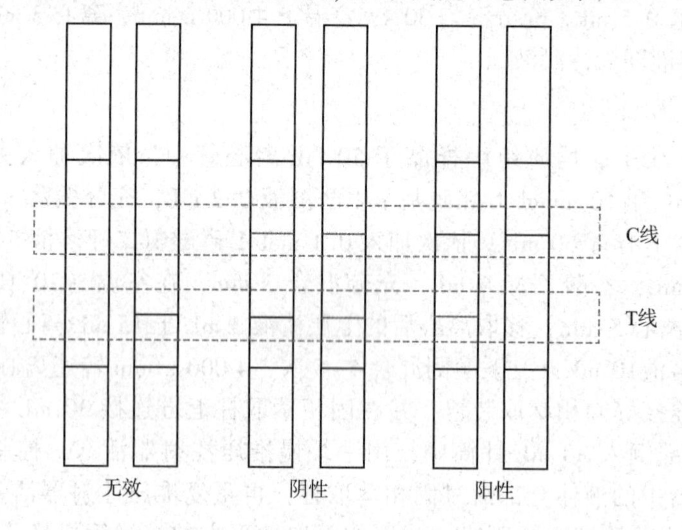

图 10-3　目视判定示意图（比色法）

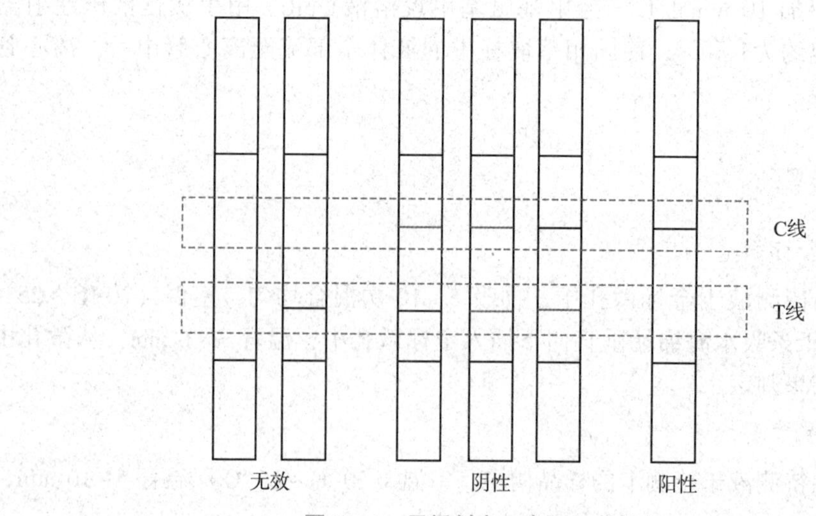

图 10-4　目视判定示意图（消线法）

1. 比色法

（1）无效：质控线（C 线）不显色，表明不正确操作或试纸条/检测卡无效。

（2）阳性结果：检测线（T 线）不显色或检测线（T 线）颜色比质控线（C 线）颜色浅，表明样品中硝基呋喃类代谢物高于方法检测限，判为阳性。

（3）阴性结果：检测线（T 线）颜色比质控线（C 线）颜色深或者检测线（T 线）颜色与质控线（C 线）颜色相当，表明样品中硝基呋喃类代谢物低于方法检测限或无残留，判为阴性。

2. 消线法

（1）无效：质控线（C 线）不显色，表明不正确操作或试纸条/检测卡无效。

（2）阳性结果：检测线（T 线）不显色，表明样品中硝基呋喃类代谢物高于方法检测限，判定为阳性。

（3）阴性结果：检测线（T 线）与质控线（C 线）均显色，表明样品中硝基呋喃类代谢物低于方法检测限或无残留，判定为阴性。

3. 质控试验要求

空白试验测定结果应为阴性，加标质控试验测定结果应为阳性。

（六）结论

当检测结果为阳性时，应对结果进行确证。

（七）性能指标

（1）检测限：AOZ、AMOZ、SEM、AHD 均为 0.5 μg/kg。

（2）灵敏度：灵敏度≥95%

（3）特异性：特异性≥95%。

（4）假阴性率：假阴性率≤5%。

（5）假阳性率：假阳性率≤5%。

【方法说明】

本方法的测定步骤和结果判定也可以根据厂家试剂盒的说明书进行，但应符合或优于本方法规定的性能指标。本标准参比方法为《动物源性食品中硝基呋喃类药物代谢物残留量检测方法 高效液相色谱/串联质谱法》GB/T 21311—2007。

四、任务总结与评价

（一）检测方案制定及准备

通过相关知识学习，小组完成检测方案制定（见表 10-12），并依据方案完成工作准备。

表 10-12　检测方案

组长		组员	
学习项目		学习时间	
依据标准			
准备内容	仪器设备（规格、数量）		
	试剂耗材（规格、浓度、数量）		
	样品		
任务分工	姓名	具体工作	
具体步骤			

（二）检查与评价

学生完成本项目的学习，通过学生自评、小组互评来检查自己对本任务学习的掌握情况。指导教师在整个教学过程中，关注每个小组的检测过程及小组成员的操作情况，并对小组成员的动手能力进行评价。学生对所学的各项任务进行抽签决定考核的内容，并将具体的检查与评价填入表 10-13。

表 10-13　水产品中硝基呋喃类代谢物的快速检测——胶体金免疫层析法任务总结与评价表

项目	评价标准	分值/分	学生自评	小组互评	教师评价
方案制定	查阅资料/标准，确定检测依据	5			
	协同合作制定方案并合理分工	5			
	相互沟通完成方案诊改	5			
准备工作	正确清洗及检查仪器	5			
	合理领取药品	5			
	正确取样	5			
	根据样品类型选择正确的方法进行试样制备	5			

续表

项目	评价标准	分值/分	学生自评	小组互评	教师评价
试样制备与提取	正确处理新鲜样品，无污染	5			
	称样准确，天平操作规范	5			
	正确使用移液管或移液枪准确量取溶液	5			
	准确控制水浴温度和时间	5			
检测分析	试剂板使用正确、规范	5			
	规范操作进行样品平行测定	5			
	规范操作进行空白测定	5			
	数据记录正确、完整、整齐	5			
	合理做出判定、规范填写报告	10			
结束工作	废液、废渣处理正确	5			
	仪器、试剂归置妥当，器皿清洗干净	5			
	分工合理、文明操作、按时完成	5			
合计		100			

思考题

1. 水产品快速检测技术相对于传统水产品的检测技术，优势有哪些？
2. 孔雀石绿对于水产品有哪些危害？

项目十一　保健食品非法添加药物快速检测技术

学习目标

1. 了解保健食品非法添加药物快速检测的优点及意义；
2. 了解保健食品非法添加药物快速检测技术的进展。

食品和保健食品中非法添加物筛查策略的建立

能力目标

1. 应用各种检测技术进行保健食品非法添加药物的检测；
2. 熟练分析保健食品非法添加药物快速检测结果。

专业目标

1. 增强学生的诚信意识；
2. 增强学生的团队意识，提高学生的协作沟通能力。

《保健食品中75种非法添加化学药物的检测》BJS 201710

保健食品是指声称具有特定保健功能或者以补充维生素、矿物质为目的的食品，即适合特定人群食用，具有调节机体功能，不以治疗疾病为目的，并且对人体不产生任何急性、亚急性或慢性危害的食品。面对保健食品行业激烈的市场竞争和丰厚的利润诱惑，一些不法商家不惜铤而走险，在保健食品中添加疗效更为显著的化学药物，这些行为不但给长期食用保健食品的消费者带来经济上的损失，更危害了消费者的身心健康。当前，急需开发能够适用于基质复杂、便捷高效、灵敏准确的检测方法，为保健食品产业的健康发展提供技术保障。

任务一　保健食品非法添加降糖类药物的快速检测

案例导入

自2016年以来，一款名为“仁合胰宝”的降糖保健品在多个电商平台上火爆销售。患有糖尿病多年的李××在服用这款声称“无添加”“三位一体健胰法”的降糖“神药”

后，出现了心慌等不良反应。经有关部门鉴定发现，其中非法添加了“双胍”类国家明令禁止的西药成分。公安部统一指挥河北、湖南等11个省区市公安机关会同当地食品药品监督管理部门，成功破获了这起特大网络销售有毒、有害保健品案。截至目前，共抓获犯罪嫌疑人76名，打掉黑窝点19个、黑工厂3个、涉嫌非法经营犯罪的化工厂1个，查获有毒、有害保健食品15万余盒、西药原料1.3万余千克、制假流水线4条、化工生产设备27台，案值高达12亿元。

问题启发

调节血糖功能的保健食品中违禁添加药物有哪些？保健食品中添加降糖类药物会对人体带来哪些影响？民众服用此类产品后有哪些不适症状？测定保健食品中非法添加降糖类药物的方法有哪些？

食品快速检测知识

一、简介

国家明令禁止在降糖类保健食品、中成药及具有该功能的健康食品中添加降糖类药物。目前，调节血糖功能的保健食品中违禁添加药物按其作用机制可分为4大类：胰岛素分泌促进剂、胰岛素增敏剂、减少碳水化合物吸收的药物和醛糖还原酶抑制剂。

二、检测意义

保健食品非法添加降糖类药物的药量不均，虽可能降糖效果明显，但也会有血糖波动较大的情况发生。如果患者不知情服药过量，可能会引起低血糖，甚至会危及生命。

三、检测方法

（一）方法一：双胍类药物的快速检测

1. 检测原理

双胍类化学成分与亚硝酰铁氰化钠-铁氰化钾-氢氧化钠混合溶液反应生成氢氧化铁，显示红褐色。

2. 适用范围

适用于快速筛查保健食品中非法添加的双胍类（盐酸二甲双胍、盐酸苯乙双胍、盐酸丁二胍）。

3. 试剂

药品双胍类快筛试剂盒速测盒。

4. 操作步骤

（1）显色剂的准备。

打开试剂B瓶，将试剂C全部倒入试剂B瓶中，旋紧瓶盖，振摇使粉末溶解；静置15 min以上，待溶液褪色为淡黄色或黄色时可使用。

（2）不同剂型取样。

① 颗粒、片剂、丸剂：压成粉末并取1 g于试剂瓶A中。

② 硬胶囊：旋开胶囊壳，称取内容物 1 g 于试剂瓶 A 中。

③ 软胶囊：用剪刀剪开胶囊壳，挤出后直接称取内容物 1 g 于试剂瓶 A 中。

（3）样品前处理。

拧紧试剂瓶 A 瓶盖，充分振荡混匀 1 min，静置 2～3 min 使上层液澄清；拔下注射器活塞及针头，换上过滤器，将样品上层清液轻轻倒入针筒内，装入活塞挤压，收集滤液至 1.5 mL 离心管中。

（4）样品测定。

用毛细点样管吸取离心管中的液体（2～3 s），将毛细吸管对准显色板的中心位置，垂直于显色板接触 2～3 s，待显色板上的点样液挥发完全，用 0.5 mL 一次性吸管吸取试剂 B，对准点样位置滴加 1 滴，立即观察显色板的显色情况。

5. 结果报告

若点样位置显示紫色、紫红色、红色、红褐色，则可判定检测样品中含有双胍类，即阳性（+）；若显示淡黄色，判为阴性（-）。

6. 事项说明

（1）以点样中心位置判读为准。

（2）气温较低时，用手握住试剂瓶或浸泡在 20 ℃～40 ℃的温水中加热，加快显色液制备。

（3）显色液久置后如变色或出现沉淀，请勿使用。

（4）当试剂有腐蚀性时，应避免与皮肤黏膜接触，如误入眼中，请立即用大量清水冲洗。

（二）方法二：磺酰脲类药物的快速检测

1. 检测原理

样品中的磺酰脲类（格列齐特、格列吡嗪）在层析纸上固定相和流动相间产生的吸附作用不同，通过与标准溶液在层析纸上比移值的差异来直接判断是否存在磺酰脲类。

2. 适用范围

该方法适用于药品、保健食品中非法添加磺酰脲类（格列齐特、格列吡嗪）的快速检测。

3. 试剂

磺酰脲类药物的快速检测试剂盒。

4. 操作步骤

（1）不同剂型取样。

① 颗粒、片剂、丸剂、硬胶囊：压成粉末或直接称取 0.5 g 于试剂瓶 A 中。

② 软胶囊：用剪刀剪开胶囊壳，挤出后直接称取 0.5 g 内容物于试剂瓶 A 中。

③ 液体制剂：直接取 0.5 mL 于试剂瓶 A 中。

（2）样品前处理。

拧紧试剂瓶 A 瓶盖，振荡 1 min，使试剂和样品充分混匀，静置 2～3 min 使上层液澄清。用注射器取少量上层清液，经过滤器过滤，滤液待测（仅需几微升即可）。

（3）样品检测，如图 11-1 所示。

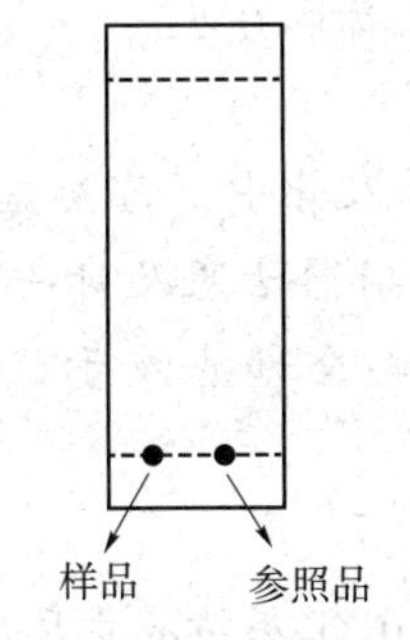

图 11-1　样品检测示意图

5. 结果报告

使用紫外灯在阴暗环境下近距离照射硅胶板，若位置 A 或 B 有点存在即说明有磺酰脲类物质（除 A 和 B 位置之外，其他位置的点与本次测试无关），如图 11-2 所示。样品中磺酰脲类检出限为 1 g/kg。

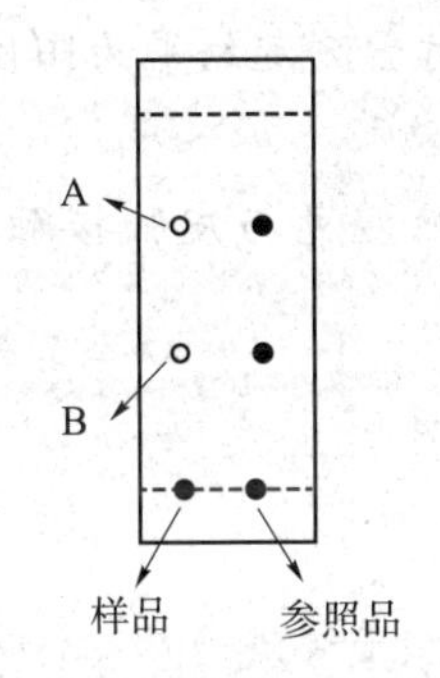

图 11-2　检测结果示意图

6. 事项说明

（1）保证爬板均匀，若点爬歪需重新点板。

（2）若样品在 A 点或 B 点处不出现，但在 A 点或 B 点上下 2 min 之内出现，需重新测定。

（三）方法三：噻唑烷酮类药物的快速检测

1. 检测原理

用二氯甲烷将样品中的罗格列酮、吡格列酮溶出，经盐酸除去脂溶性杂质，与磷钼酸反应生成沉淀。

2. 适用范围

该方法适用于保健食品中非法添加噻唑烷酮类（盐酸吡格列酮、罗格列酮）的快速检测。

3. 试剂

噻唑烷酮类快筛试剂盒。

4. 操作步骤

（1）不同剂型样品取样。

① 取硬胶囊内容物约 0.5 g。

② 挤出软胶囊内容物并称取 0.5 g。

③ 颗粒、片剂、丸剂等压成粉末称取0.5 g。

(2) 样品前处理。

取一支试剂瓶A，将所取样品加入管中，盖紧盖子后用力振荡混匀1~2 min，静置2~3 min，至上层溶液澄清；拔下注射器活塞及针头，换上过滤器，将试剂瓶A上层清液倒入针筒内，装入活塞挤压，收集全部滤液于试剂瓶B中，上下颠倒混匀约30 s，静置。

(3) 样品检测。

用0.5 mL一次性吸管吸取约1 mL上层清液于反应管中，滴加2~3滴试剂C，静置后观察结果。

5. 结果报告

3 min内，若上层出现黄白色浑浊，则可判定样品中含有噻唑烷酮类物质，为阳性(+)；否则判定为阴性(-)。该方法检出限为0.5 g/kg。

6. 事项说明

(1) 本方法仅为定性筛查用；对于测定结果为阳性的样品，应送样至实验室或有资质检测机构进行精确定量检测。

(2) 若试剂有腐蚀性或毒性，应避免与皮肤接触，如误入眼中，请立即用大量清水冲洗。

任务二　保健食品非法添加减肥类药物的快速检测

案例导入

2010年10月30日，国家食品药品监督管理总局对外发布了关于停止生产、销售、使用“西布曲明”制剂及原料药的通知。此时，距离西布曲明获准中国上市已有十年之久。官方这一消息立即引发了市场的多米诺骨牌效应。曲美、澳曲轻、可秀、赛斯美、曲婷、浦秀、亭立、奥丽那、曲景、新芬美琳、希青、申之花、衡韵、苗乐、诺美亭等减肥药在各地纷纷下架。据国家食品药品监督管理总局提供的数据显示，2004年1月1日至2010年1月15日，国家药品不良反应监测中心病例报告共收到西布曲明相关不良反应报告298例，主要不良反应表现为心悸、便秘、口干、头晕、失眠等，主要累及系统为神经、胃肠道系统、中枢及外周神经系统等，多为说明书已载明的不良反应，目前无死亡病例。

问题启发

保健食品中添加减肥类药物按作用机制可分为哪几类？服用非法添加减肥药物的产品后有哪些不适症状？测定保健食品中非法添加减肥类药物的方法有哪些？

食品快速检测知识

一、简介

随着我国肥胖者日益增多，减肥食品市场空间越来越大，无数商家竞相于此掘金。与此同时，市场的无序和混乱触目惊心：随意添加化学药物成分，胡乱进行广告宣传，已严重损害了消费者的身心健康和经济利益，甚至危及百姓生命。保健食品中非法添加减肥类药物可分为3大类：影响消化吸收类药物、食欲抑制剂、增加能量消耗药物。非法添加的食欲抑制剂包括盐酸芬氟拉明和盐酸西布曲明；非法添加的增加消耗能量的药物包括中枢兴奋药（盐酸麻黄碱、茶碱、咖啡因），人工合成的β-肾上腺素兴奋剂（盐酸克仑特罗）；非法添加的泻药有酚酞等；非法添加的利尿药包括塞米、吲达帕胺。

二、检测意义

保健食品非法添加减肥类药物，由于存在用量不准确等问题，很可能给服用者带来血压升高、心率加快、肝功异常等严重的副作用，甚至导致死亡。

三、检测方法

（一）方法一：西布曲明的快速检测

1. 检测原理

西布曲明既能溶于有机溶剂，又能溶于酸性溶液中，经有机溶剂提取后，弱酸萃取，在酸性条件下与雷氏盐反应生成粉红色不溶物。其浓度越高，沉淀越明显。

2. 适用范围

该方法适用于药品、保健食品中非法添加西布曲明的快速筛查。

3. 试剂

西布曲明快速检测试剂盒。

4. 操作步骤

（1）显色剂的准备。

取一管试剂瓶C，加入蒸馏水1 mL，振摇使其溶解，现配现用。室温可保存一周。

（2）不同剂型取样。

① 硬胶囊：约取内容物0.5 g。

② 软胶囊：挤出内容物并称取0.5 g。

③ 颗粒、片剂、丸剂应压成粉状称取0.5 g。

（3）样品前处理。

取一支试剂瓶A，将所取样品加入管中，盖紧盖子，充分振荡混匀1 min，静置2~3 min，使上层液澄清；用0.5 mL一次性吸管吸取试剂瓶A中上层清液约一半的量至试剂瓶B中；盖紧试剂瓶B盖塞子，上下翻转10次（不可剧烈摇晃，避免乳化无法分层）使其混合，静置至清晰分层。

（4）样品检测。

另取一支一次性吸管0.5 mL，吸取试剂C至吸管细部前端约1/4处（约0.125 mL），插入试剂瓶 B 的下层溶液中并缓慢排空，观察试剂瓶 B 下层溶液是否产生浑浊絮状物或沉淀物。

5. 结果报告

1 min 后，观察试剂瓶 B 下层溶液若产生浑浊或沉淀，可判定检测样品中含有西布曲明成分，即阳性（+）；无浑浊或沉淀则判为阴性（-）。

6. 注意事项

（1）本方法仅为定性筛查用；对于测定结果为阳性的样品，应送样至实验室或有资质检测机构进行精确定量。

（2）试剂有腐蚀性或毒性，避免与皮肤接触及黏膜接触，如误入眼中，请立即用大量清水冲洗。

（二）方法二：酚酞的快速检测

1. 检测原理

酚酞在中性溶液条件下无色，在碱性溶液条件下显红色。

2. 适用范围

适用于药品、保健品中非法添加物酚酞的快速筛查。

3. 试剂

酚酞快速检测试剂盒。

4. 操作步骤

（1）不同剂型取样。

① 硬胶囊：称取内容物 1 g。

② 软胶囊：挤出内容物并称取 1 g。

③ 颗粒、片剂、丸剂应压成粉状称取 1 g。

（2）样品前处理。

取一支试剂瓶 A，将所取样品加入管中，盖紧盖子用力振荡混匀 1～2 min，静置 2～3 min，至上层溶液澄清。

（3）样品检测。

用 0.5 mL 一次性吸管吸取上层样品处理液，加 3～5 滴于试剂 B 中，盖上盖子后摇匀，马上观察溶液颜色。

5. 结果报告

若溶液出现粉红至紫红色，可判定检测样品中含有酚酞成分，则判为阳性（+）；否则判为阴性（-）。

6. 注意事项

（1）结果判定时，有时溶液浓度较低，褪色较快，需在滴加样品处理液时注意观察。

（2）本方法仅供定性筛查用；对于测定结果为阳性的样品，应送样至实验室进行精确定量检测。

（3）检测样品中酚酞浓度越高，溶液颜色越深。

（4）试剂有腐蚀性或毒性，避免与皮肤接触，如误入眼中，请立即用大量清水冲洗。

任务三 保健食品非法添加壮阳类药物的快速检测

案例导入

国家食品药品监督管理总局在组织各省食品药品监管部门的执法检查中发现，部分保健酒、配制酒生产企业存在违法添加行为。初步查明，共有51家企业在69种保健酒、配制酒中违法添加了西地那非（俗称“伟哥”的药品成分）等化学物质，并在产品名称、标识、标签上明示或暗示壮阳、性保健等功能。其中，违法添加西地那非的有15家企业27种产品；违法添加他达拉非、硫代艾地那非、伐地那非、红地那非等（均为与西地那非类似的化学物质）的有5家企业7种产品；正在调查的涉嫌违法添加西地那非的产品27种，涉及标称企业25家；正在调查的涉嫌违法添加他达拉非、硫代艾地那非、伐地那非、红地那非等化学物质的产品8种，涉及标称企业7家。

问题启发

保健食品中非法添加壮阳类药物按作用机制可分为哪几类？服用非法添加壮阳类药物的产品后有哪些不适症状？测定保健食品中非法添加壮阳类药物的方法有哪些？

食品快速检测知识

一、简介

中国允许注册申请的特定保健食品不包括补肾壮阳、活血通络等功能，声称“能壮阳”的保健食品一律属于假冒保健食品。在标示具有抗疲劳功能的保健食品中也可能非法添加壮阳类化学药物。如西地那非，他达拉非、甲睾酮等。药物在患者体内不断积累，极其容易引起严重药物不良反应，甚至导致死亡。

二、检测意义

保健食品非法添加壮阳类药物的药量不均，患者在不知情下长期服用高剂量、未知成分的化学药物会对身体健康产生极大的潜在危害。

三、检测方法

（一）方法一：那非类化合物的快速检测

1. 检测原理

那非类化合物经稀酸提取、氧化除杂后，生成黄色有机盐沉淀物。

2. 适用范围

适用于胶囊剂、片剂、颗粒剂、袋泡茶等剂型的中成药、保健食品和食品中非法添加西地那非的快速半定量测定。

3. 试剂

《进出口保健食品中伐地那非、西地那非、他达那非的检测方法 液相色谱-质谱-质谱法》SNT 1951—2007

那非类快速检测试剂盒。

4. 操作步骤

（1）不同剂型取样。

① 颗粒、片剂、丸剂应压成粉末，称取 0.3 g 于试剂瓶 A 中。

② 硬胶囊：旋开胶囊壳，称取内容物 0.3 g 于试剂瓶 A 中。

③ 软胶囊：用剪刀剪开胶囊壳，挤出内容物后称取 0.3 g 于试剂瓶 A 中。

④ 混合溶液类（包括口服液、营养保健酒等）：取 0.3 mL 于试剂瓶 A 中。

（2）样品前处理。

拧紧试剂瓶 A 瓶盖，充分振荡混匀 1 min，静置 2~3 min 使上层溶液澄清。拔下注射器活塞及针头，换上过滤器，用 0.5 mL 塑料吸管取样品上层清液轻轻倒入针筒内，装入活塞挤压，收集滤液约 1 mL 至反应管中，向反应管中逐滴滴加试剂 B（边加变摇），至紫红色在 15 s 内不褪色。

（3）样品检测。

用 0.5 mL 塑料吸管吸取试剂 C，滴加 3~4 滴于待测液中，观察结果（此时勿振摇反应管）。

5. 结果报告

3 min 内，若上层出现黄色沉淀（或者浑浊），则可判定样品中含有那非类物质，即阳性（+）；否则判为阴性（-）。

6. 注意事项

（1）本试剂盒仅供定性筛查用。

（2）不同样品所需加入试剂 B 的量不同，需注意严格控制紫红色在 15s 内不褪色。

（3）若试剂有腐蚀性或毒性，应避免与皮肤接触，如误入眼中，请立即用大量清水冲洗。

（二）方法二：拉非类药物的快速检测

1. 检测原理

拉非类化合物经乙醇提取后，与硫酸发生特征化学反应生成紫色物质。

2. 适用范围

快速筛查药品、保健食品中非法添加的拉非类（他达拉非、氨基他达拉非）。

3. 试剂

拉非类药物的快速检测试剂盒。

4. 操作步骤

（1）样品准备。

① 固体类：取胶囊剂 1~2 粒内容物；片剂 1 片压成粉状；丸剂、散剂等取每次服用量的 1/4，压成粉状。取一支试剂瓶 A，将所取样品加入管中，盖紧盖子用力振摇 1~2 min，静置 2~3 min，至上层溶液澄清。

② 液体类：无需前处理，直接取样加入试剂 A 中，拧紧瓶盖充分振荡混匀 1 min，静

置 2~3 min 使上层溶液澄清，待测。

(2) 样品检测。

用 0.5 mL 一次性吸管吸取上层清液，加入 5 滴于试剂 B 中，盖上瓶盖摇匀，静置观察。

5. 结果报告

5 min 内，若试剂瓶 B 中的溶液不变色，则判为阴性（-）；若出现紫色，则可判定样品中含有拉非类物质即为阳性（+）；若滴加样品溶液至试剂瓶 B 后，背景颜色为淡黄色，3 min 内颜色加深，也判为阳性（+）。

6. 注意事项

(1) 本方法仅为定性筛查用。对于测定结果为阳性的样品，应送样至实验室或有资质检测机构进行精确定量检测。

(2) 若检测后颜色不好判定时，建议用试剂 B 液作对比，垫于白纸上进行观察判定。

(3) 若试剂有腐蚀性或毒性，应避免与皮肤接触，如误入眼中，请立即用大量清水冲洗。

实训任务　试剂盒法测定保健食品中非法添加双胍类药物品

一、原理与适用范围

双胍类药品中化学成分与亚硝酰铁氰化钠-铁氰化钾-氢氧化钠混合溶液反应生成氢氧化铁，显红褐色。本方法适用于胶囊剂、片剂、颗粒剂、袋泡茶、水丸等剂型的中成药、保健食品和食品中非法添加双胍类药物的检测。

二、任务准备

1. 试剂

双胍类快速检测试剂盒。

2. 耗材

毛细管、1.5 mL 离心管、注射器。

三、操作步骤

1. 试样制备

胶囊剂：旋开胶囊壳，取 1 粒胶囊内容物于试剂瓶剂 C 中。

片剂、颗粒剂：取 1 片压成粉末并将其倒入试剂瓶 C 中。

水丸：注射器吸取 0.5 mL 加入试剂瓶 C 中。

2. 显色剂制备

（1）取试剂 B 1 瓶，打开瓶盖，将试剂 A 1 管全部倒入试剂瓶 B 中，旋紧瓶盖，振摇使粉末溶解。

（2）静置 10 min 以上，待溶液褪为黄色或黄绿色方可使用。

3. 试样测定

（1）拧紧试剂 C 瓶盖，充分振摇 1 min，静置 2~3 min 使上层溶液澄清。

（2）拔下注射器活塞及针头，换上过滤器，将样品上层清液轻轻倒入针筒内，按下活塞，收集滤液至 1. 5 mL 空离心管中。

（3）用毛细管吸取离心管中液体（2~3 s），将毛细管对准显色板中心位置，垂直与显色板接触（2–3 s）。

（4）待显色板上点样挥发完全，用 0. 5 mL 吸管吸取显色剂，对准点样位置滴加试剂 1 滴，立即观察显色板显色情况。

4. 结果判定

若点样位置显紫色、紫红色、红色、红褐色，则可判定样品中含有双胍类物质，即阳性（+）；若显淡黄色、黄色，则为阴性（–）。

检出限：对照品 0. 08 mg/mL、胶囊剂 2. 5 mg/g、颗粒剂 2. 5mg/g、水丸 2. 5 mg/g。

四、任务总结与评价

（一）检测方案制定及准备

通过相关知识学习，小组完成检测方案制定（见表 11–1），并依据方案完成工作准备。

表 11–1　检测方案

<table>
<tr><td>组长</td><td colspan="2"></td><td>组员</td><td></td></tr>
<tr><td>学习项目</td><td colspan="2"></td><td>学习时间</td><td></td></tr>
<tr><td>依据标准</td><td colspan="4"></td></tr>
<tr><td rowspan="3">准备内容</td><td>仪器设备
（规格、数量）</td><td colspan="3"></td></tr>
<tr><td>试剂耗材
（规格、浓度、数量）</td><td colspan="3"></td></tr>
<tr><td>样品</td><td colspan="3"></td></tr>
<tr><td rowspan="5">任务分工</td><td>姓名</td><td colspan="3">具体工作</td></tr>
<tr><td></td><td colspan="3"></td></tr>
<tr><td></td><td colspan="3"></td></tr>
<tr><td></td><td colspan="3"></td></tr>
<tr><td></td><td colspan="3"></td></tr>
</table>

续表

具体步骤	

（二）检查与评价

学生完成本项目的学习，通过学生自评、小组互评来检查自己对本任务学习的掌握情况。指导教师在整个教学过程中，关注每个小组的检测过程及小组成员的操作情况，并对小组成员的动手能力进行评价。学生对所学的各项任务进行抽签决定考核的内容，并将具体的检查与评价填入表 11-2。

表 11-2　保健食品中非法添加双胍类药物检测任务总结与评价表

项目	评价标准	分值/分	学生自评	小组互评	教师评价
方案制定	查阅资料/标准，确定检测依据	5			
	协同合作制定方案并合理分工	5			
	相互沟通完成方案诊改	5			
准备工作	正确清洗及检查仪器	5			
	合理领取药品	5			
	正确取样	5			
	根据样品类型选择正确的方法进行试样制备	5			
试样制备与提取	正确处理新鲜样品，无污染	5			
	称样准确，天平操作规范	5			
	正确使用旋涡振荡器使使试剂充分溶解混匀	5			
	准确完成显色剂的制备工作	5			
检测分析	显色板使用正确、规范	5			
	规范操作进行样品平行测定	5			
	规范操作进行空白测定	5			
	数据记录正确、完整、整齐	5			
	合理做出判定、规范填写报告	10			
结束工作	废液、废渣处理正确	5			
	仪器、试剂归置妥当，器皿清洗干净	5			
	分工合理、文明操作、按时完成。	5			
合计		100			

思考题

1. 什么是保健食品？保健食品应符合哪几个方面的要求？
2. 简述我国保健食品中违禁药物添加的特点。
3. 简述快速检测技术应用于保健食品中药物检测的优势。

参考文献

[1] 周艳芳，胡金梅，李涛. 食品快速检测技术［M］. 北京：中国轻工业出版社，2021.
[2] 师邱毅，程春梅，食品安全快速检测技术［M］. 北京：化学工业出版社，2019.
[3] 朱克永. 食品检测技术：食品安全快速检测技术［M］. 北京：科学出版社，2010.
[4] 师邱毅. 食品安全快速检测技术［M］. 北京：化学工业出版社，2019.
[5] 姚玉静. 食品安全快速检测［M］. 北京：中国轻工业出版社，2019.
[6] 周艳华. 食品快速检测技术［M］. 北京：中国纺织出版社，2021.
[7] 林继元. 食品理化检验技术［M］. 武汉：武汉理工大学出版社，2017.
[8] 程春梅. 食品安全快速检测技术［M］. 北京：化学工业出版社，2020.
[9] 刘丹赤. 食品理化检验技术［M］. 大连：大连理工大学出版社，2022.
[10] 赵杰，朱克永. 食品检测技术：食品安全快速检测技术［M］. 北京：科学出版社，2010.
[11] 李文豪. 保健食品中非法添加物快速检测方法的分析与研究.［J］. 食品工程，2023.
[12] 朱洁. 保健食品中非法添加降糖类药物检测方法综述.［J］. 食品安全导刊，2023.
[13] 胡非杰. 减肥类保健食品中非法添加物快速测定分析.［J］. 中国野生植物资源，2021.
[14] 王仕平. 壮阳类中成药及保健食品中非法添加物的调查分析.［J］. 药品评价，2021.
[15] 周京丽. 动物源性食品中抗生素残留的危害和检测方法探讨［J］. 中国食品工业，2023.
[16] 杨磊. 磺胺类药物在畜产品中残留的原因及检测方法［J］. 畜牧兽医科技信息，2022.
[17] 张群. 食品中重金属离子高灵敏快速检测技术研究与应用［J］. 食品与生物技术学报，2023.
[18] 康蕊，谷满屯，周玉玲，等. 我国食品安全快速检测标准现状与探讨［J］. 质量安全与检验检测，2023.
[19] 叶素丹，刘丽萍，张婷. 可食食品快速检验职业技能教材（中级）［M］. 北京：化学工业出版社，2022.
[20] 贾瑞敏，杜淑霞，林长虹. 可食食品快速检验职业技能教材（高级）［M］. 北京：化学工业出版社，2022.